高等学校电子与通信工程类专业“十二五”规划教材

数字电子技术与接口技术实验教程

西安交通大学电子学教研组

宁改娣　金印彬　刘　涛　编著

宁改娣　主编

西安电子科技大学出版社

内 容 简 介

在传统数字实验的基础上，本书以 Digilent 公司的 Basys2 和 Nexys3 开发板为平台，将数字逻辑设计与硬件描述语言有机结合，内容延伸到微处理器体系结构，同时展示了如何用 Verilog HDL 和 VHDL 在 FPGA 上设计所学数字逻辑电路以及复杂数字系统。

本书不仅可作为高等学校电气工程、计算机科学与技术、控制科学与工程、电子信息工程、生物医学工程、机械设计制造及其自动化等专业的教材，也可作为数字电路设计工程师和技术人员的参考书。

图书在版编目(CIP)数据

数字电子技术与接口技术实验教程/宁改娣，金印彬，刘涛编著.
—西安：西安电子科技大学出版社，2013.3(2015.1 重印)
高等学校电子与通信工程类专业“十二五”规划教材
ISBN 978-7-5606-3010-6

Ⅰ. ① 数… Ⅱ. ① 宁… ② 金… ③ 刘… Ⅲ. ① 数字电路—电子技术—高等学校—教材
Ⅳ. ① TN79

中国版本图书馆 CIP 数据核字(2013)第 029048 号

策　　划　邵汉平
责任编辑　邵汉平　郭雨薇
出版发行　西安电子科技大学出版社(西安市太白南路 2 号)
电　　话　(029)88242885　88201467　　邮　　编　710071
网　　址　www.xduph.com　　电子邮箱　xdupfxb001@163.com
经　　销　新华书店
印刷单位　陕西华沐印刷科技有限责任公司
版　　次　2013 年 3 月第 1 版　2015 年 1 月第 2 次印刷
开　　本　787 毫米×1092 毫米　1/16　印　张　17
字　　数　399 千字
印　　数　3001～6000 册
定　　价　28.00 元
ISBN 978-7-5606-3010-6/TN
XDUP 3302001-2
如有印装问题可调换

前　言

1. 数字电子技术课程的重要性

数字电子技术的高速发展印证了摩尔定律，教科书、教学和实验内容也因摩尔定律而缩短了适用期，各个高校在该领域形成的金字塔地位将不再坚固；一度靠传统手工设计将74系列器件组合成“板上系统”的时代也早已脱胎为基于EDA技术实现的“片上系统”时代。近十多年来，大量学科纷纷出现在高等教育的课程设置中，比如DSP、SOPC、EDA技术、嵌入式系统、硬件描述语言、软件无线电技术、演化硬件技术等。这些充分反映了未来电子技术的发展方向和市场应用的需求，也预示着新的就业方向。现代电子与计算机领域中拥有重大社会价值和经济价值的自主创新项目多数产生于数字电子技术领域。所有这一切，把作为这一领域的专业基础课——“数字电子技术”的地位和重要性推到了前所未有的高度，同时也对引领学生走进数字时代的这第一门课程的教学和实验提出了极大的挑战！

2. 国内外数字电子技术课程的现状

目前，国外的很多著名高校，如MIT、Stanford、UC Berkeley等不断跟进技术的发展，基本都是在基于新型FPGA的实验系统上开展数字电子技术、微处理器结构、嵌入式系统设计等课程的教学和实验。

国内绝大多数重点高校由于教学体系框架、考研等因素的约束，以及高校的政策导向导致对教学的不重视，使得数字电子技术课程的教学内容、教材和实验内容更新都比较慢。这主要体现在三个方面：

(1) 课程的核心内容未变，基本是诞生于20世纪60年代的数字电路传统手工设计技术，重点仍然是对低速中、小规模器件的组合和时序逻辑电路分析和设计。虽然很多教材增加了可编程器件和现代电子设计部分，但课后学生对广泛应用的CPLD和FPGA了解并不多。大部分教材强调化简，使得学生对现代数字设计技术中优化的概念几乎不了解。

(2) 教材的基本结构安排未变，内容零散，许多章节内容孤立，知识点连贯性差。例如，对存储器、PLD、A/D和D/A的介绍仅停留在结构原理上，对如何使用或控制存储器、PLD、A/D和D/A等内容基本不介绍，使得这些内容游离于教材的主干内容之外；对中规模器件的应用介绍与实际应用差别也较大，例如，译码器、三态输出器件等。教材中器件说明占了很大比重，但对所有器件如何整合成一个数字系统的介绍很少。

(3) 实验内容与实际应用距离越来越大。十多年前虽然增加了现代电子技术设计实验，但验证性实验居多，知识和实践要求梯度过低，学生基本照搬指导书，约束了学生创新能力和想象力的发挥。另外，实验内容的编排不适合建立和培养学生的创新思维，激发不出学生学习的兴趣，也低估了学生对现代数字技术的学习效率、理解能力、自主学习能力和创造力。

近几年来，一些高校已经意识到这些问题的严重性，在教学、实验内容和模式上开始进行大刀阔斧的教改，探索如何呵护和激发学生的创新精神。

3. 本书编写的指导思想和组织结构

目前，很多公司专门致力于基于FPGA的教学或研究平台开发，随着与高校的不断合作，这些平台越来越得到教师、学生和工程师的认可。Xilinx和上海德致伦电子科技有限公司(Digilent)推出了Basys、Nexys、Atlys、Genesys、XUPV5、ZedBoard等不同种类，采用不同型号FPGA的实验平台。这些实验平台软、硬件资源开源，全球流通，便于交流，更新换代及时，先进性和兼容性好，在国内外高校得到了广泛的应用，而且在同一实验平台上可以进行多门课程的实验。目前Xilinx也在国内高校积极推广非常适合本科生使用的Nexys3和Basys2实验平台。本书的实验是在Nexys3或Basys2上进行的。

本书尽量做到在对教学体系框架影响不大的情况下，主要着手在数字电子技术实验内容和模式上进行改革。实验内容上避免学生照猫画虎，生搬硬套，增加学生自主设计的内容，扩大实验梯度，注重实际应用。在此教学领域并不乏先行者，国内外很多高校大学生在一二年级就能熟练使用EDA工具和HDL自主设计出各种极具创新特色的数字系统，如VGA图形或文字显示控制、数字音乐播放器、PS/2键盘及鼠标控制、数字电子琴、数字立体声驱动、机器人控制、嵌入式系统、彩色LCD驱动、逻辑分析仪等。借鉴他们的成功经验，本书利用Nexys3和Basys2实验系统，以基础实验引导学生进入现代数字电路设计领域，减少验证性实验，增加实际数字系统中最常用器件ADC、DAC、存储器等的FPGA控制内容，同时增加自主设计和创新性实验，激发学生分析、设计、思考和创新的兴趣。

数字逻辑电路设计和微处理器课程之间的衔接，是目前教学体系中存在问题比较严重的环节。要解决这一问题，数字电子技术需逐步引入ALU、CPU、微代码、微处理器等概念，在实验内容上增加FPGA实现CPU以及对ADC、DAC、存储器等常用接口的控制，并引导学生掌握将简单的可重用模块组成一个复杂实用系统的技能。各课程的实验内容都在同一平台上进行，这样有助于学生将基础课程实验获得的技能和成果作为后续实验课程的资源，提高实验层次，也利于逐步实现数字电子技术和微处理器类课程的融合。

走进实验室进行基础验证性实验和最后使用FPGA实验系统验证任何现代数字设计都是必须的。但是，现代数字电子电路设计需花费很大精力在软件设计上，因此，现代数字电路设计的很多内容完全可以先借助于CAD软件进行。比如，熟悉软件、进行系统设计和仿真等，包括熟悉硬件平台、学习HDL、进行传统实验设计等内容都可以在实验室之外进行。这不仅解决了实验学时有限的问题，也扩展了实验空间。Digilent的实验板也有利于推行“口袋实验室”，每个学生都可以拥有一套低成本的实验系统，可以随时随地将自己的设计或创意在系统上运行，充分发挥学生的想象力和创造力。同时，建议在教学基础上，邀请企业工程师介绍新技术及实际应用范例；组织学生积极参与校内外的各种电子设计竞赛活动，使实践教学多样化。

本书作者是多年从事电子技术和微处理器类课程教学和实验指导的教师，主编和参编教材十多本，主持和参与多项相关科研项目。本书分为实验硬件和软件平台介绍、传统数字电子技术实验、现代数字电子技术实验、综合实验和接口实验四部分。在介绍传统实验的基础上，展示了使用 VHDL 和 Verilog 这两种 IEEE 硬件描述语言进行现代数字电路设计的技术细节。本书编写具体分工为：宁改娣编写第 1～5 章以及第 7 章和第 8 章的原理介绍部分，并负责制定编写提纲和全书的统稿工作；金印彬编写第 6 章、附录 A 以及第 7 章和第 8 章的程序部分，审阅全书并对所有程序进行校验，整理网络下载的资料(下载地址：http://yunpan.cn/QGSXGeaX5Ybkn)；刘涛补充了全部章节的 VHDL 程序，并调试了教材的 VHDL 代码。书中所有例程都通过了实验验证。

在本书的编写过程中，杨拴科教授提出了不少宝贵的建议，并详细审阅了全稿；同时得到国家教学名师罗先觉教学院长的大力支持。电子学教研组张克农、王建校、杨建国、赵进全、张虹、徐正红等老师也提出了很多宝贵的意见。宋竟梅老师对传统实验的可操作性进行了改进。张锋老师以及许多学生都参与了书中软硬件使用说明和程序代码的验证工作。在此一并表示衷心地感谢。教材编写还得到西安交通大学教务处和教师教学发展中心的大力支持，在此也表示衷心地感谢。本书被评为西安交通大学“十二五”规划教材(实验专项)。

本书的撰写得到了依元素科技公司陈俊彦总经理和 Xilinx 公司大学计划部负责人谢凯年经理和陆佳华先生以及赵宏杰、冯志强、马珉、张林、金胜凯等多位工程师的大力支持，向各位致以衷心的谢意！

本书力图改善数字电子技术教学和实验中存在的问题，但数字电子技术的发展日新月异，加之笔者水平有限，书中难免存在不足，请广大读者批评指正。

编　者
2012 年 10 月于西安交通大学

目　录

导　读 1

第一部分　实验硬件和软件平台介绍

第1章　硬件平台介绍 10
1.1　Nexys3 硬件平台简介 10
1.2　Nexys3 电源、时钟及外围接口电路 15
1.2.1　电源 15
1.2.2　时钟 16
1.2.3　简单外围设备电路 17
1.2.4　Pmod 连接器 19
1.2.5　VMODS 子板 23
1.2.6*　VHDC 连接器 25
1.3　Nexys3 存储器及 FPGA 配置 25
1.3.1　Nexys3 开发板上的存储器 25
1.3.2　FPGA 配置 28
1.4　Nexys3 硬件平台测试 31
1.4.1　Nexys3 出厂时的测试程序 31
1.4.2　使用 Adept 软件测试 Nexys3 31
1.5　Basys2 硬件平台简介 32
1.5.1　Basys2 开发板资源简介 33
1.5.2　Basys2 电源、时钟、简单外设及 FPGA 配置 34
1.5.3　Basys2 User Demo 38
参考文献和相关网站 38

第2章　软件平台介绍 40
2.1　计算机辅助设计软件工具介绍 40
2.1.1　CAD 流程简介 40
2.1.2　各种软件下载安装和实验准备 43
2.2　FPGA 设计流程 46
2.2.1　综合 48
2.2.2　实现 48
2.3　ISE 软件使用与 FPGA 设计实例 50
2.3.1　开发板的简单外设实验步骤 50
2.3.2　阅读设计报告 59

2.4* 嵌入式系统开发......61
2.4.1 嵌入式开发套件 EDK......62
2.4.2 嵌入式处理器简介......62
2.5 硬件描述语言......65
2.5.1 VHDL 简介......67
2.5.2 Verilog HDL 简介......69
参考文献和相关网站......71

第二部分 传统数字电子技术实验

第 3 章 传统数字电路基础实验......74
3.1 传统数字电路实验过程简介......74
3.1.1 电路连接及注意事项......74
3.1.2 通电和实验......76
3.1.3 数字电路的故障查找和排除......77
3.2 集成逻辑门参数测试实验......78
3.2.1 实验目的......78
3.2.2 实验思路和实验前准备......78
3.2.3 实验内容和步骤......80
3.2.4 实验报告要求......83
3.2.5 实验仪器及器件......83
3.3 集成逻辑门功能测试实验......83
3.3.1 实验目的......84
3.3.2 实验思路和实验前准备......84
3.3.3 实验内容和步骤......85
3.3.4 实验报告要求......87
3.3.5 实验仪器及器件......87
3.4 基于中规模器件的数字钟设计......87
3.4.1 实验目的......87
3.4.2 实验思路和实验前准备......87
3.4.3 实验内容和步骤......97
3.4.4 实验报告要求......97
3.4.5 实验仪器及器件......98
参考文献和相关网站......98

第三部分 现代数字电子技术实验

第 4 章 基于 HDL 的组合逻辑电路实验......100
4.1 逻辑门实验......100

4.1.1 实验目的 100
4.1.2 实验和预习内容 100
4.1.3 实验步骤 101
4.2 比较器实验 107
4.2.1 实验和预习内容 107
4.2.2 实验步骤 109
4.3 多路选择器实验 110
4.4 七段译码器实验 112
4.4.1 七段译码器和数码管基础实验 112
4.4.2 数码管显示实验 114
4.5 译码器和编码器实验 121
4.5.1 译码器实验和预习内容 121
4.5.2 优先编码器实验和预习内容 123
4.6 加法器实验 125
4.7 算术逻辑单元(ALU)实验 127
参考文献和相关网站 133

第 5 章 基于 HDL 的时序逻辑电路实验 135
5.1 边沿 D 触发器实验 135
5.2 计数器实验 138
5.2.1 计数器简介 138
5.2.2 计数器实验和预习内容 139
5.3 寄存器和移位寄存器实验 144
5.3.1 寄存器实验和预习内容 144
5.3.2 移位寄存器实验和预习内容 145
5.3.3 寄存器和简单外设综合实验 150
5.4 串行序列检测器设计 159
参考文献和相关网站 160

第四部分 综合实验和接口实验

第 6 章 数字钟和频率计设计 162
6.1 数字钟设计 162
6.1.1 采用 8421BCD 码计数的 Verilog 时钟程序 162
6.1.2 采用模块化设计 Verilog 时钟程序 166
6.1.3 采用状态机设计动态数码管显示的时钟 VHDL 程序 171
6.1.4 采用六十进制计时模块设计的 VHDL 时钟程序 177
6.2 数字频率计 183
6.2.1 VHDL 语言设计的频率计 183

6.2.2 用 Verilog 语言设计的频率计 194

第 7 章 键盘和鼠标接口实验 201
7.1 PS/2 接口 201
7.1.1 PS/2 接口基本概念 201
7.1.2 PS/2 设备发送数据到 PC 的通信时序 202
7.1.3 PC 发送数据到 PS/2 设备的通信时序 203
7.2 PS/2 键盘 205
7.2.1 PS/2 键盘的编码 205
7.2.2 PS/2 键盘的命令集 206
7.2.3 FPGA 实现键盘控制器 208
7.3 PS/2 鼠标 214
7.3.1 PS/2 鼠标及数据包 214
7.3.2 FPGA 实现鼠标控制器 216

第 8 章 VGA 接口实验 230
8.1 VGA 显示器工作原理和时序 230
8.1.1 基于 VGA 的显示器工作原理 231
8.1.2 VGA 控制器工作时序 232
8.2 VGA 控制器设计 233
8.2.1 VGA 控制器原理图 233
8.2.2 VGA 彩条信号显示 Verilog 程序 234
8.2.3 VGA 彩条信号显示 VHDL 程序 237
8.2.4 VGA 汉字显示 Verilog 程序 240
8.2.5 VGA 显示 VHDL 程序 244

附录 A FPGA 实验预习报告模板 249
附录 B Basys2 板电路原理图 257

导　读

1. 实验教学目的

数字电子技术实验是电子技术课程的重要环节。实验教学不仅仅是验证理论，而且是培养学生动手能力、加深理解课程内容、更新自身知识结构的重要途径。通过实验教学环节，能够使学生正确使用常用电子仪器，掌握基本数字电子电路设计、调试和测量等实验技能，掌握用 VHDL 或 Verilog HDL 构建所学数字逻辑电路以及数字系统的方法，培养学生观察、分析和解决实际问题的能力，为以后深入学习和应用电子技术知识打好基础。

2. 实验教学要求

通过实验教学环节学生应达到以下基本要求：

(1) 正确使用常用电子仪器；

(2) 掌握电子电路的基本测试技术；

(3) 学会正确记录实验数据，分析实验结果；

(4) 学会查阅电子器件手册和相关技术资料；

(5) 具有选择元器件设计小系统电子电路和进行电路安装调试的能力；

(6) 具有初步分析、寻找和排除常见故障的能力；

(7) 会使用电子设计自动化(EDA)软件对一般电子电路进行设计、综合、实现和验证；

(8) 能独立撰写出有理论分析、实事求是、文理通顺的实验报告。

3. 实验教学模式

硬件电路实验采用开放式实验教学模式，根据实验内容要求，学生自己设计实验电路，选择元器件参数，拟定测试方案和实验步骤。每个学生借用 1 套与实验任务相关的集成芯片、元器件和面包板。学生预约实验时间。

EDA 实验教学采用 Xilinx ISE Design Suite 13.4 软件学习设计、综合、实现和验证数字系统，在 Xilinx Spartan-3E(XC3S100E-CP132) FPGA(Field Programmable Gate Array)上实现并验证所设计的数字系统。如果选用本书作为配合数字电子技术课程的实验教材，那么在课堂上花费 1～2 个学时介绍第 1 章和第 2 章，效果会更好。

学有余力且对数字电子技术感兴趣的学生，可以上西安交通大学教务处网站，申请开放实验项目，便可以一人拥有一套 Basys2 实验系统进行项目设计；也可以到教务处网站，申请校级本科生科研训练和实践创新基金项目，或申请国家级大学生创新训练项目。教师可以组织学生进行院级、校级和高校之间的竞赛活动；TI、Freescale、Xilinx、Altera、Atmel 和 ADI 等公司多年来一直积极推广大学计划，包括共建联合实验室、提供先进的实验平台、组织电子竞赛等活动，通过校企合作能及时了解行业发展的新技术和新动向，促进符合时代要求的课程内容改革；学校也可以邀请企业工程师进课堂介绍新技术及实际应用范例。

本书的使用和学时分配见表 0-1 和表 0-2 中的数字电子技术实验安排建议，表中安排的实验学时为 24，教师可以根据学时要求的不同稍作调整。推荐教学和实验的流程为：讲课→主讲教师安排学生进行课后实验的预习→实验指导教师检查预习报告(传统实验还要检查电路连接)→进入实验室做实验→提交实验报告→根据考核方式给出实验成绩(强化实验预习环节)。建议主讲教师要负责一定数量的实验指导和创新实验开发工作，并负责教学和实验的配合问题，尽量做到讲课和实验紧凑衔接。

表 0-1　中、小规模数字逻辑电路实验(10 学时)

序号	实验及学时数	课外作业或自学内容	实验内容	报告要求
1	集成逻辑门参数测试实验(2 学时)	① 预习本书第 3 章中的相关内容； ② 复习数字电子技术课堂介绍的相关内容； ③ 写预习报告(查阅实验所用器件的资料，简述实验所涉及的理论及计算，理清实验步骤及思路，设计好要记录的数据表格，思考报告要求中提出的问题)	① TTL 和 CMOS 与非门逻辑功能测试； ② TTL 和 CMOS 与非门电压参数与传输特性测试； ③ TTL 与非门电流参数测试及扇出数计算； ④ 与非门传输时延测试； ⑤ TTL 和 CMOS 门电路输入负载特性	① 在预习报告的基础上，分析实验结果并解答实验内容中要求回答的问题，说明实验结果与理论分析是否一致，检查预习报告中回答的问题是否准确，如果有自己增设的验证内容，说明结论； ② 总结实验中遇到的问题或故障，给出解决方法，没能及时解决的，分析原因； ③ 回答报告要求中提出的问题
2	集成逻辑门功能测试实验(2 学时)	① 预习本书第 3 章中的相关内容； ② 复习数字电子技术课堂介绍的相关内容； ③ 写预习报告(查阅实验所用器件的资料，简述实验所涉及的理论及计算，理清实验步骤及思路，设计好要记录的数据表格，思考报告要求中提出的问题)	① OC 门实现的线与逻辑功能测试； ② 三态总线缓冲器 74LS126 功能测试； ③ 三态门构成的总线功能测试	① 在预习报告的基础上，分析实验结果并解答实验内容中要求回答的问题，说明实验结果与理论分析是否一致，检查预习报告中回答的问题是否准确，如果有自己增设的验证内容，说明结论； ② 总结实验中遇到的问题或故障，给出解决方法，没能及时解决的，分析原因； ③ 回答报告要求中提出的问题
3	数字电路小系统设计(开放实验)(6 学时，分 2 次完成)	① 预习本书第 3 章中的相关内容； ② 写预习报告(查阅实验所用器件的资料，画出设计电路和实物连接图，理清实验步骤及思路，设计好要记录的数据表格，进实验室前连接好实验电路)	① 前 3 学时内完成单元电路调试和总体电路联调； ② 后 3 学时内完成相关电路波形的参数测试和数据分析	在预习报告的基础上，完成设计、调试及测试总结报告

表 0-2　基于 FPGA 的 EDA 实验(14 学时)

序号	实验及学时数	课外作业或自学内容	实验内容	报告要求
1	ISE 基础和 Basys2 的使用(2 学时)	① 安装 ISE 软件； ② 了解 Basys2 板的硬件配置； ③ 自学本书的第 1 章、第 2 章； ④ 预习 2.3 节中的设计实例	① 用 Adept 测试 Basys2 板(参考 2.1.2 节)； ② 2.3 节 ISE 软件使用与 FPGA 设计实例	① 简述 Xilinx FPGA 的开发步骤； ② 简要介绍 Basys2 板的硬件资源
2	组合逻辑实验Ⅰ(2 学时)	① 自学本书 4.1、4.2、4.3 节中的内容； ② 建立本书 4.1、4.2、4.3 节例程中所给的工程文件； ③ 编写本书 4.1、4.2、4.3 节所要求的工程文件	① 验证 4.1、4.2、4.3 节中的例程； ② 调试自己编写的 4.1、4.2、4.3 节的工程	① 提供经过验证的自己编写的本书 4.1、4.2、4.3 节所要求实验的 VHDL 或 Verilog 程序，以及约束文件； ② 总结调试过程中出现的问题以及解决方法； ③ 回答本书中提出的问题
3	组合逻辑实验Ⅱ(2 学时)	① 自学本书 4.4、4.5、4.6 节中的内容； ② 建立本书 4.4、4.5、4.6 节例程中所给的工程文件； ③ 编写本书 4.4、4.5、4.6 节所要求的工程文件； ④ 学有余力的学生预习 4.7 节的实验内容	① 验证本书 4.4、4.5、4.6 节中的例程； ② 调试自己编写的 4.4、4.5、4.6 节的工程； ③ 学有余力的学生可继续 4.7 节的实验内容	① 提供经过验证的自己编写的本书 4.4、4.5、4.6 节所要求实验的 VHDL 或 Verilog 程序，以及约束文件； ② 总结调试过程中出现的问题以及解决方法； ③ 回答本书中提出的问题
4	时序逻辑实验Ⅰ(2 学时)	① 自学本书 5.1、5.2 节中的内容； ② 建立本书 5.1、5.2 节例程中所给的工程文件； ③ 编写本书 5.2 节所要求的工程文件	① 验证本书 5.1 节、5.2 节中的例程； ② 调试自己编写的 5.2 节所要求的工程	① 提供经过验证的自己编写的本书 5.2 节所要求实验的 VHDL 或 Verilog 程序，以及约束文件； ② 总结调试过程中出现的问题以及解决方法； ③ 回答本书中提出的问题
5	时序逻辑实验Ⅱ(2 学时)	① 自学本书 5.3 和 5.4 节中的内容； ② 建立本书 5.3 和 5.4 节例程中所给的工程文件； ③ 编写本书 5.3 节所要求的工程文件	① 验证本书 5.3 和 5.4 节中的例程； ② 调试自己编写的 5.3 节所要求的工程	① 提供经过验证的自己编写的本书 5.3 节所要求实验的 VHDL 或 Verilog 程序，以及约束文件； ② 总结调试过程中出现的问题以及解决方法； ③ 回答本书中提出的问题
6	HDL 综合实验(4 学时)	① 自学本书第 6～8 章中的内容； ② 建立本书第 6～8 章例程中所给的工程文件； ③ 在表 0-3 中任选一题目完成设计； ④ 鼓励创新性综合实验设计。学生自主命题，实现设计。复杂题目可组织多人团队完成	① 验证本书第 6～8 章中的例程； ② 调试自己设计的数字系统	① 提供经过验证的自己编写的综合实验的 VHDL 或 Verilog 程序，以及约束文件； ② 总结调试过程中出现的问题以及解决方法

*本书中没有安排的实验内容，感兴趣的学生可报名参加开放实验项目继续进行。

4. 实验教学内容

本书将数字电子技术实验分为传统数字电子技术实验(基于中、小规模器件)和现代数字电子技术实验(基于FPGA)两部分。建议24学时的实验分配如下：

(1) 基于中、小规模器件的传统数字电子技术实验10学时(详细安排见表0-1)。其中：

① 集成逻辑门参数测试实验(2学时)；

② 集成逻辑门功能测试实验(2学时)；

③ 基于中、小规模器件的数字电路小系统设计(6学时，开放实验)。

(2) 基于FPGA的EDA实验14学时(详细安排见表0-2)。其中：

① EDA基础实验——ISE基础和Basys2开发板使用(2学时)；

② 组合逻辑实验Ⅰ(2学时)；

③ 组合逻辑实验Ⅱ(2学时)；

④ 时序逻辑实验Ⅰ(2学时)；

⑤ 时序逻辑实验Ⅱ(2学时)；

⑥ EDA综合实验——基于HDL的综合实验(4学时)。

表0-3为数字电子技术综合实验选做题目。

表0-3　数字电子技术综合实验选做题目

编号	题目名称	题目要求	提供器材	难度
1	数字钟	设计一个完整的数字钟，小时和分钟用数码管显示，秒用发光二极管闪烁显示，每秒闪烁一次，用2～4个按键实现校时功能，要求对按键有去抖动处理	Basys2板	中
2	频率计	① 设计一个频率计，测频范围为0 Hz～9999 Hz；② 将50 MHz的系统时钟信号分频得到一个频率在1 Hz～9999 Hz之间的脉冲信号；③ 用所设计的频率计测量这个脉冲信号的频率	Basys2板，一根杜邦线	中
3	简易计算器(PS/2键盘)	从PS/2键盘输入数字，完成一位数的+、−、*、/运算，计算结果显示在数码管上	Basys2板，PS/2键盘	中
4	曲线长度测量仪	通过沿曲线移动PS/2鼠标来测量曲线的长度	Basys2板，PS/2鼠标	难
5	DDS信号发生器	要求输出正弦波的频率可变	Nexys3板，D/A模块，示波器	难
6	数据采集与VGA波形显示	在VGA显示器上显示采集到的信号波形	Nexys3板，A/D模块，VGA显示器	难
7	秒表	显示：**.**秒。有启动/停止、清零等功能	Basys2板	易
8	基于VGA显示的简易逻辑分析仪	8通道逻辑信号输入，VGA上显示8通道的逻辑信号波形，具有简单的逻辑触发功能	Basys2板，9根杜邦线，VGA显示器	难

续表一

编号	题目名称	题 目 要 求	提供器材	难度
9	基于UART传输的简易逻辑分析仪	采集输入的8通道逻辑信号，通过UART将采集结果送入PC，在PC上采用高级语言实现用户界面	BASYS2板 9根杜邦线 串口连接线	难
10	基于UART传输的DDS信号发生器	要求通过上位机改变输出正弦波的频率	Nexys3板 D/A模块 串口连接线	难
11	基于UART传输的数据采集与波形显示	在PC显示器上显示采集到的信号波形	Nexys3板 A/D模块 串口连接线	难
12	基于UART传输的等精度频率计	采用等精度法测频，测频范围为0 Hz～50 MHz，在PC上显示所测量到的频率值	Nexys3板 一根杜邦线 串口连接线	难
13	智能交通灯	模拟交通灯控制	BASYS2板	易
14	跑马灯	可控制从左向右跑、从右向左跑，循环跑、间断跑、左右摇摆跑	BASYS2板	易
15	音乐播放器	要求能播放3首以上的歌曲，并能用按键选择播放第几首歌曲	BASYS2板 蜂鸣器板	易
16	电子琴	① 能弹奏歌曲； ② 能播放歌曲； ③ 能录制所演奏的歌曲，并可播放	BASYS2板 ZLG7289键盘板 蜂鸣器板	难
17	录音及播放系统	① 录音功能； ② 播放功能	Nexys3板 录音板 播放板	难
18	出租车模拟计价器	假设车轮的周长为1米，通过转数来计算公里数。将系统时钟分频得到一个脉冲发生器，用此脉冲发生器的脉冲数模拟车轮转数。 ① 要有公里数显示和计价； ② 行程不满3公里收费6元； ③ 行程满3公里后每公里1.5元； ④ 有等待计费功能； ⑤ 尽量接近实际计价器的功能	BASYS2板	中
19	自行车里程、时速表	将50 MHz的系统时钟信号分频得到频率为2 Hz的脉冲信号，用此信号模拟自行车车轮转速。假设自行车车轮的周长为1米。 显示时速、里程，2 s刷新一次，并有清零功能	BASYS2板 一根杜邦线	中

续表二

编号	题目名称	题 目 要 求	提供器材	难度
20	变步长可逆计数器	① 计数器可以用来加计数或减计数； ② 开机默认步长 N=3，即作为加计数器时，计数器的值按照 0、3、6、9、…的规律计数，减计数器的规律正好与此相反； ③ 步长 N 可以在 1～10 的范围内设定； ④ 在数码管上显示计数器的值	BASYS2 板	易
21	机体反应时间测试仪	随机让一个 LED 亮，测试者将对应的开关置 1，测量 LED 亮起到开关置 1 之间的时间，并在数码管上显示	BASYS2 板	中
22	基于 FPGA 的 FIR 滤波器设计	① 设计一个 16 阶低通线性相位 FIR 滤波器； ② 要求采样频率 Fs 为 80 kHz； ③ 截止频率 Fc 为 10 kHz； ④ 采用函数窗法设计，且窗口类型为 Kaiser，Beta 为 0.5； ⑤ 输入序列位宽为 10 位的有符号数(最高位为符号位)； ⑥ 输出序列位宽为 10 位的有符号数(最高位为符号位)	BASYS2 板	难
23	基于 FPGA 的 IIR 滤波器设计	设计一个数字滤波器，其技术指标为：抽样频率 Fs=1000 Hz，噪声干扰频率 100 Hz，3 dB 带边频率为 95 Hz 和 105 Hz，阻带衰减不小于 30 dB，采用巴特沃斯滤波器实现。滤波器的各个系数可以由 Matlab 软件计算得出	BASYS2 板	难
24	简易计算器(行列式键盘板)	从行列式键盘上输入数字，完成+、−、*、/运算，计算结果显示在数码管上	BASYS2 板 Pmod 行列式键盘模块	中
25	采用 DDS IP core 完成 DDS 信号发生器	要求输出正弦波的频率可变	Nexys3 板 D/A 模块 示波器	难
26	设计 FIFO 缓冲器并验证	设计数据位宽为 4 位，深度为 16 的 FIFO 缓冲器。验证电路可以采用 4 个开关产生输入数据，两个按钮作为 write 和 read 信号，4 位数据以及空、满标志用 5 个 LED 显示。按键要有去抖动处理	BASYS2 板	中
27	设计堆栈并验证	设计数据位宽为 8 位，深度为 16 的堆栈。验证电路可以采用 8 个开关产生输入数据，两个按钮作为 push 和 pop 信号，8 位数据用 8 个 LED 显示。按键要有去抖动处理	BASYS2 板	中
28	基于 ROM 的 sin(x)函数设计	采用查表方式设计函数 sin(x)，并进行仿真验证	BASYS2 板	中
29	利用 CoreGenerator 定制 RAM 模块	利用 CoreGenerator 定制一个跨度为 8 位，存储空间为 256 B 的 RAM 模块。验证电路可以采用 8 个开关产生输入数据，两个按钮作为 write 和 read 信号，8 位数据用 8 个 LED 显示。按键要有去抖动处理	BASYS2 板	中

续表三

编号	题目名称	题 目 要 求	提供器材	难度
30	IP 核的设计与复用	将动态数码管显示设计成 IP 核，并进行复用验证	BASYS2 板	中
31	简单 CPU 设计	设计 4 位 CPU，通过实验板简单输入设备输入设计的指令机器码，验证功能	BASYS2 板	难
32	键盘扫描和显示控制	扫描 PmodKYPD 键盘，将键值显示在有机发光二极管 PmodOLED 上。要求处理按键的抖动，并通过实验展示进行按键抖动处理和不进行按键抖动处理的对比情况	Nexys3 板 PmodKYPD PmodOLED	中
33	Flash 存储器的控制	用 Flash 存储器存储和播放音频信息	Nexys3 板 PmodSF 或 PmodSF2	难
34	通过 RF 构成电子琴	使用 PS/2 键盘、PmodRF1-无线电收发器、AMP 音频模块等构成电子琴。在 Digilent 网站下载参考设计并调试	Nexys3 板 PmodRF1 PmodI2S	难
35	ADC 和 DAC 控制	分析 PmodAD2 和 PmodDA1 板上 ADC 和 DAC 的工作原理，实现相互转换。使用 ISE 的 Chipscope 探针功能分析查看实验信息	Nexys3 板 PmodAD2 PmodDA1	难

5. 实验前准备

中、小规模数字逻辑电路实验部分根据实验内容，要求学生课外完成设计报告，可利用仿真软件对所设计的电路进行模拟调试，初步确定设计的正确性。写好预习报告，画好实验电路连线图并在面包板上搭接好电路后，再进入实验室完成实际电路的调试和测量任务。

EDA 实验部分要求学生利用 EDA 电子设计自动化软件平台(ISE)，预习书中相关内容，熟悉 ISE 软件的使用方法，采用 VHDL 或 Verilog HDL 实现设计任务。详细的实验预习报告模板见附录 A。

6. 实验考核方法

实验预习报告是评定实验成绩的一部分，学生进实验室必须提交预习报告。实验完成后，演示实验结果，请指导教师验收，提交实验数据，并回答指导教师提出的问题。指导教师根据预习及实验报告是否认真，实验电路的布局和连接是否规范，实验仪器使用是否正确，测量方法和实验结果是否合理，评定实验成绩。基于中、小规模器件的传统数字电子技术实验成绩登记表如表 0-4 所示。

EDA 实验根据所完成的项目能否正确综合、仿真和下载到 FPGA 中，实现所设计的系统功能并正确显示实验结果，评定实验成绩。基于 FPGA 的 EDA 实验成绩登记表如表 0-5 所示。

总实验成绩由所有实验成绩综合确定。

发现实验预习报告或者实验报告有抄袭现象的，无论是否是报告原创作者，所有雷同报告都要重写，如不同意重写或者态度不端正者，实验成绩以不及格处理。

表 0-4　传统数字电子技术实验成绩登记表

课程名称：数字电子技术实验(表中报告包含预习报告和实验报告，进实验室必须交预习报告)

班级	学号	姓名	性别	门电路 1		门电路 2		数字电路小系统设计						总成绩
				报告	实验	报告	实验	连线	60 进制	24 进制	级联	时基等	报告	

表 0-5　EDA 实验成绩登记表

课程名称：数字电子技术实验(表中“预”指预习报告，“做”指做实验，“报”指实验报告)

班级	学号	姓名	ISE			组合 I			组合 II			时序 I			时序 II			综合实验			总成绩
			预	做	报	预	做	报	预	做	报	预	做	报	预	做	报	预	做	报	

第一部分　实验硬件和软件平台介绍

现代数字电路设计和实现接口技术都离不开硬件载体和软件开发工具，本部分主要介绍 Nexys3 和 Basys2 硬件实验平台以及 ISE 集成开发软件，并简单介绍硬件描述语言。

第 1 章　硬件平台介绍

现场可编程门阵列(Field Programmable Gate Array，FPGA)是一种适用于教学和研究开发工作的高密度可编程逻辑器件，能满足多种不同领域的需求。FPGA 由静态随机存取存储器保存编程信息，单个 FPGA 器件上能容纳上百万个晶体管，可实现时序、组合等各种复杂逻辑电路，具有高度的灵活性，支持新概念的快速验证。

目前，很多公司专门致力于基于 FPGA 的教学或研究平台开发，随着与高校的不断合作，这些平台越来越得到教师、学生和工程师的认可。Xilinx 和上海德致伦电子科技有限公司(Digilent)推出了 Basys、Nexys、Atlys、Genesys、XUPV5、ZedBoard 等不同种类采用不同型号 FPGA 的实验或目标设计平台，这些开发板软硬件开源，全球流通。Digilent 网站上提供了大量的实验平台资料、免费软件、技术文档、设计实例和视频点播等信息。因此，其教学平台在国内外高校得到广泛应用。本书介绍的实验平台是适合本科生使用的 Nexys3 和 Basys2。

1.1　Nexys3 硬件平台简介

Nexys3 开发板是一款基于 Xilinx 公司 Spartan6 FPGA 的硬件开发平台，如图 1-1 所示。

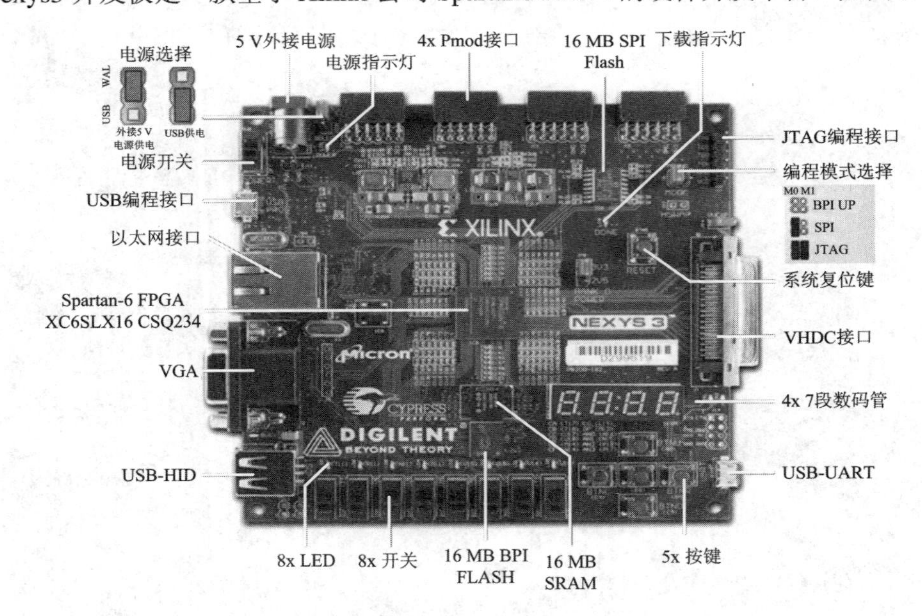

图 1-1　Nexys3 开发板

开发板上有 48 MB 大小的外部存储器、USB 接口、以太网接口、通用 I/O、各种按键以及显示器件等资源。对 FPGA 的编程有 JTAG、SPI、BPI 和串行接口等多种方式，其中的 JTAG 编程方式可由 PC 通过 USB 接口编程，该 USB 接口还可以为开发板提供电源(即硬件不需要额外电源)，支持最大传输速率达到 38 MB/s 的用户数据传输。可见，无论是进行教学实验还是学术研究，Nexys3 都是一个相当理想的硬件平台，只需要一根 micro USB 下载线就可以在开发板上进行各种数字电路和接口技术实验，也可以设计和实现嵌入式微处理器等复杂数字系统。在 Digilent 的 http://www.digilentinc.com/(http://www.digilentchina.com/中文)网站的 Products-FPGA/CPLD Boards 中可以下载 Nexys3 及其他不同开发板的原理图、参考手册、典型应用参考设计等资料，方便大家了解其技术细节并快速上手。

Nexys3 开发板提供了 4 个 Pmod 扩展接口，通过连接 Digilent 公司开发的多达 40 几个低成本的 Pmods 和最新型的 Vmods 外围设备，就可以实现其他应用功能，例如 A/D 和 D/A 转换、电机驱动、各种存储卡控制、射频接口、显示装置、麦克风等。

Nexys3 兼容所有的 Xilinx 软件工具，包括免费的 WebPack、Chipscope、EDK(嵌入式处理器设计套件)、ISE 等软件工具，也可以兼容 Digilent 公司发布的 Adept 软件。该软件可以配置 Digilent 公司开发板上的 FPGA，验证开发板性能，进行数据传输等。

Adept 软件系统还可以对板上器件进行测试。此外，它还提供了一些虚拟接口，比如 PS/2、VGA 等，这些虚拟接口可以将 PC 的键盘、鼠标、显示器等输入/输出设备为 Nexys3 开发板所用。Adept 应用软件、Adept SDK(软件开发工具包)、Digilent Plug-in(允许 Xilinx 软件直接使用 Digilent USB-JTAG 配置 FPGA 的工具)以及相关的参考资料都可以从 Digilent 网站(http://www.digilentinc.com/)上免费下载。

Nexys3 开发平台采用 Xilinx 的 Spartan-6 FPGA，Spartan-6 系列内置了丰富的系统级模块、第二代 DSP Slices、SDRAM 控制器、增强型混合时钟管理模块、SelectIO™ 技术、功率优化的高速串行收发器、PCI Express 兼容端点模块等。这些优异特性为替代定制 ASIC 产品提供了低成本的可编程方案，在汽车、娱乐电子、液晶显示、视频监视等方面得到了广泛应用。Spartan-6 主要有 LX 和 LXT 两个系列。其中 LX 系列没有内嵌 PCI-Express 兼容端点模块和高速串行收发器模块。Nexys3 开发平台使用的是 324 引脚 BGA 封装的 XC6SLX16-CSG324，相关资料可在 http://china.xilinx.com/的 FPGA 中下载。

Spartan-6 FPGA 具有以下特性：

(1) 极低的静态与动态功耗。

- 采用 45 nm 工艺，专为低成本与低功耗而精心优化；
- 静态功耗和动态功耗分别降低了 50% 和 40%；
- 休眠省电模式可以实现零功耗；
- 待机模式可以保持状态和配置，具有多引脚唤醒、控制增强功能；
- 内核电压可达 1.0 V；
- 高性能的 1.2 V 内核电压(LX FPGA 和 LXT FPGA，拥有-2、-3、-3N 和-4 四个速度

级别)。

(2) 多电压、多标准 SelectIO 接口 bank。

- 每个差分 I/O 的数据传输速率均高达 1080 Mb/s；
- 可选输出驱动器，每个引脚的电流最高达 24 mA；
- 兼容 3.3 V～1.2 V I/O 标准和协议，输出驱动可达 24 mA；
- 低成本 HSTL 与 SSTL 存储器接口；
- 符合热插拔规范；
- 可调 I/O 转换速率，提高了信号的完整性。

(3) LTX FPGA 内置高速 GTP 串行收发器。

- 以最低的功耗实现串行协议；
- 性能高达 3.125 Gb/s，在 3.125 Gb/s 下，功率低于 150mW(典型值)；
- 器件包含的千兆位级收发器电路多达 8 个；
- 支持高速接口，包括：串行 ATA、Aurora、1G 以太网、PCIExpress、OBSAI、CPRI、EPON、GPON、DisplayPort 以及 XAUI 等。

(4) 具有支持 PCI Express 设计方案的集成端点模块。

- 协同 GTP 收发器一起提供 PCIe 端点和根端口功能；
- 内置式硬 IP 核可以释放用户逻辑资源和降低功耗；
- 通过 PCI SIG 可验证 Gen1 兼容性(被纳入集成商列表)；
- 符合 32 位、66 MHz 规范的低成本 PCI 技术的支持；
- 可用于 Spartan-6 LXT FPGA 器件。

(5) 采用高效率的 DSP 硬核, 250 MHz 的 DSP48A1 Slice。

- 具有高性能算术与信号处理能力；
- 快速 18 × 18 乘法器和 48 位累加器；
- 流水线与级联功能；
- 用于协助滤波器应用的预加法器。

(6) 存储器控制器模块(MCB)。

- DDR、DDR2、DDR3 和 LPDDR 支持；
- 数据速率高达 800 Mb/s(12.6 Gb/s 的峰值带宽)；
- 内部 32、64 或 128 位数据接口为 MCB 提供了简单而又可靠的接口；
- 多端口总线结构，带独立 FIFO，减少了设计时序问题；
- 可预测的存储器接口设计时间；
- 软件向导，为整个设计过程提供指导。

(7) 丰富的逻辑资源和更大的逻辑容量。

- 高效的 6 输入查找表可以提升性能和将功耗降至最低；
- 针对流水线应用而设计的 LUT，具有双触发器；
- 灵活的 LUT 可以配置成逻辑、分布式 RAM 或移位寄存器；
- 3400～150 000 个逻辑单元，可以实现更高的系统级集成。

(8) 具有各种粒度的 Block RAM。

- 具有 12～268 个双端口 Block RAM，每个都可以存储 18 KB 的内容；
- 将存储器模块容量增加到 4.8 MB；
- 快速 Block RAM，具有字节写入功能；
- 18 KB RAM 块，可以选择性地将其编程为 2 个独立的 9 KB Block RAM；
- 每个 Block RAM 均带有 2 个完全独立的端口，可以共享存储数据；
- 各个端口都可以配置成 16K × 1、8K × 2、4K × 4、2K × 9(或 8)、1K × 18(或 16)或 512 × 36(或 32)。

(9) 丰富的时钟线路满足高扇出、短延迟和超低歪斜的时钟管理模块(CMT)。

- 低噪声，高灵活度的时钟控制；
- 数字时钟管理器(DCM)，可消除时钟歪斜和占空比失真；
- 锁相环(PLL)，可实现低抖动时钟控制；
- 频率综合实现倍频、分频和调相；
- 16 个低歪斜全局时钟网络。

(10) 增强型配置和比特流保护。

- 双引脚自动检测配置；
- 广泛支持第三方 SPI(高达 4 位宽度)和 NOR 闪存支持；
- 特性丰富的、带有 JTAG 的 Xilinx Platform Flash；
- 多重启动(MultiBoot)支持，可以利用多个比特流和看门狗功能进行远程升级；
- 独特的、用于设计认证的 Device DNA 标识，对于跟踪、反克隆设计或 IP 保护特别有用；
- 大型器件内的 AES 比特流加密。

(11) 利用增强型、低成本 MicroBlaze 软处理器加快嵌入式处理。

- 新型 MicroBlaze7.0 增加了 MMU 和 FPU，可以实现更多功能；
- 6 输入 LUT 架构提高了比较器和多路复用器的性能与效率；
- 2 倍数量的触发器，用于实现嵌入式寄存器；
- 存储器带宽为 12.8 Gb/s 的 DRAM 存储器控制器；
- 32 位 ARM RISC Cortex-M0 核也将成为 Xilinx FPGA 的嵌入式处理器。

Nexys3 实验系统包含 8 个拨码开关、5 个按键开关、8 个 LED 和 4 个 7 段数码管等简单外设。这些外设可由硬件上已设定好的 FPGA 通用输入/输出(GPIO)引脚控制。

Nexys3 包含的主要连接器、实际的或虚拟的接口(虚拟接口是指硬件按照接口要求已连接，软件待用户设计)等资源如下：

(1) 4 个 Pmod 接口(2 × 6 直角 100mil 插座，每个插座包括 2 个电源、2 个地和 8 个 I/O 信号)，用于插入扩展的 Pmod 子板。

(2) 1 个 Micro USB 编程接口(J3)，用于 FPGA 编程、供电和数据传输。在 Nexys3 开发板背面有一个 USB 控制芯片，采用的是 Cypress 公司的高速 USB 控制器 CY7C68013。该芯片内嵌了 8051 内核，能支持 USB2.0 协议。

(3) 1 个 Micro USB-UART 接口(J13)，可以用来与 PC 进行串口通信。USB 转接芯片选用了 FTDI 公司的 FT232R，是专门用于 USB-UART 转换的单芯片。

(4) 1 个标准 USB-HID A 型接口(J4)，用于控制鼠标、键盘或者闪存等外设。USB-HID(Universal Serial Bus -Human Interface Device)由 PIC24 微处理器控制。该接口不支持 Hub 功能，只能接一个鼠标或者一个键盘。

(5) 10/100 以太网接口。

(6) 8 位 VGA 接口。

(7) VHDC 接口。

(8) 100 MHz 有源晶振和 25 MHz 的无源晶振。

Nexys3 上用户可用的存储模块有以下三种。

(1) 16 MB 的 Cellular RAM(Micron 公司的 MT45W8MW16BGX)。

(2) 128 Mb 的并行 PCM(Micron 公司的 NP8P128A13T1760E)。

(3) 16 MB 的串行 PCM(Micron 公司的 NP5Q128A13ESC0E、NP5Q128A13EF8C0E)。

Cellular RAM 是一种结合了 SRAM 和 DRAM 优点的存储器件，具有低功耗和高速读写数据的优点，可以配置成同步模式或者异步模式。异步模式时读写周期达到 70 ns，同步模式时传送速率可达 80 MHz。

PCM 相变存储器(Phase Change Memory)是一种结合了 Flash、EEPROM 和 RAM 优点的存储器件，因此，也称 PCM 为 Flash。PCM 能进行位读写，不需要块擦除操作，与 Cellular RAM 相比，反复读写次数更多，数据保存时间更长。

Cellular RAM 和并行 PCM 共用数据总线和地址总线，由控制总线加以区分，两块存储器在 Nexys3 上的布局靠近。

串行 PCM 支持串行四 I/O(SQI)总线协议、双 I/O 总线协议和标准的 SPI 总线传输协议。上述外设与 FPGA 的连接关系如图 1-2 所示。

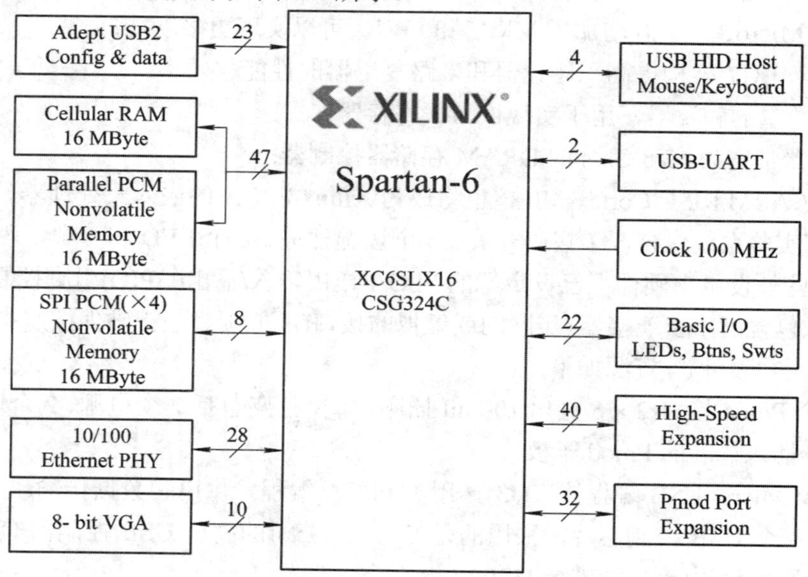

图 1-2　FPGA 和外设连接关系

Nexys3 所涉及的主要芯片如表 1-1 所示，相关资料可在对应网站下载。

表 1-1　Nexys3 主要芯片列表

芯　片	类　型	网　址
CY7C68013A-56(板背面)	USB 控制器，内嵌 8051(控制 Adept USB2)	www.cypress.com
PIC24FJ192(板背面)	16 位的 MCU(控制 USB HID Host)	www.microchip.com
FT232RQ(板背面)	RS232-USB 转换芯片	www.ftdichip.com
XC6SLX16-CSG324C	Xilinx Spartan-6 FPGA，324 引脚 BGA 封装	www.xilinx.com
NP5Q128A13EF8C0E NP5Q128A13ESC0E	串行 SPI PCM	www.micron.com
MT45W8MW16BGX	Cellular RAM	www.micron.com
NP8P128A13T1760E	并行 PCM	www.micron.com
LAN8710Ai-EZK	10/100 以太网收发器	www.smsc.com
LTC3633EUFD#PBF	电源管理芯片	www.linear.com
LTC3619IDD#PBF	电源管理芯片	www.linear.com
24AA128	串行 EEPROM(CY7C68013A-56 使用)	www.microchip.com

Nexys3 是一款非常易于上手的 FPGA 开发平台，应用广泛，借助 EDK 和 IP 核可以搭建各种嵌入式应用平台。近日，Xilinx 大学计划与 Digilent 合作在 Nexys3 上开发了数字电路、数字信号处理、微机原理、嵌入式系统设计和嵌入式操作系统等开放课程，相关的资源可在中国首个开放源码硬件社区(http://www.openhw.org/)下载。

为了使读者能够快速入门，下面只对 Nexys3 开发板上的简单外设电路进行详细介绍，Nexys3 开发板上的其他复杂接口电路在后续相关应用实验中再进行介绍。

1.2　Nexys3 电源、时钟及外围接口电路

电源和时钟电路是数字时序电路正常工作必需的部分，后续微处理器课程经常提到的最小系统就包含这一部分。下面首先介绍 Nexys3 开发板的电源和时钟电路，然后介绍 Nexys3 提供的 8 个拨码开关、5 个按键开关、8 个 LED 和 4 个 7 段数码管这些简单输入/输出设备。

1.2.1　电源

Nexys3 开发板上电源电路如图 1-3 所示。电源的引入使用了两种方式，即 5 V 外接电源(常用 jack 插座)或者 USB 编程接口，可通过图 1-3 左上角的电源选择跳线 JP1 进行切换。JP1 在下方时，USB 编程接口与 PC 连接后即可提供 Nexys3 开发板的工作电源，当开发板外接负载较多或不与 PC 连接时，可以通过 jack 插座外接 5 V 电源供电(最大不允许超过 5.5 V)。图 1-3 中使用了一片 LTC3633 和一片 LTC3619 电源管理 DC/DC 芯片，整个系统多数接口芯片采用 3.3 V 电压，FPGA 的内核电压为 1.2 V，PCM FLASH 用到 1.8 V 电源，2.5 V 主

要是预留电平。电源供电正常时，红色 LD8 灯亮。

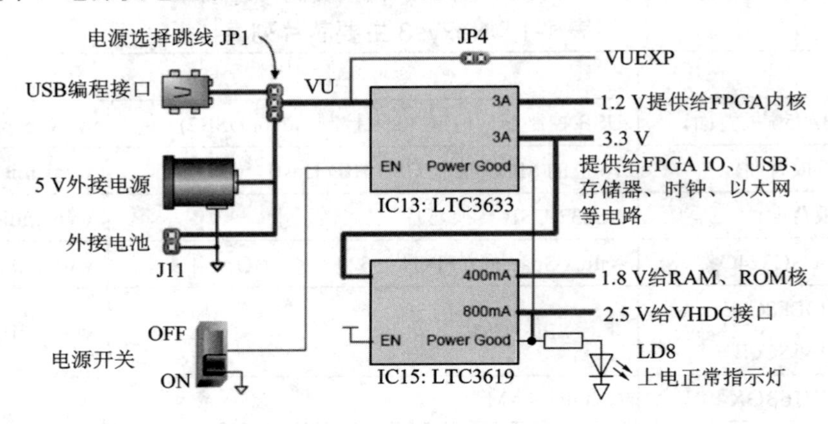

图 1-3　Nexys3 电源电路

注意：Nexys3 开发板上有两个 Micro USB 接口，使用 PC 通过 USB 编程接口供电时，USB 电缆要接在图 1-1 左上角标有“USB 编程接口”字样的 USB 接口上，且一定要将 JP1(如图 1-3 所示)跳线下面两针用短路子短接。接通 JP4(如图 1-3 所示)，可以给 VHDC 接口的扩展机器提供 5 V 电源，但一定要确定外扩接口需要的是 5 V 电源。

1.2.2　时钟

Nexys3 开发板上有一个 100 MHz 的 CMOS 有源晶振。图 1-4 的 100 MHz 有源晶振产生的时钟信号 GCLK 提供给 FPGA 的全局时钟输入引脚 V10，驱动 FPGA 内部时钟管理模块(Clock Management Tiles，CMT)。Spartan-6 系列的多个型号的 FPGA 都具备多达 6 个 CMT，Nexys3 开发板上的 FPGA 内部有两个 CMT。每个 CMT 包含 2 个数字时钟管理器(Digital Clock Manager，DCM)和 1 个锁相环(Phase-Locked Loops，PLL)。

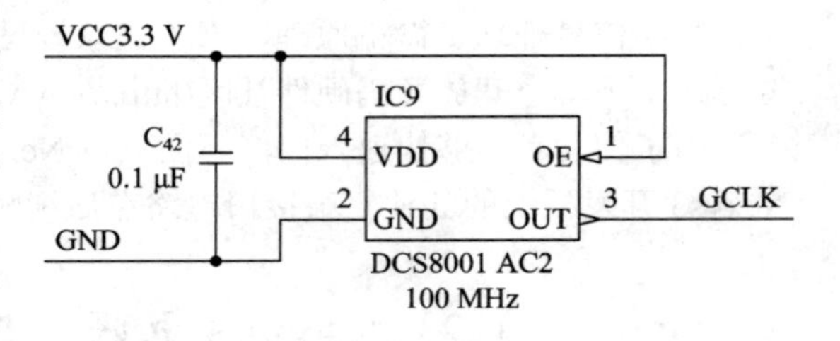

图 1-4　有源晶振

DCM 可消除时钟歪斜和占空比失真，可提供输入频率(GCLK，对应 FPGA 的 V10 引脚)的 4 个相位，分别为 0°、90°、180° 以及 270° (CLK0、CLK90、CLK180 以及 CLK270)。此外，DCM 还可提供倍频时钟，倍频系数为 2～32，也可以提供分频时钟，分频系数为 2～16 或 1.5，2.5，3.5，…，7.5。

PLL 可实现低抖动时钟控制，能够用作各种频率的频率综合器，并且在与 DCM 结合使用时，还可作为输入时钟的抖动滤波器。PLL 的核心是一个频率范围为 400 MHz～1080 MHz 的压控振荡器(VCO)。在配置 FPGA 时，可以通过三种可编程分频器(D、M 和 O)实现不同的应用需求。

每个 Spartan-6 FPGA 都可提供大量的时钟网络，以满足高扇出、短传播延迟和极低歪斜的各种时钟要求。Spartan-6 FPGA 提供的 16 条全局时钟线路，不仅具有最大的扇出，而且还能够到达每一个触发器时钟输入端。全局时钟线路由全局时钟缓冲器驱动，后者还可以执行无干扰的时钟多路复用以及时钟使能功能。全局时钟通常由 CMT 驱动，从而能够彻底消除基础时钟的分布延迟。I/O 专用时钟速度特别快，而且仅为本地化输入与输出延迟电路和 I/O 串行器/解串行器电路服务。

FPGA 的内部时钟系统配置比较复杂，详细资料可参见 http://china.xilinx.com/的 FPGA 网页的 Spartan-6 FPGA 时钟控制资源用户指南。

1.2.3　简单外围设备电路

数字系统或微处理器实验一般需要配合一些简单输入、输出等外围设备对实验进行直观验证，Nexys3 开发板上提供了 8 个拨码开关，5 个按键开关，8 个 LED，4 个封装在一起的七段数码管。这些外围设备由 FPGA 的相关 I/O 引脚进行控制，如图 1-5 所示。将按键开关(按下输入为高电平，松开为低电平)和拨码开关的对应引脚设定为输入，就可以读取这些简单输入设备的状态。拨码开关和按键开关通过电阻与 FPGA 引脚连接，防止短路造成器件损坏。比如，SW0 拨码在低电平位置时，FPGA 将读取拨码开关 SW0 的 T10 引脚，并定义为输出引脚而且输出高电平。如果没有电阻，则 T10 引脚直接对地短路，将会造成内部电路损坏。

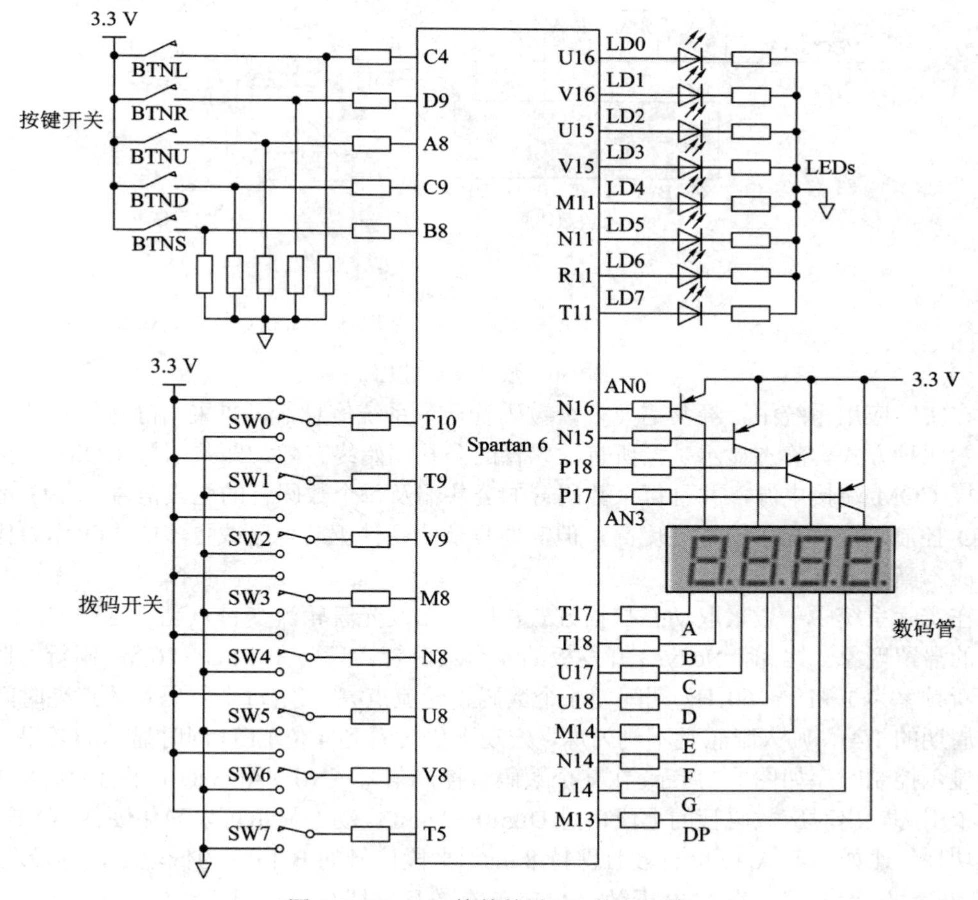

图 1-5　Nexys3 简单外设 I/O 控制电路

图 1-5 中的 8 个 LED 是用户可用的简单、高效的输出设备，其阳极分别由 FPGA 的 8 个输出引脚控制，阴极通过 390 Ω 的电阻接地。当 FPGA 输出高电平时，对应的 LED 点亮。Nexys3 开发板上还有一些指示上电、FPGA 配置、USB 和以太网等状态的 LED，这些 LED 用户是不能使用的。

Nexys3 开发板上有 4 个共阳极的七段数码管，控制电路如图 1-6 所示。图中 4 个三极管用于提高对数码管的驱动能力，分别由来自 FPGA 的 4 个信号 AN0～AN3 控制。AN0～AN3 为高电平时，4 个数码管均不亮，AN0～AN3 为低电平时，对应的数码管公共 COM 端为高电平，该数码管的阴极信号 ABCDEFG 和小数点 DP 如果为低电平，则对应 LED 段点亮。由图 1-5 可知，由于 4 个数码管的七段信息共同由 FPGA 的 8 个引脚控制，如果 AN0～AN3 同时为低电平，则 4 个数码管会显示同样内容。正常使用时，AN0～AN3 不允许同时为低电平，而是轮流有效，即显示要采用动态扫描方式。

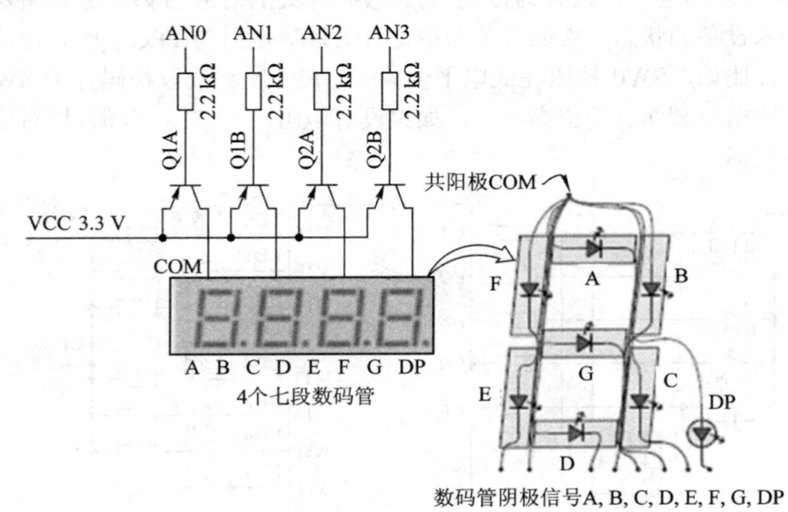

图 1-6　数码管控制电路

在实际应用系统中，经常需要多个数码管显示系统信息，可以采用静态显示和动态扫描显示两种方式。静态显示是指所有数码管的公共端始终有效，即共阴极 COM 端接地，共阳极 COM 端接电源，并且每个数码管的公共端及每个数码管的七段信号 A～G 都由不同 I/O 控制。这种显示方式亮度高，但需要复杂的硬件驱动电路或更多的 I/O 作为代价，硬件成本高。

在实际系统中一般采取动态扫描方式，即多个发光管轮流交替点亮。这种方式利用了人眼的滞留现象。比如，Nexys3 开发板的 4 个数码管，只要在 1 ms～16 ms(刷新周期，对应刷新频率为 1 kHz～60 Hz)期间使 4 个数码管轮流点亮一次(每个数码管的点亮时间就是刷新周期的 1/4)，则人眼感觉不到闪烁，宏观上仍可看到 4 位 LED 同时显示的效果。数码管的显示控制时序如图 1-7 所示。在某个数码管控制信号 AN0～AN3 低电平有效时由 FPGA 的 8 个引脚输出对应数码管的七段信息 Digit0～Digit3。动态显示可以简化硬件、降低成本、减小功耗。比如，若 AN0 低有效且保持 8 ms，七段信号的 B 和 C 为低电平，则最左边(高位)数码管显示“1”；若 AN0 无效，AN1 低有效且保持 8 ms，七段信号 ABCDEFG 为低电平，则次高位数码管显示“8”。这样周而复始，则两个高位数码管时钟显示“18”。

通过灵活配置图 1-5 中各种简单外设对应的 FPGA 引脚，就可以方便地由 FPGA 控制这些外设。

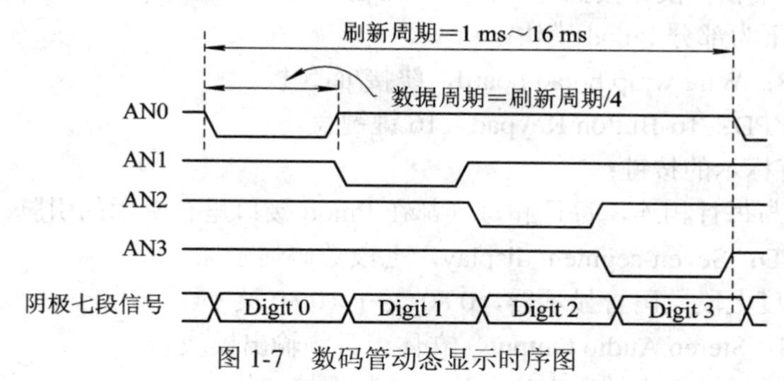

图 1-7　数码管动态显示时序图

1.2.4　Pmod 连接器

Digilent 所有的 FPGA 实验系统都有多个 Pmod 连接器，通过这些连接器可以很方便地在实验系统上扩展其他外围设备。Nexys3 上有 4 个 Pmod 连接器，都是 2×6 直角 100 mil 的插座。每个插座包括 2 个电源、2 个地和 8 个信号，如图 1-8 所示。4 个 Pmod 连接器的信号与 FPGA 的引脚对应关系如表 1-2 所示。

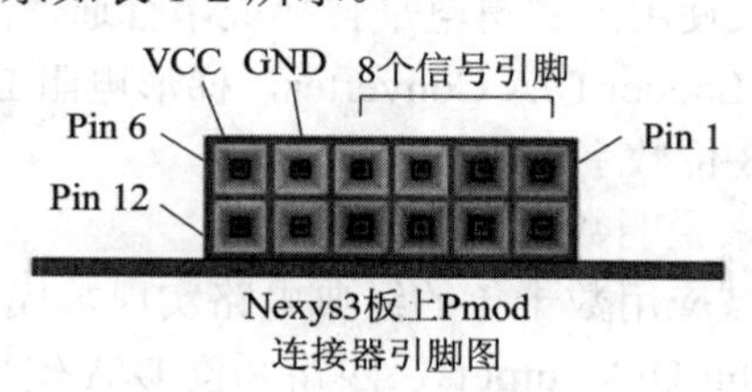

图 1-8　Pmod 连接器

表 1-2　4 个 Pmod 信号与 FPGA 引脚的对应关系

JA1:	T12	JB1:	K2	JC1:	H3	JD1:	G11
JA2:	V12	JB2:	K1	JC2:	L7	JD2:	F10
JA3:	N10	JB3:	L4	JC3:	K6	JD3:	F11
JA4:	P11	JB4:	L3	JC4:	G3	JD4:	E11
JA7:	M10	JB7:	J3	JC7:	G1	JD7:	D12
JA8:	N9	JB8:	J1	JC8:	J7	JD8:	C12
JA9:	U11	JB9:	K3	JC9:	J6	JD9:	F12
JA10:	V11	JB10:	K5	JC10:	F2	JD10:	E12

Pmod 连接器主要连接一些低速的和引脚不多的外部模块。PCB 板上到 Pmod 连接器的信号走线并没有考虑阻抗和信号匹配的问题。

Digilent 提供各种各样的低成本、简单 I/O Pmod 外围接口模块，是扩展其各种 FPGA 开发板性能的理想方案。Pmod 外围接口模块与 FPGA 开发板通过使用 6 针或 12 针 Pmod

连接器通信，设计者可以根据需要灵活选用。Digilent 提供的 Pmod 外围接口模块包括传感器、I/O、数据采集和转换、接插件、扩展存储器等模块。在 Digilent 网站提供了所有模块的详细资料。以下为部分 Pmod 模块：

(1) PmodBB：Wire wrap/bread board，绕接/面包板。

(2) PmodKYPD：16-Button Keypad，16 键键盘。

- 16 个带有标示的按键；
- 上拉电阻与每行相连，每行和每列都在 Pmod 接口里有专用的引脚。

(3) PmodSSD：Seven-segment display，七段数码显示器。

- 两个高亮度七段数码管显示器，0.80 英寸×0.80 英寸。

(4) PmodI^2S：Stereo Audio Output，立体声音频输出模块。

- 立体声数模转换器支持所有的主流音频数据接口格式；
- 支持 16 位～24 位的多采样率音频，包括 48 kHz、96 kHz 和 192 kHz 的采样率；
- 3 V～5 V 工作电压，0.80 英寸×1.15 英寸。

(5) PmodRS232：Serial converter & interface，串行转换器及接口。

- 具有发送和接收数据的功能；
- 可选 RTS 和 CTS 同步交换功能(Rev.B)；
- 将 Digilent 系统开发板使用的逻辑电平转换成串行通信所需的 RS232 电平。

(6) PmodR2R：Resistor Ladder D/A Converter，梯形电阻 D/A 转换器。

- 频率高达 25 MHz 的 8 位数字到模拟转换器；
- 由示波器的简单附件来说明数据转换的过程；
- 利用一个工程设计领域应用数十年的经典电路实现数模的转换。

(7) Pmod-DA1：Four 8-bit D/A outputs，四路 8 位 D/A 输出接口。

- 四个 D/A 转换通道；
- 超低功耗。

(8) Pmod-DA2：Two 12-bit D/A outputs，两路 12 位 D/A 输出接口。

- 两个 National Semiconductor DAC121S101，12 位 D/A 转换器；
- 两个同步 D/A 转换通道；超低功耗。

(9) PmodAD1：Two 12-bit A/D inputs，两路 12 位 A/D 输入接口。

- 两个两极 Sallen-Key 抗干扰滤波器；
- 两个同步 A/D 转换通道，每通道可高达 1 MSa；
- 超低功耗。

(10) PmodAD2：Four channel 12-bit A/D converter，4 通道 12bit A/D 转换器。

- 最高可用 4 个模拟转数字通道；
- 最高可用 12 bit 的分辨率；I^2C 接口；
- 板载 2.048 V 参考电压；参考电压可变。

(11) PmodPS2：Keyboard/mouse connector，键盘/鼠标接口。

(12) PmodSD：SD card slot，SD 卡插槽 。

- 为 Digilent 系统和微控制器开发板提供一个 SD 卡接口。

(13) PmodCLP：Character LCD w/parallel interface，字符 LCD w/并行接口。

- 16×2 字符显示，带背光功能的液晶屏；
- 尺寸大小：3.3 英寸×2.3 英寸，并行数据接口。

(14) PmodCLS：Character LCD w/serial interface，字符 LCD w/串行接口。

- 16×2 字符显示屏，带背光功能的液晶屏；
- 通过使用 UART、SPI 或者 TWI 接口来灵活连接；
- 尺寸大小：3.75 英寸×1.75 英寸。

(15) PmodOD1：Open drain output，漏极开路输出。

- 4.1 A 最大输出电流(t<5 s)；
- 3.0 A 恒电流(25℃)，2.2 A 恒电流(85℃)；
- 一个 6 针接口用来输入；
- 两个输出螺丝接线端；
- 该 Digilent PmodOD1 漏极开路输出模块可以驱动高电流设备，使用 On-Semiconductor 的 NTHD4508NT 功率 FET 输出晶体管。该输出晶体管由一个 Digilent 系统级开发板的逻辑信号来驱动。

(16) PmodOC1：Open collector output，集电极开路输出。

- 四个输出钳位二极管；
- 最大工作电压为 40 V；
- 做工精细、精致小巧(0.75 英寸×0.80 英寸)；
- 该 Digilent PmodOC1 集电极开路输出模块可以使用 MMBT3904 输出晶体管来驱动高电流器件。该输出晶体管由一个 Digilent 系统级开发板的逻辑信号来驱动。该晶体管可作为一个开关，并可以驱动继电器和启动 LED 灯、电动机以及其他外部设备。

(17) PmodCON4：RCA audio jacks，RCA 音频接口。

- 可灵活配置针头接口和 RCA 接口。

(18) PmodREG1：Voltage regulator，稳压器。

- 250 mA，低压差线性稳压器；
- 稳定的 3.3 V 输出电压；
- 输入电压范围为 3.8 V～16 V。

(19) PmodNIC100：Network Interface Controller，网络接口控制器。

- 标准 SPI 接口；
- IEEE 802.3 兼容的以太网控制器；
- 10/100 Mb/s 数据传输率；
- 集成 MAC；集成 10BASE-T PHY；集成 100BASE-TX PHY。

(20) PmodBT2：Bluetooth Interface，蓝牙接口。

- 兼容蓝牙 2.1/2.0/1.2/1.1；
- 具有多种模式，包括：从模式，主模式，触发主模式，自动连接主模式，自动连接 DTR 模式，自动连接 ANY 模式；
- 简单的 UART 接口，小尺寸(0.8"×1.5")。

(21) PmodWiFi：802.11b/g/n WiFi Interface，802.11b/g/n WiFi 接口模块。

- IEEE 802.11 兼容的射频收发器；

- 序列化的专有 MAC 地址；
- 1/2 Mb/s 数据率；
- IEEE 802.11 b/g/n 兼容；
- 集成 PCB 天线；
- 传输距离远达 400 米(1300 英尺)；
- 通过美国(FCC)、加拿大(IC)、欧盟(ETSI)以及日本(ARIB)无线电监管认证；
- 通过 WiFi 认证(WFA ID:WFA7150)。

(22) PmodOLED：Organic LED Graphic Display，有机 LED 图形显示。

- 128 × 32 像素，0.9 毫米 OLED 显示屏；
- 标准 SPI 接口；
- 最高 10 MHz 时钟频率；
- 含内部显示缓冲区。

(23) PmodLS1：Infrared Light Detector，红外线探测器。

- 具有四个 4 针接口的反射或透射光探测器；
- 板载灵敏度调节仪；
- 四个对输入状态监测的板载 LED 指示灯。

(24) PmodTMP2：Thermometer/thermostat，温度计/恒温器。

- 以 ADT7420 为核心的一个温度传感器和恒温控制板；
- 拥有 1 个 8 针的 I^2C 连接头；
- 支持最高 16 位的分辨率；
- 支持 3.3 V 和 5 V 的接口；
- 无需校准，附带一根 10"的 4 脚 MTE 线。

(25) PmodRTCC：Real-time clock/calendar，实时时钟/日历。

- 可支持一个纽扣型电池的实时时钟/日历；
- I^2C 接口；
- 可产生方波输出的多功能引脚；
- 两个可使用的闹钟；
- 128 B 的 EEPROM；
- 64 B 的 SRAM， 附带一根 10"的 4 脚 MTE 线。

(26) PmodIOXP：I/O Expansion Module，I/O 扩展模块。

- 通过 I^2C 接口与主机通信的 I/O 端口扩展模块；
- 用于事件记录的 16 单元的 FIFO；
- 19 个可配置 I/O 接口；
- 可支持最大 11 × 8 矩阵的按键解码；
- PWM 生成器；
- 集电极开路的中断输出；
- 两个可编程的逻辑块；
- 去抖动的 I/O 引脚。

(27) PmodAMP1：Speaker/headphone amplifier。

(28) PmodHB3：H-bridge w/feedback inputs。

(29) PmodMIC：Microphone w/digital interface。

(30) PmodGYRO：3-Axis Digital Gyroscope。

(31) PmodACL：3-Axis Accelerometer。

(32) PmodRF2：IEEE 802.15 RF Transceiver。

(33) PmodUSBUART：USB to UART Interface。

(34) PmodSF2：Serial PCM, 128 Mb。

(35) PmodSF：Serial Flash ROM，16 Mb or 128 Mb。

1.2.5　VMODS 子板

VMODS 子板是 Digilent 公司提供的功能较复杂的扩展模块。其主要有以下子板：

1. VmodTFT(彩色 LCD 触摸屏)

主芯片：AD7873 触屏数字转换器芯片。

接口：1 个 VHDC 接口。

- 4.3 英寸彩色液晶电阻式触摸屏；
- 480×272 分辨率，24 位色彩深度；
- 通过脉宽调制来控制 LED 背光；
- 最高 80 Hz 的刷新率；
- 最高 125 kSPS 的触摸采样率；
- 板载温度传感器，敏感范围为 −40℃～85℃。

2. AD9739A FMC 扩展子板

主芯片：Analog Devices AD9739A 14 bit, 2.5 GSPS, R D/A Converter。

接口：FMC(FPGA 高速扩展接口)160 pin 连接器。

- FMC 板卡上使用了强大的 Analog Devices AD9739A 数模转换芯片；
- 提供多种时钟选择：内部时钟(晶振 + 锁相环)以及外部时钟(SMA)；
- AD9739A 参数：
  - 14 bit，2.5GSPS；
  - 可以直接射频合成达到 2.5GSPS 刷新率的信号；
  - 行业领先的单/多载波中频或射频合成技术；
  - 双端口 LVDS 数据接口；
  - 可编程输出电流，范围：8.7 mA～31.7 mA；
  - 超低功耗：1.1 W，2.5GSPS。
- 应用：
  - 宽带通信系统；
  - 有线电缆调制解调器终端系统；
  - 军事干扰器。

3. VmodCAM(立体相机模块)

主芯片：两片 Aptina MT9D112。

● 通过 VHDC 接口与系统板连接(例如 Genesys, Atlys 等)；

● 两个独立的 Aptina MT9D112，两百万像素 CMOS 数字图像传感器；

● 最大分辨率 1600 × 1200，15 帧每秒；

● 10 位原色深度。

4. VmodMIB(VHDC 模块接口板)

接口：68 管脚 VHDC 接口；4 个 HDMI 接口；5 个 12 管脚 Pmod 接口。

● 通过一个 VHDC 连接器和系统板相连接(Genesys，Atlys 等)；

● 增加了 4 个 12 针的 Pmod 连接器和 4 个 HDMI-D 连接器；

● 提供两个电源总线和一个地总线。

5. VmodBB(VHDC 面包板)

接口：一个 Vmod(高速 VHDC)接口。

● 接入 Digilent 系统板的 VHDC 接口(Genesys，Atlys 等)；

● 两块 16 pin 组成的 32 pin 面包板可以直接与系统板传入的信号相连；

● 两个电源及一个接地总线；

● 每路信号采用标准连接方式；

● 板载两块 300 个连接点的面包板，两者由一个 100 连接点的条状总线划分开。

6. VmodWW(VHDC 绕线板)

接口：一个 Vmod(高速 VHDC)接口。

● 接入 Digilent 系统板的 VHDC 接口(Genesys，Atlys 等)；

● 33 × 17 孔的绕线区域；

● 32 个用于与系统板接入信号直连的直通式接口；

● 两个电源及一个接地总线；

● 每路信号采用标准连接方式。

7. VRM(变压器模块)

接口：一个 Vmod(高速 VHDC)接口。

● 6 A 同步降压交换机；

● 5 V 或 3.3 V 可选输出电压；

● 5 V～15 V 输入电压；

● 479 kHz 交换单元频率；

● 可同步转换外部时钟。

8. VDEC1(视频解码子板)

主芯片：Analog Devices ADV7183B。

接口：100 管脚插口接口。

- 可以解码 NTSC/SECAM 格式的视频源；
- 复合通信线路和 S-视频输入；
- 理想的视频及图像处理实验。

9. FX2 模块接口板

- 提供六个附加的 PMOD 接口(四个 12 管脚的和两个 6 管脚的)；
- 基于 Hirose FX2 并行接口板；
- 获取信号的测试点；
- 该套件提供一个晶振插槽。

1.2.6* VHDC 连接器

Nexys3 上提供一个 68 脚 VHDC(Very High Density Connector Interface)接口，用于高速并行 I/O，如图 1-9 所示。该接口支持 SCSI-3 总线传输协议，信号传输速率能达到几百兆字节每秒。VHDC 包括 40 个数据信号、8 个电源信号和 20 个地信号。数据信号组成 20 个阻抗控制信号对。由于是高速的差分信号，布线时需要注意尽量平行，长度相等。

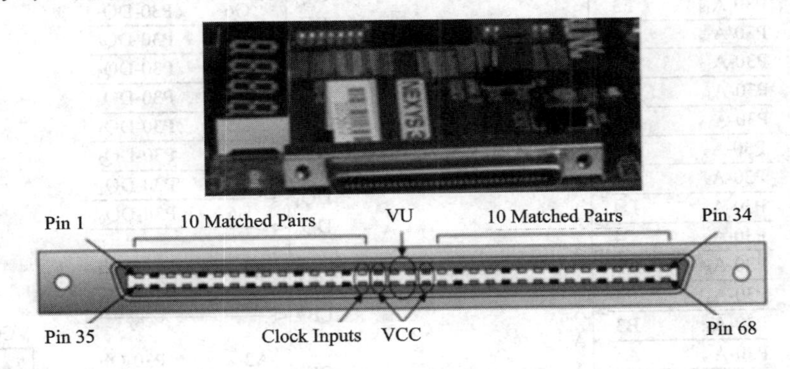

图 1-9　VHDC 接口

FPGA 与 VHDC 信号连接的所有引脚都处于 I/O bank0。跳线(JP8)能选择 I/O bank0 的供电为 3.3 V 或者 2.5 V。

1.3 Nexys3 存储器及 FPGA 配置

Nexys3 开发板上有以下三块 Micron 公司的存储器：

(1) 16 MB 的 Cellular RAM(Micron 公司的 MT45W8MW16BGX)。

(2) 128 兆字的非易失并行 PCM(Micron 公司的 NP8P128A13T1760E)。

(3) 16 MB 的串行 PCM(Micron 公司的 NP5Q128A13ESC0E、NP5Q128A13EF8C0E)。

PCM 存储器可以用作 FPGA 配置存储器，也可以用于存储用户数据。

1.3.1 Nexys3 开发板上的存储器

Nexys3 开发板上的 Cellular RAM 和并行 PCM 均为 BGA 封装，共享 16 位数据总线、地址总线、输出使能信号 OE 和写使能信号 WE，但片选信号 CE 不同，电路如图 1-10 和图 1-11 所示。PCM 存储器比对块操作的传统 Flash 更快、更方便。在 Digilent 网站可以找到这些存储器的应用实例。

图 1-10 的 Cellular RAM 容量为 8 兆字，可以选择对字节寻址，使用 MT-UB 和 MT-LB 信号选择寻址高字节还是低字节。另外，Cellular RAM 芯片有一些控制信号：时钟信号 CLK、等待信号 WAIT、地址有效信号 ADV 和控制寄存器使能信号 CRE。

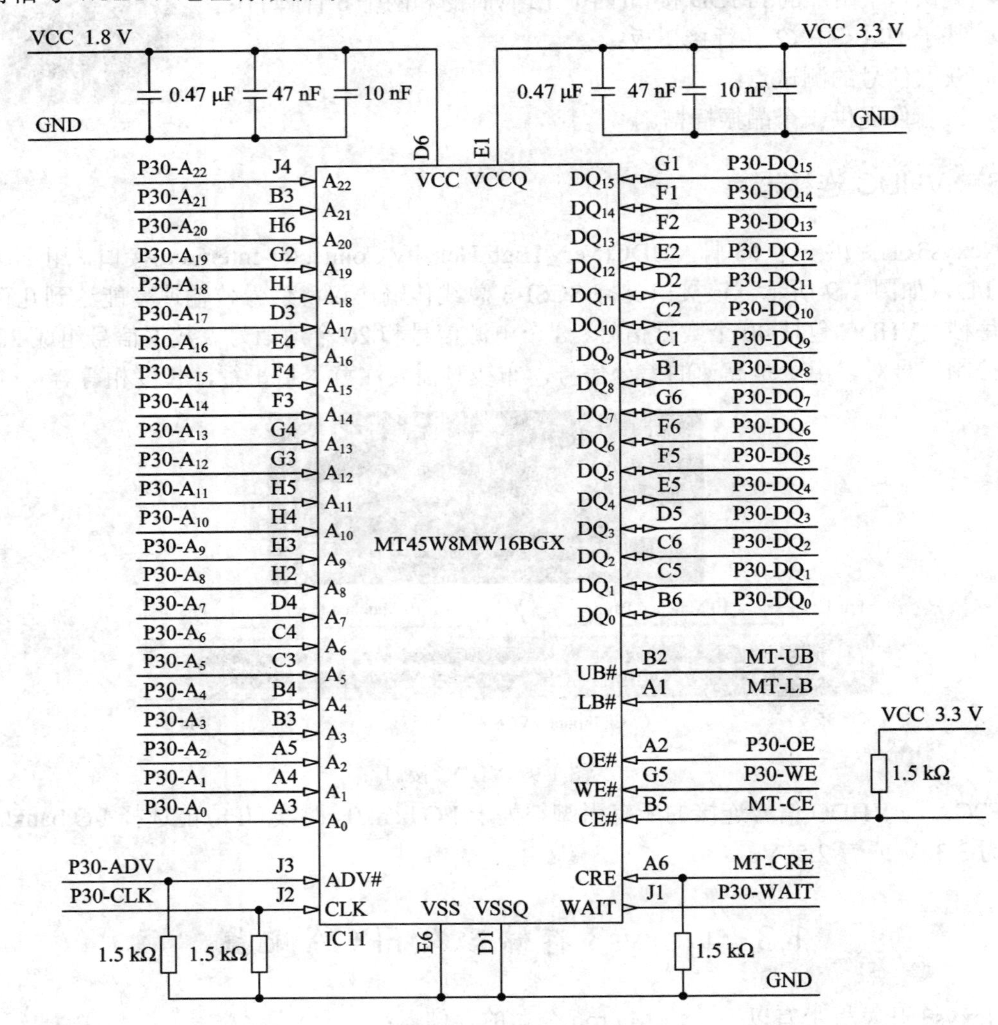

图 1-10　Cellular RAM 电路图

图 1-11 的并行 PCM 只能进行 16 位寻址，容量为 128 兆字。Nexys3 开发板上也可以使用与并行 PCM NP8P128A13T1760E 兼容的传统 Flash 代替。

16 MB 的串行 PCM(Micron 公司的 NP5Q128A13ESC0E、NP5Q128A13EF8C0E)支持传统 SPI 协议、串行四 I/O(SQI)总线协议和双 I/O 协议，时钟频率可达 50 MHz。

三种存储器与 FPGA 的接口电路如图 1-12 所示。读者可以下载相关存储器的详细资料，根据存储器的读、写时序图，在综合实验中设计由 FPGA 控制存储器的读写。图 1-12 中的地址总线 ADDR(25:0)和数据总线 DATA(15:0)与 FPGA 的引脚对应关系如表 1-3 所示。

Nexys3 开发板上两个 PCM 存储器在出厂时都装有配置文件信息，SPI PCM 包含一个测试 Nexys3 存储器的 FPGA 配置文件，而并行 PCM 包含一个基本 demo 例程的 FPGA 配置文件，这个文件可以用于检验 Nexys3 开发板的 LED、开关、数码管、VGA 控制等功能。若用户修改了 PCM 出厂时的配置文件，可以到 Digilent 网站下载对应的*.bit 文件，重新写入存储器来校验使用后的 Nexys3 开发板是否有损坏。

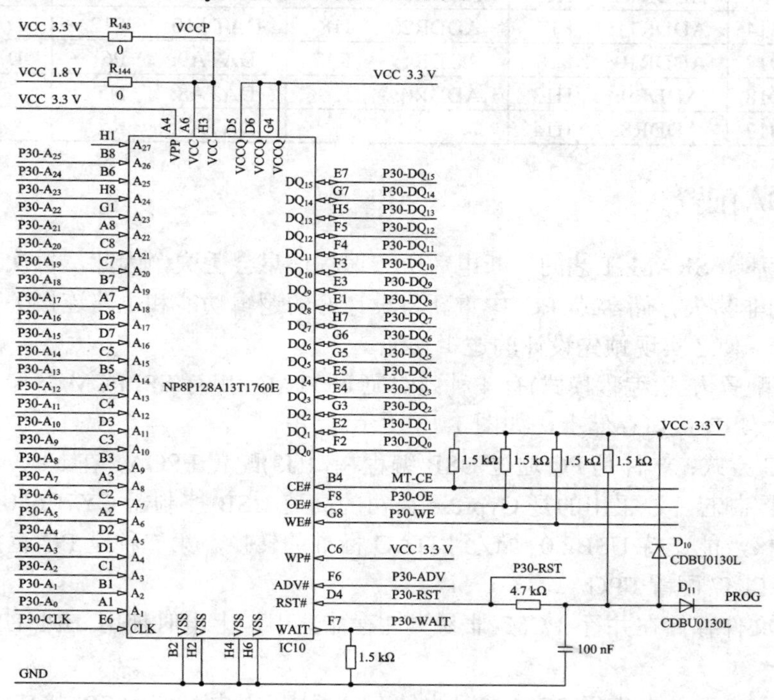

图 1-11　并行 PCM 电路图

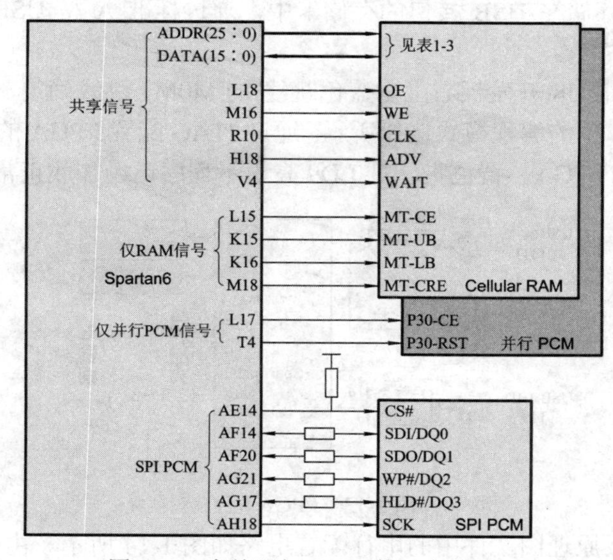

图 1-12　存储器与 FPGA 接口电路

表 1-3　Nexys3 开发板上存储器总线信号与 FPGA 引脚对应表

地址总线						数据总线			
ADDR25:	F15	ADDR16:	G13	ADDR7:	H15	DATA15:	T8	DATA6:	T3
ADDR24:	F16	ADDR15:	E16	ADDR6:	H16	DATA14:	R8	DATA5:	R3
ADDR23:	C17	ADDR14:	E18	ADDR5:	G16	DATA13:	U10	DATA4:	V5
ADDR22:	C18	ADDR13:	K12	ADDR4:	G18	DATA12:	V13	DATA3:	U5
ADDR21:	F14	ADDR12:	K13	ADDR3:	J16	DATA11:	U13	DATA2:	V14
ADDR20:	G14	ADDR11:	F17	ADDR2:	J18	DATA10:	P12	DATA1:	T14
ADDR19:	D17	ADDR10:	F18	ADDR1:	K17	DATA9:	P6	DATA0:	R13
ADDR18:	D18	ADDR9:	H13	ADDR0:	K18	DATA8:	N5		
ADDR17:	H12	ADDR8:	H14			DATA7:	R5		

1.3.2　FPGA 配置

FPGA 是基于 SRAM 工艺的，断电后所有编程信息会丢失，因此，每次上电后必须从 FPGA 外部的非易失存储器或 PC 中重新将设计好的逻辑功能和电路连接关系文件下载或配置到 FPGA，使之实现预先设计的逻辑功能。

FPGA 的配置方式(编程模式)有 4 种：PC 通过 JTAG、串行 SPI PCM 存储器、并行 PCM 存储器和串行 USB 接口存储卡，如图 1-13 所示。

(1) JTAG 方式：一种是 PC 通过 USB 编程端口(J3)配置 FPGA，在 Nexys3 开发板背面有一个 USB 控制芯片，采用的是 Cypress 公司的高速 USB 控制器 CY7C68013，该芯片内嵌了 8051 内核，能支持 USB2.0 协议到 JTAG 标准的转换。第二种是 PC 直接通过图 1-13 中的 JTAG 接口 J7 配置 FPGA。

(2) 配置文件存储在并行 PCM 非易失性存储器中，上电时使用 BPI UP 端口传送到 FPGA。

(3) 配置文件存储在串行 PCM 非易失性存储器中，上电时使用 SPI 接口传送到 FPGA。

(4) 配置文件存储在 USB 接口的存储卡中，通过标准 A 型 USB-HID 接口(J4)传送到 FPGA。

编程模式选择由 J8(开发板右上角蓝色跳线)的 M0M1 跳线确定，M0M1 和配置方式的对应关系如图 1-13 中的编程模式选择所示。通过 JTAG 配置 FPGA 的方式不受 J8 影响，任何时候都可以配置 FPGA。黄色指示灯 LD9 亮表示程序已经加载正常。

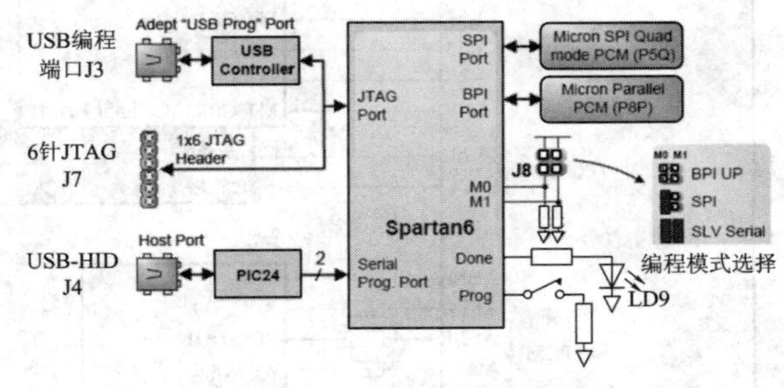

图 1-13　FPGA 配置选择

Nexys3 开发板原理图文件中的串行配置电路如图 1-14 所示。由图可见，FPGA、串行 PCM 和 USB 接口存储卡三个器件以菊链方式通过 JTAG 串行连接。

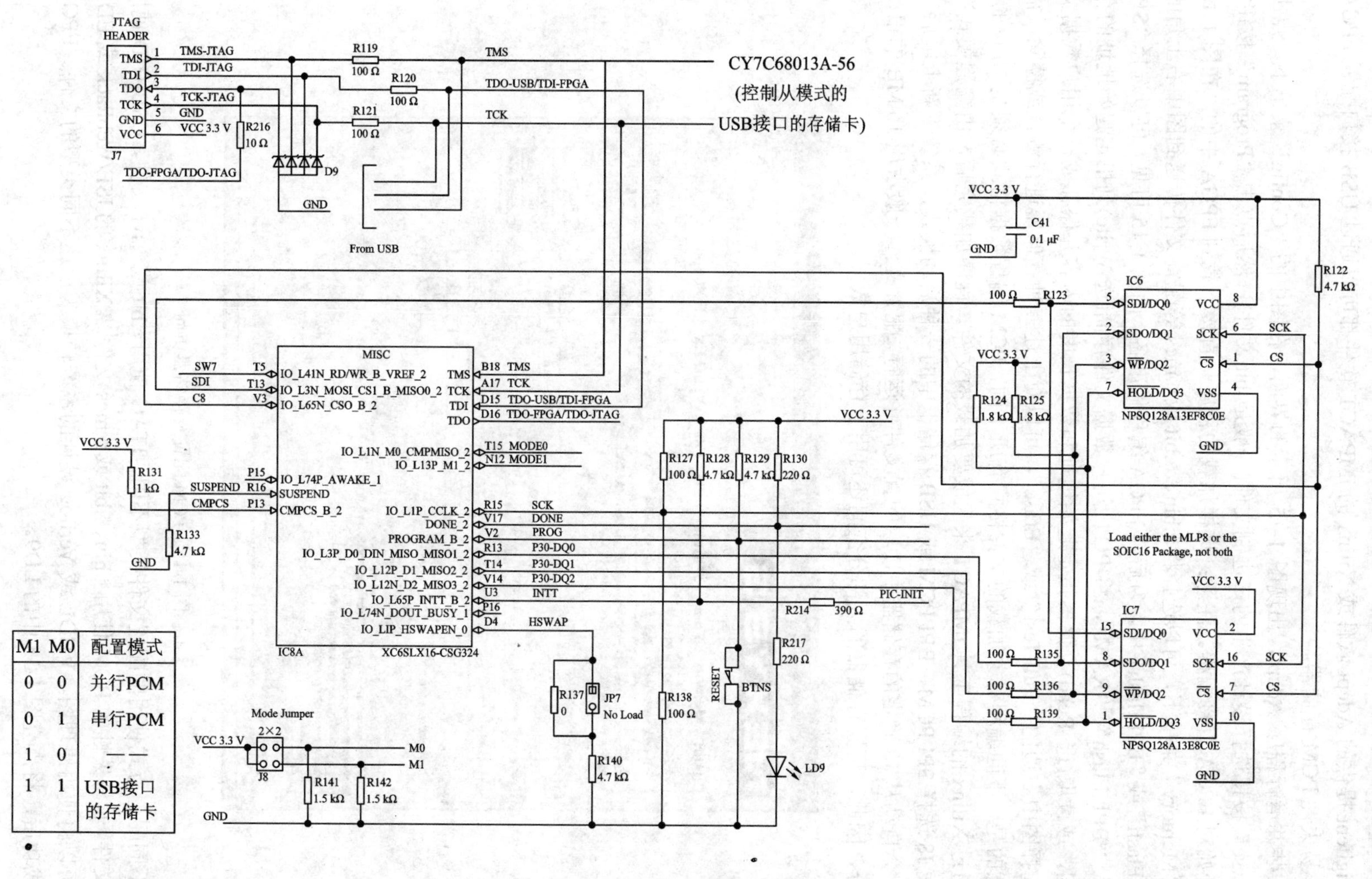

图 1-14　Nexys3 的 FPGA 配置电路

Digilent 提供的 Adept 软件或 Xilinx 的 iMPACT 软件都可以通过 USB 接口配置 FPGA 或者非易失性 PCM 存储器。

安装并运行程序 Adept，出现图 1-15 所示的界面，在图中的“Config”菜单下，点击“Browse”按钮选择设计产生的二进制文件(一般是.bit 文件)，然后点击“Program”按钮，程序开始对 FPGA 直接编程。注意：这样加载的程序是直接下载到 FPGA 中的。在图 1-15 中的“Memory”菜单下，可以选择将*.bin、*.bit 或*.mcs 等配置文件传送到图中右上角的“SPI Flash”或“BPI flash”中，为后续 FPGA 编程做准备。由图 1-15 可见，可以选择“SPI Flash”、“BPI Flash”、“RAM”，将 PC 中用户数据文件存储(选 Write)到指定起始地址的存储空间，或读取(选 Read)存储器指定起始地址和数据长度的内容并保存成一个用户数据文件。选择图中右边的“Full Test”或“Erase”，可以对上述三种存储器进行测试或擦除。需要注意的是，不同编程对象加载的文件格式有所不同，PCM 编程数据格式必须是 16 位的，可以通过 Xilinx 的编程工具 iMPACT 来生成要加载的文件。程序加载完后，由编程模式选择跳线 J8 选择 SPI PCM、BPI PCM 或 USB 存储卡中的一种启动模式，系统重新上电后，FPGA 会自动从 J8 确定的存储器中读取配置文件并运行。配置文件一般占用 16 MB 的很少一部分，因此，配置存储器的大部分空间还可用于存储用户数据。

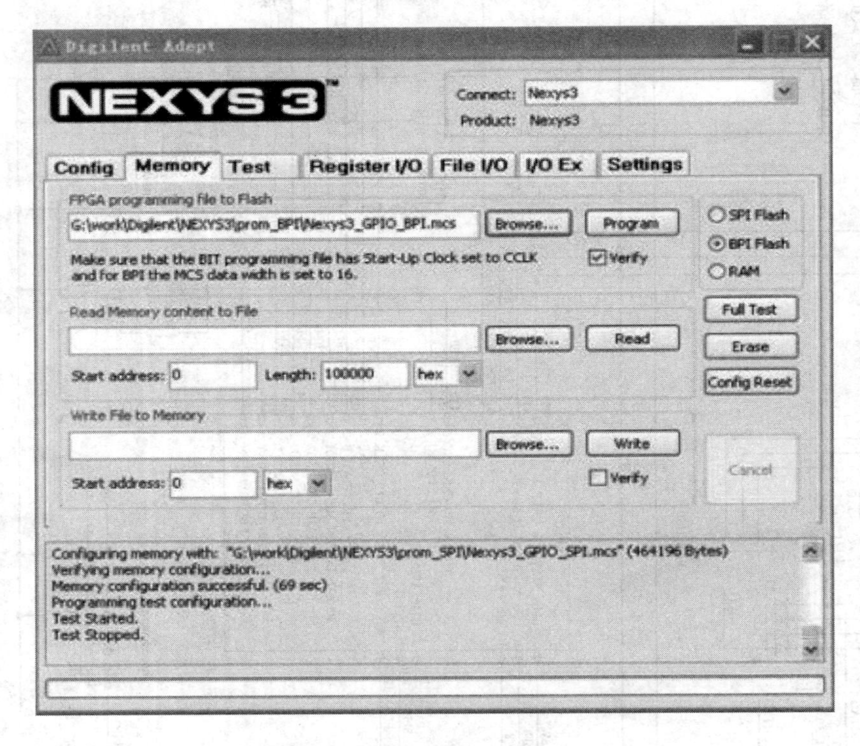

图 1-15　PCM 配置及存储器访问

不同配置方式使用的配置文件类型不同，JTAG 使用*.bit 或*.svf 文件，USB-HID 使用*.bit 文件，非易失性的 PCM 使用*.bin、*.bit 或*.mcs 文件[1]。Xilinx 的 ISE/WebPack 或 EDK 软件可以将使用原理图、VHDL 或 Verilog 设计的系统转换为上述不同类型的文件。FPGA 配置成功后，将点亮图 1-13 中的 LD9。

1.4　Nexys3 硬件平台测试

学习使用 Nexys3 实验系统前，需要先对实验开发板进行测试，以明确实验系统的好坏。各种 Digilent 开发板的硬件平台测试有两种方式：① 出厂时开发板上配置的 Flash 中都存储有相应的测试文件，当开发板上电后会自动执行测试文件并在简单显示设备上显示一些信息，说明开发板正常。该测试工程文件也可以在 Digilent 网站免费下载。② 使用 Adept 软件测试，这种方式比较全面。测试环境建立详见 2.1.2 节介绍。

1.4.1　Nexys3 出厂时的测试程序

Nexys3 出厂时的 SPI PCM 中存储了存储器测试程序，如果将编程模式选择跳线 J8 连接为 SPI PCM 模式，电源选择跳线 JP1 选择通过 USB 即由 PC 对开发板供电，连接 PC 和 Nexys3 的 USB 电缆线(注意：第一次连接 PC 和 Nexys3 时会提示发现新设备，需要安装驱动，通常使用默认搜索即可完成 PC 到 Nexys3 下载电缆的驱动安装)。打开 Nexys3 电源开关 SW8，将自动由 SPI PCM 配置 FPGA，数秒后配置指示灯 LD9 亮起，表示配置完成，此时数码管依次显示 BPI、PASS、128、SPI、PASS 等字样，表示各存储器正常。

Nexys3 出厂时的 BPI PCM 中也存储了一个 demo 文件，如果编程模式选择跳线 J8 使 Nexys3 上电时以 BPI 模式配置 FPGA，则 Nexys3 上电后，BPI PCM 中的 demo 配置文件将被导入 FPGA 并运行，4 个七段数码循环显示数字 0～9，而且 BTN 按钮可以控制七段数码管，拨动 SW 开关能控制相应 LED 灯，可以控制图像输出到 VGA，也可以控制一个连接到左下角 J4 USB 接口的 USB 鼠标。Nexys3 出厂时经过全部测试，如果拿到的实验板测试不成功，则应检测板上的突出器件焊接点是否在运输中有挤压损坏。

如果存储器中的配置文件被用户数据替代，可以到 Digilent 网站下载对应的*.bit 文件，直接配置到 FPGA 或者重新写入 PCM 存储器。

1.4.2　使用 Adept 软件测试 Nexys3

安装 Adept 软件，连接 Nexys3 到 PC，打开 Nexys3 电源开关 SW8，Nexys3 电源指示灯(LD8)为红色，配置指示灯(LD9)为黄色。然后执行 Adept，如图 1-15 所示。由图可见有多项测试内容，选择 Memory 菜单的“Full Test”进行存储器的测试，弹出如图 1-16 所示的对话框。按下图 1-16 中的“Run RAM/Flash Test”按钮，FPGA 可以读取 RAM、SPI PCM 和并行 PCM 的类型、公司、容量等信息并显示在界面中，这种测试不影响存储器内容。

执行 Adept→Test→Start Peripherals Test，将出现如图 1-16 所示的界面，可用于测试开发板上的简单外设。测试外设的结果有以下两种：

(1) 8 个拨码开关和 5 个按钮的状态显示在 Adept 界面上，且开关可控制 LED 的亮灭。

(2) Nexys3 开发板上的 4 个七段数码管依次显示数字 0～9 并受按钮控制。

如果 PC 安装并运行一个串口调试助手，则设置波特率为 9600，8 位数据位，1 位停止位，无奇偶校验。执行 Adept 测试后，串口调试界面会显示相应信息。

如果连接了 VGA 监视器到 Nexys3 的 VGA 接口，则连接一个 USB 鼠标到 J4 的 A 型 USB 接口，可进行复杂可视外设测试。

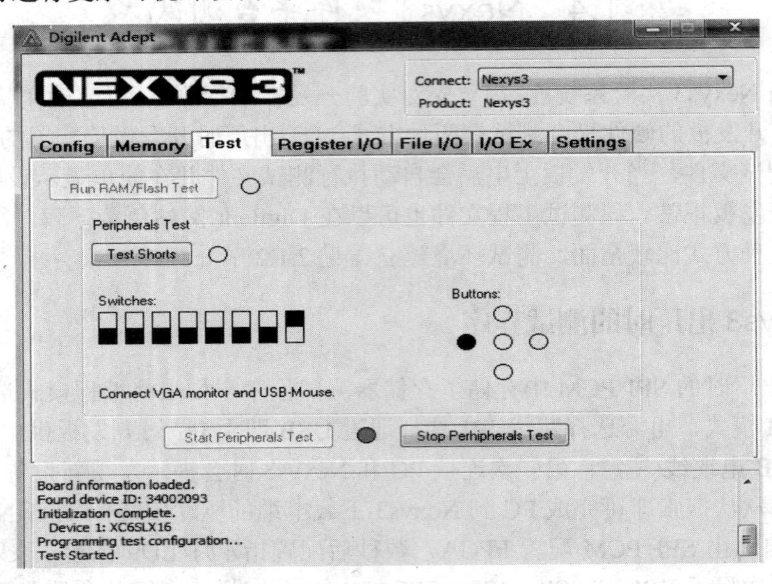

图 1-16　Adept 测试界面

图 1-15 中的 Register I/O 需要一个对应的 IP 核(DpimRef.vhd)，可以在 Digilent 网站下载。该 IP 核提供了一个 EPP 类型的并行接口。这个测试用于 PC 与 FPGA 某些寄存器的数据交互。Register I/O 提供了移动少量指定寄存器数据的方便方法。

图 1-15 中的 File I/O 可以实现 PC 和 Nexys3 FPGA 之间的数据传送，这也需要一个 IP 核。该 IP 核包含一个存储器控制器，用于完成将文件写到开发板上 RAM 或 PCM。

图 1-15 中的 I/O Ex 也需要一个 IP(AdeptIOExpansion.zip)用于扩展 I/O。扩展的虚拟 I/O 有：24 个 LED 棒(Bar)、8 个 LED、16 个拨码开关、16 个按键开关、两个 32 位的寄存器与 FPGA 交换数据。该 IP 核可以很方便地包含在用户设计电路中。

1.5　Basys2 硬件平台简介

Basys2 开发板的价格便宜，携带方便，是一个非常适合大学生的实验系统，是学习 FPGA 和现代数字电路设计的完美的低成本的“口袋实验室”，可以完成从基本逻辑到复杂控制器的设计。Basys2 兼容所有版本的 Xilinx ISE 工具，其中也包括免费的 WebPack 版本。Basys2 附带一个用于供电和编程的 USB 下载线，和 Nexys3 一样不再需要其他供电器件或编程下载线。Basys2 主要包含 Xilinx Spartan-3E FPGA(网站原理图中型号为 XC3S250E-CP132，实际型号为 XC3S100E-CP132)和一个 Atmel AT90USB162 控制器芯片。Basys2 开发板上有四个标准扩展连接器，连接器配合用户自定义电路板或 Pmods(Digilent 设计的 A/D 和 D/A 转换、电机驱动器、传感器输入等功能子板)扩展开发板的应用范围。所有 Pmods 的 6 针接口信号均有静电防护(ESD)和短路保护，从而确保开发板在任何环境中的使用寿命。

1.5.1　Basys2 开发板资源简介

Basys2 开发板的结构图和特性图如图 1-17 和图 1-18 所示。

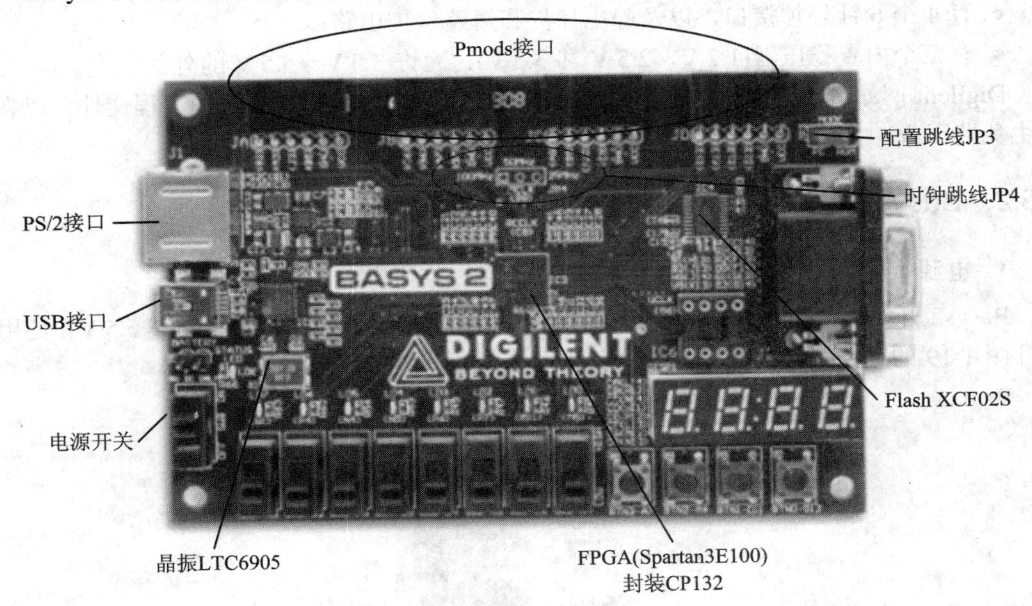

图 1-17　Basys2 开发板

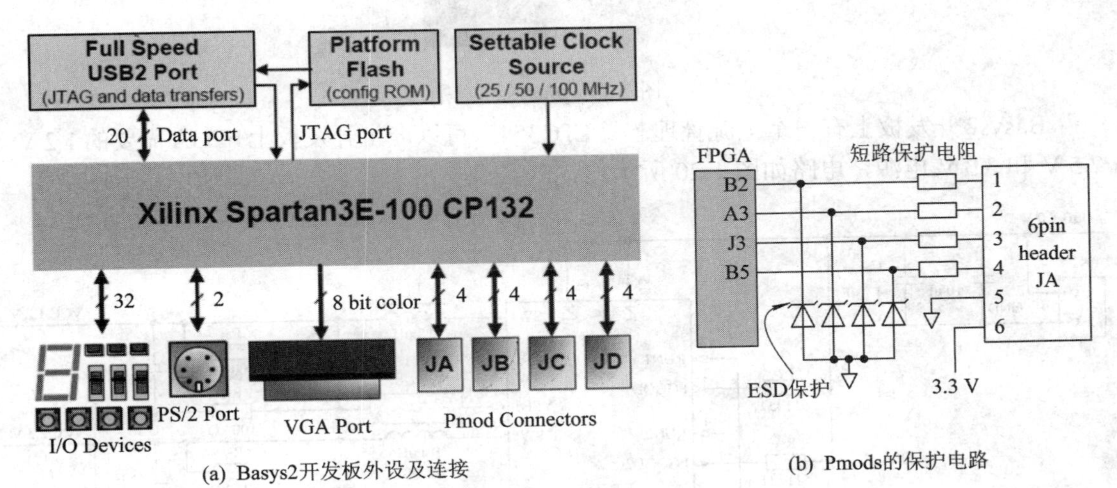

图 1-18　Basys2 开发板特性图

Basys2 开发板具有以下主要特性：

- 10 万门的 XC3S100E-CP132，拥有 4 个 18 位乘法器，以及 72 kb 高速双端口块存储器 RAM；
- 使用 Atmel AT90USB2 全速 USB2.0 接口，提供开发板电源、FPGA 编程接口和数据传输；
- 有 XCF02S 闪存 ROM，用于存储 FPGA 配置比特流文件；

- 有 2 个 USB 接口；
- 用户可以设置 25 MHz、50 MHz 或者 100 MHz 时钟，附加一路外接振荡器接口；
- 有 8 个 LED、4 个数码管、4 个按键、8 个拨码开关、PS/2 口和 8 bit VGA 接口；
- 有 4 个 6 针外扩接口，以及静电保护和短路保护电路；
- 有三个内置稳压器(1.2 V，2.5 V 和 3.3 V)，允许 3.5 V～5.5 V 的外部供电。

Digilent 网站[3, 4]提供了大量的基于 Basys2 开发板的工程文件，这些工程文件可以在网站上免费下载。

1.5.2　Basys2 电源、时钟、简单外设及 FPGA 配置

1. 电源

Basys2 开发板的电源来自 USB(5V)或者外接电源供电(外接电源 3.5 V～5.5 V)，使用时打开图 1-19 的电源开关即可。

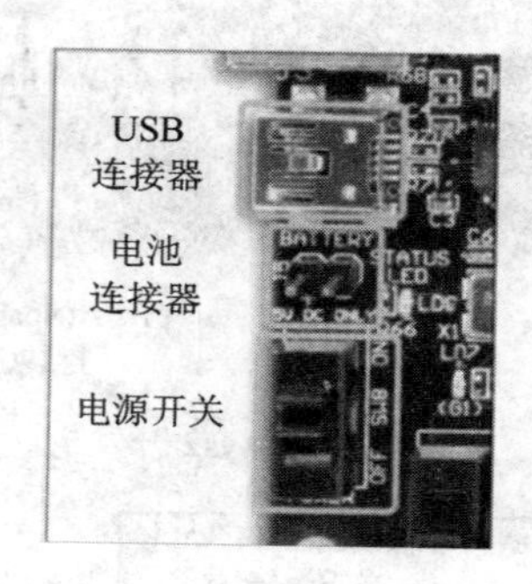

图 1-19　Basys2 电源

Basys2 开发板上有一个电源管理芯片 LTC3545，可以产生开发板上 FPGA 需要的 1.2 V、2.5 V 和 3.3 V 电源，电路如图 1-20 所示。

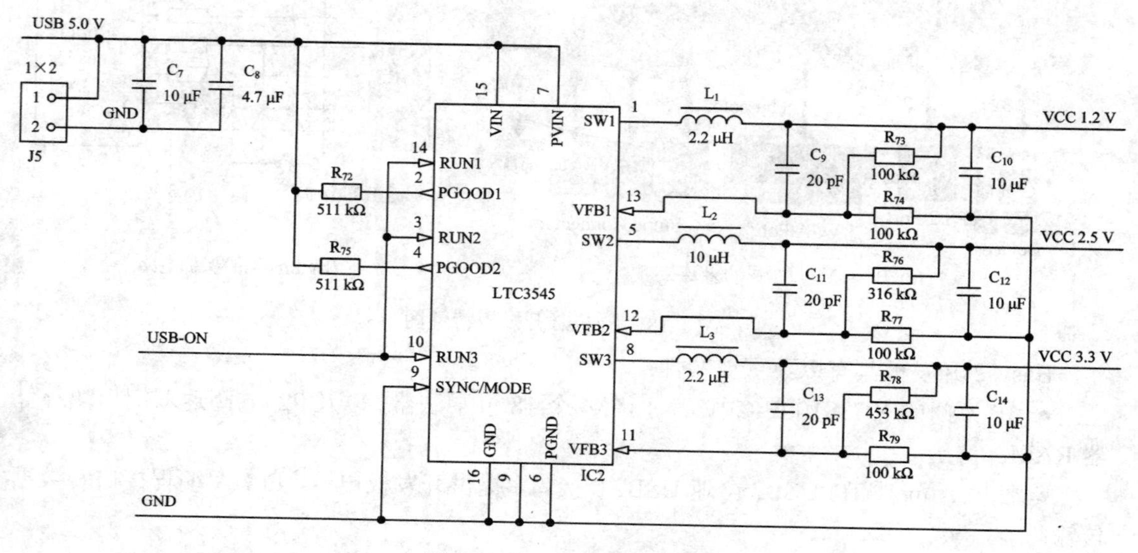

图 1-20　Basys2 电源电路

2. 时钟

Basys2 开发板的时钟可以由以下两部分产生。其电路如图 1-21 所示。

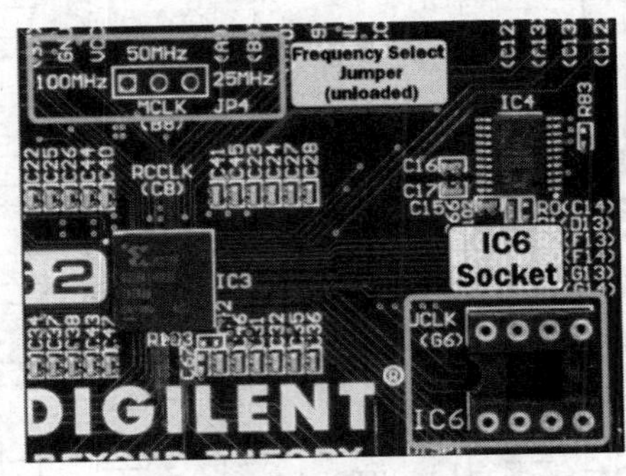

(a) BASYS2开发板时钟相关JP4和IC6的位置

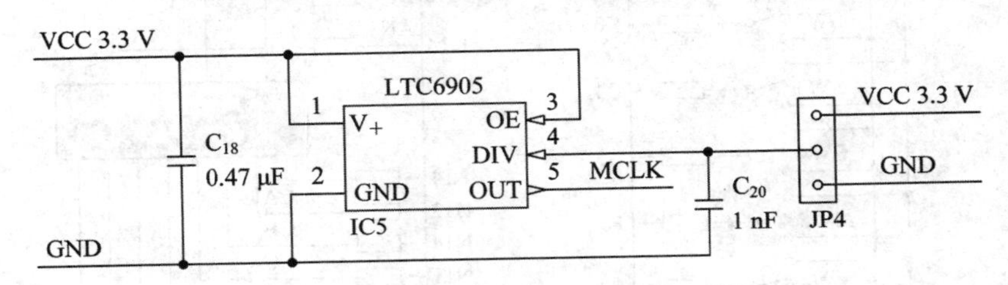

(b) LTC6905时钟电路和JP4跳线

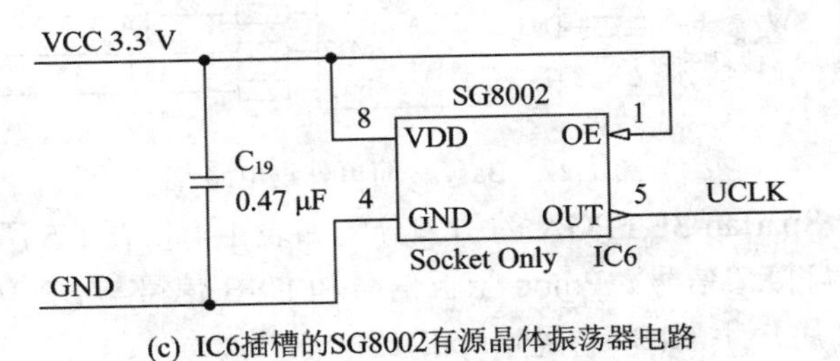

(c) IC6插槽的SG8002有源晶体振荡器电路

图 1-21　Basys2 振荡电路

● 由 IC6 插座外接石英晶体振荡器产生，推荐使用 SG-8002JF-PCC。

● 由板上 LTC6905 振荡器提供，用户可通过图中的 JP4 跳线设置频率：图 1-21(a)中 JP4 短路子接左边(即 DIV 信号接 3.3 V)时，频率为 100 MHz；无短路子时，频率为 50 MHz(默认模式)；JP4 短路子接右边(即 DIV 信号接地)时，频率为 25 MHz。

LTC6905 产生的时钟信号 MCLK 接至 Spartan-3E FPGA 的 B8 引脚，其频率由 DIV 的不同接法(由跳线 JP4 控制)确定。SG8002 产生的时钟信号 UCLK 接至 FPGA 的 M6 引脚。以上两个时钟都可以驱动 FPGA 内部的时钟电路。但是，LTC6905 产生的时钟信号稳定性差，因此，在频率稳定性要求高的场合，需要使用石英晶体振荡器。

3. 简单外设电路

Basys2 开发板上的简单外设与 Nexys3 开发板一样，仅仅 FPGA 的 I/O 分配不同，如图 1-22 所示。通过灵活配置各种简单外设的 Spartan3E I/O 引脚，就可以方便地由 FPGA 控制这些外设。控制方法也与 Nexys3 类似。

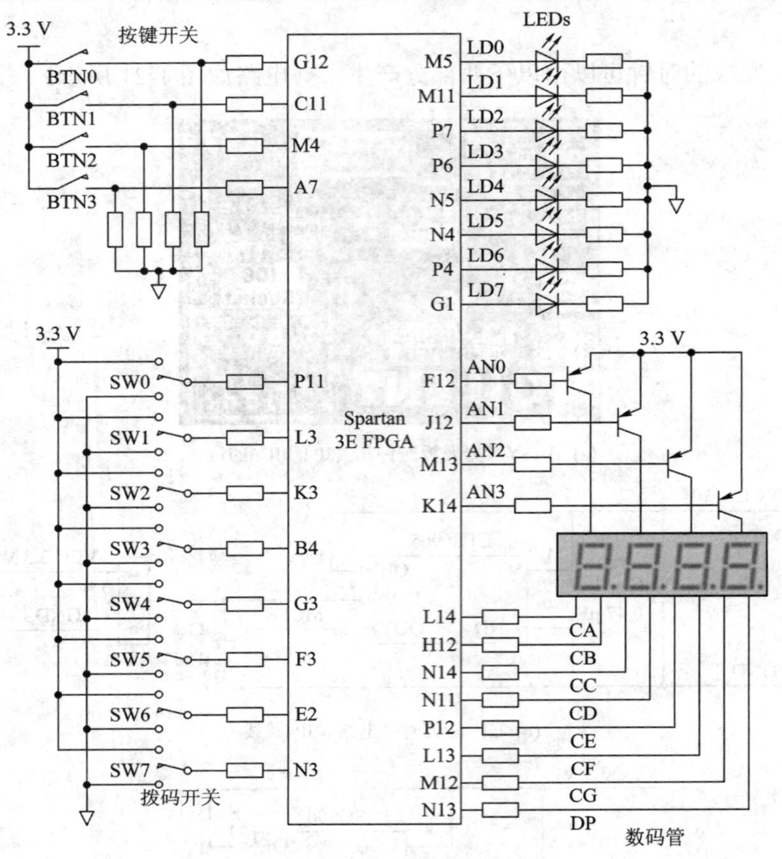

图 1-22　Basys2 简单外设电路

Basys2 开发板上 Spartan-3E FPGA 的引脚分配如表 1-4 和表 1-5 所示，表中给出了用户 I/O 信号、VGA 及键盘接口信号、Pmod 子板信号和 USB 信号与 FPGA 引脚的对应关系。详细内容查看 Basys2 用户手册(Basys2_rm.pdf)。

表 1-4　Basys2 开发板上分配给用户的 I/O 信号与 Spartan-3E FPGA 引脚对应关系

FPGA引脚	数码管显示信号	FPGA引脚	SW信号	FPGA引脚	LED信号	FPGA引脚	其他I/O信号
L14	CA	P11	SW0	M5	LD0	G12	BTN0
H12	CB	L3	SW1	M11	LD1	C11	BTN1
N14	CC	K3	SW2	P7	LD2	M4	BTN2
N11	CD	B4	SW3	P6	LD3	A7	BTN3
P12	CE	G3	SW4	N5	LD4		
L13	CF	F3	SW5	N4	LD5	B8	MCLK
M12	CG	E2	SW6	P4	LD6	C8	RCCLK
N13	DP	N3	SW7	G1	LD7	M6	UCLK
F12	AN0	注意：Basys2开发板正面标注AN0～AN3对应引脚印错，应该是：AN0(F12)、AN1(J12)、AN2(M13)、AN3(K14)。网上提供的Basys2原理图文件Basys_sch.pdf正确。					
J12	AN1						
M13	AN2						
K14	AN3						

表 1-5　VGA 及键盘接口信号、Pmod 子板信号和 USB 信号与 FPGA 引脚的对应关系

FPGA引脚	VGA及键盘接口信号	FPGA引脚	Pmod子板信号	FPGA引脚	USB信号
C14	RED0	B2	JA1	N2	USB-DB0
D13	RED1	A3	JA2	M2	USB-DB1
F13	RED2	J3	JA3	M1	USB-DB2
F14	GRN0	B5	JA4	L1	USB-DB3
G13	GRN1	C6	JB1	L2	USB-DB4
G14	GRN2	B6	JB2	H2	USB-DB5
H13	BLU1	C5	JB3	H1	USB-DB6
J13	BLU2	B7	JB4	H3	USB-DB7
J14	HSYNC	A9	JC1	F2	USB-ASTB
K13	VSYNC	B9	JC2	F1	USB-DSTB
B1	PS2C	A10	JC3	D2	USB-WAIT
C3	PS2D	C9	JC4	C2	USB-WRITE
		C12	JD1		
		A13	JD2		
		C13	JD3		
		D12	JD4		

4. Basys2 FPGA 配置

Xilinx 的免费 ISE/WebPack CAD 软件可将基于 VHDL、Verilog、原理图等设计源文件转换为二进制位流文件，这个文件定义了 FPGA 的逻辑功能和电路连接关系，该文件配置 FPGA 后，FPGA 可实现设计的功能。由于 FPGA 是基于 SRAM 的可编程逻辑器件，因此，该文件事先要存储在一个非易失存储器或者 PC 中。

基于 FPGA 的任何设计在上电后都必须重新配置 FPGA。Basys2 开发板的配置方式比较简单，只有两种配置模式：非易失存储器或 PC。这两种配置模式由图 1-23 中的 JP3 跳线端子确定。跳线在左边(PC)，由 PC 配置 FPGA；跳线在右边(ROM)，由非易失存储器 XCF02S 配置 FPGA。

Digilent 的 Adept 软件可由 USB 电缆将存储在 PC 中的二进制文件通过 FPGA 的 JTAG 接口编程 FPGA，如图 1-23 所示。

Adept 软件也可以将文件写入 Basys2 开发板上的非易失存储器中，如图 1-23 中的 "Platform Flash" XCF02S。当 JP3 在 ROM 位置，开发板上电或复位后，"Platform Flash" XCF02S 自动传输位流文件到 FPGA。当 JP3 在 PC 位置，USB 电缆连接 PC 和开发板并上电后，启动 Adept 软件，与 Nexys3 类似，按照窗口提示选择配置文件，配置 FPGA

和写入 XCF02S 存储器，配置成功，图 1-23 中 LD8 点亮。

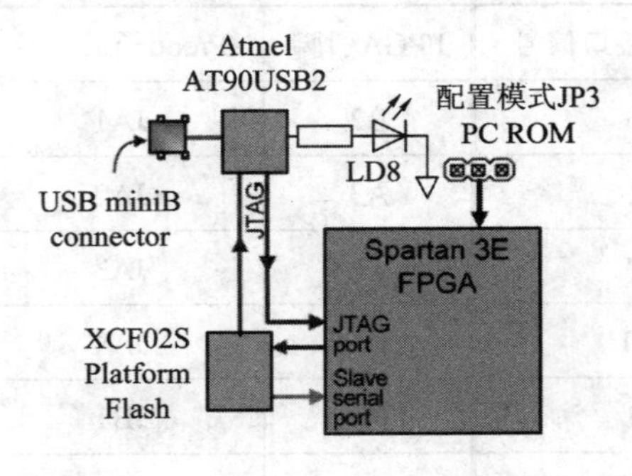

图 1-23　Basys2 配置电路

1.5.3　Basys2 User Demo

第一次使用 Basys2 开发板，可以通过类似 1.4 节和 2.1.2 节介绍的方法，测试开发板、实验软件环境以及与 PC 连接是否正常等。

Digilent 网站提供了 Basys2 开发板的用户 Demo 文件 Basys2UserDemo.zip。该文件是 Basys2 出厂时配置在开发板上 Flash 中的一个工程压缩包。其功能包括 Basys2 的 SW、BT、LED、七段数码管、VGA 连接器等部件的控制。执行该工程也可以对开发板上的各模块的好坏进行一个简单测试。测试可以在 ISE 环境中进行，如果需要全面测试开发板，则建议使用 Adept 软件，相关内容详见 2.1.2 节。

参考文献和相关网站

[1] Nexys3 Board Refference Manuall Revision: December 28, 2011

[2] Nexys3_sch.pdf. 2011.2.17

[3] Xilinx FPGA 入门教程、开发套件 ISE 和实验资料. http://china.xilinx.com/ 或 http://www.xilinx.com/

[4] Digilent 各种开发板(Nexys3、Basys2 等)的原理图、参考手册、Digilent Plugin 插件、Digilent Adept 工具、各种典型应用工程等资料. http://www.digilentinc.com/ , http://www.digilentchina.com/

[5] OpenHW-中国首个开放源码硬件社区. http://www.openhw.org/

[6] Nexys3 最小系统的建立. http://www.eefocus.com/pollux/blog/11-10/233723_44943.html

[7] 软件和设计工具. http://www.xilinx.com/products/design-tools/ise-design-suite/

[8] Spartan-6 资料. http://www.xilinx.com/support/documentation/spartan-6.htm

[9] Nexys3 介绍. http://www.digilentinc.com/Products/Detail.cfm?NavPath=2,400,897&Prod=NEXYS3

[10] Adept 下载. http://www.digilentinc.com/Products/Detail.cfm?NavPath=2,66,828&Prod=ADEPT2

[11] Xilinx University Program. http://www.xilinx.com/university/index.htm

[12] Xilinx Tech Support. http://www.xilinx.com/support/techsup/tappinfo.htm

[13] Electrical Engineering and Computer Sciences University of California, Berkeley. EECS150-Digital Design. http://www-inst.eecs.berkeley.edu/ ~ cs150/

[14] 中文版技术文档. http://china.xilinx.com/china/documentation/

[15] Harris D M，等. 数字设计和计算机体. 北京：机械工业出版社. 2008

[16] Rafeh Hulays. Smart, Fast Trading Platforms Start with FPGAs. http://issuu.com/xcelljournal/ docs/xcell79/28?mode=window&backgroundColor=%23222222

第 2 章　软件平台介绍

计算机辅助设计软件工具和硬件描述语言是现代数字电子电路设计所必需的两个部分。由于篇幅所限，本章对这两部分只做简要介绍。

2.1　计算机辅助设计软件工具介绍

计算机辅助设计(Computer Aided Design，CAD)是现代电子设计必不可少的部分，其迅速发展带动了数字电路设计方法的进步。CAD 是利用计算机和设计软件帮助设计人员进行设计工作的。在借助 CAD 的电路设计过程中，可以对不同方案进行仿真模拟、分析和比较，以决定最优方案，各种设计信息，不论是数字的、文字的或图形的，都可以被保存并能被快速地检索。传统数字电路设计人员通常从草图开始设计，对于复杂数字系统，其工作量之大难以想象，CAD 的诞生使数字电子电路设计进入了一个全新的时代。

2.1.1　CAD 流程简介

任何一个数字产品的工程设计过程一般包括：技术指标说明，行为级描述，结构级描述，物理电路设计，测试和认证等。从抽象的行为描述到更详细的结构描述需要一个设计过程，即使是一个简单的报警信号灯，也需要考虑采取哪一种电路形式，比如，是基于微处理器电路、基于离散元器件电路还是基于可编程器件电路。到底采用哪一种电路形式取决于很多因素，比如，设计者的技能、成本、功耗等。

CAD 工具是可编程器件设计过程中的一个非常有用的工具。使用 CAD 进行简单逻辑设计和复杂逻辑设计的过程是类似的，如图 2-1 所示。在设计初始阶段，设计者可以在计算机上使用不同的设计描述模式，诸如，基于文本的模式(如用 HDL 进行高层次行为描述)；基于图形的模式(如用原理图进行结构描述)。状态图也是常用的一种设计描述方式。

任何一个电路可以由行为级或结构级描述，但两者有很大的差别。结构级的原理图描述显示了所有元件和连线，需要花费很多的设计时间，但设计出的电路可以准确模拟和直接实现；行为级的 HDL 描述可以很快完成，但它不含任何电路结构信息，在电路实现之前必须转换为结构描述。将行为级描述转换为一个结构描述需要做大量的工作，被称为综合器的一类计算机程序可以执行这项工作，从而使设计工程师可以专注于其他设计任务。一些研究表明，综合器产生的结构描述比大多数工程师设计的电路还要好。

本书中的数字电路设计采用的 CAD 软件工具为 Xilinx 公司的 ISE Design Suite，这是在早期的 Foundation 系列基础上发展并不断升级换代的一个开发软件。Xilinx ISE 是包含设计输入、仿真、逻辑综合、布局布线与实现、时序分析、功率分析、下载与配置等几乎所有 FPGA 开发工具于一体的集成化环境。它主要由项目导航工具、设计输入工具、逻辑综合工具、设计实现工具、设计约束图形编辑接口等组成。项目导航工具是基本窗口界面，用来访问 ISE 软件系统的各种工具箱。设计输入工具包括：电路逻辑图输入工具——电路图编辑器，硬件描述语言输入工具——硬件描述语言编辑器，状态机编辑器，硬件描述语言测试生成器。逻辑综合工具将硬件描述语言代码经过综合优化后，输出 EDIF 格式的电路逻辑连接(网表)。设计实现工具用于面向 FPGA 的设计实现中的布局布线。设计约束图形编辑接口包含图形化的约束编辑接口，实现控制逻辑块的位置约束和时间约束。

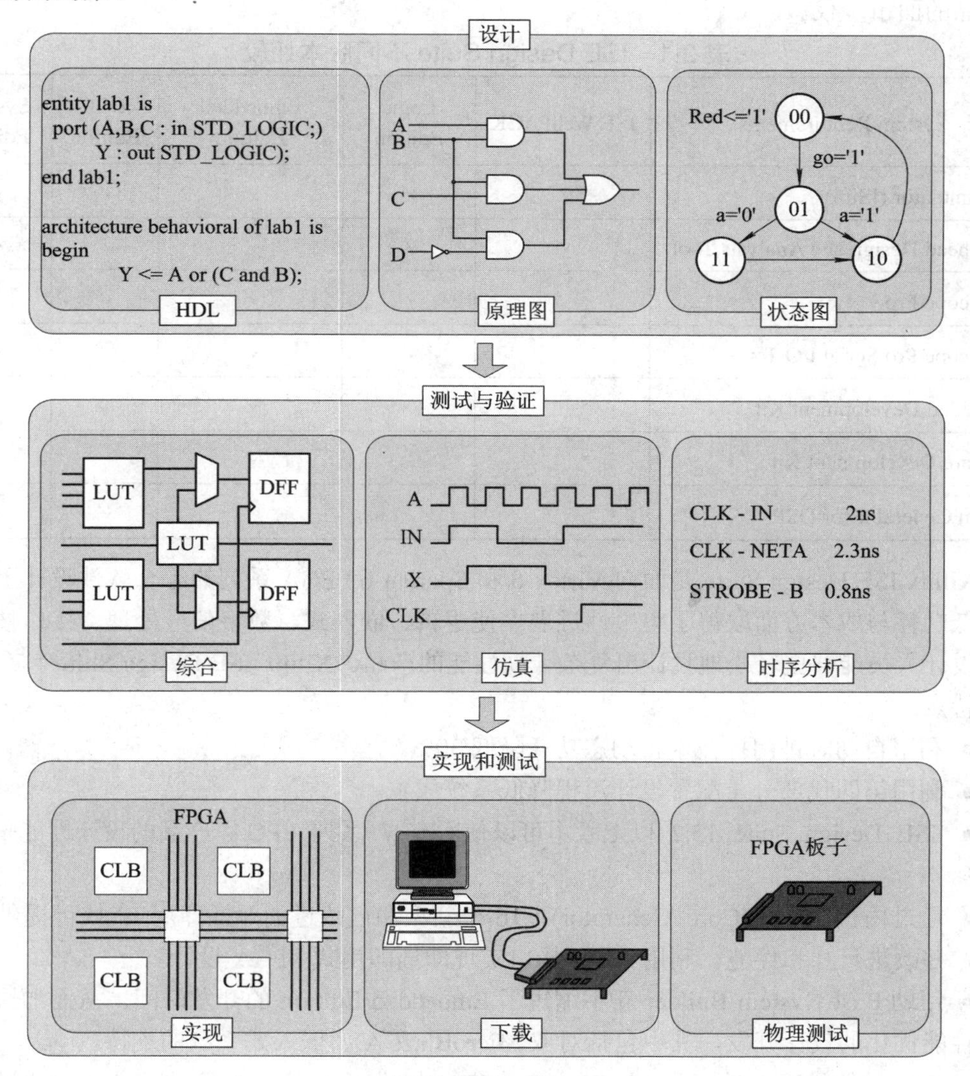

图 2-1　CAD 框架

Xilinx ISE Design Suite 13.x(ISE_DS13.x)包含 ISE Design Tools、嵌入式处理器设计套

件 EDK 和 Chipscope 在线示波器等。ISE Design Tools 是基本的 PLD 逻辑设计平台，支持原理图和 HDL 输入方式进行设计。它包含 IP 核发生器，可生成一些常用 IP 核，具备综合、实现、仿真和下载等功能。EDK 是模块化可编程嵌入式系统设计平台，包含一些常用 IP 核(比如，CPU 及复杂接口控制器等)可供用户使用。Chipscope 用于设计的在线实时调试，相当于逻辑分析仪和示波器的功能。很多软件可在 Xilinx 网站免费下载[1]。ISE Design Suite 具有适合逻辑的、嵌入式的、DSP 的、系统级的版本，各版本功能比较见表 2-1 所示。可见，ISE Design Suite 的 System Edition 版本提供了全套集成式开发环境、软件工具、配置向导和 IP，能够简化设计。Xilinx 内核生成器(CORE Generator™)系统包含在所有版本的 ISE Design Suite 内。高度优化的 IP 使得 FPGA 设计者能够集中精力迅速构建设计，有助于加快产品的面市步伐。

表 2-1　ISE Design Suite 不同版本比较

System Requirements	ISE WebPACK	Logic Edition	Embedded Edition	DSP Edition	System Edition
ISE Simulator (ISim)	✓	✓	✓	✓	✓
PlanAhead Design and Analysis Tool	✓	✓	✓	✓	✓
ChipScope Pro		✓	✓	✓	✓
ChipScope Pro Serial I/O Toolkit		✓	✓	✓	✓
Embedded Development Kit			✓		✓
Software Development Kit			✓		✓
System Generator for DSP				✓	✓

Xilinx ISE Design Suite 是面向 Virtex-6 和 Spartan-6 FPGA 系列的综合软件设计平台，在降低功耗与成本方面取得了突破性进展。使逻辑、嵌入式、数字信号处理、接口技术等系统设计人员能够更轻松地设计出复杂、高性能的产品。Xilinx ISE Design Suite 具有以下主要特点：

● 利用自动时钟门控技术将动态功耗降低 30%。

● 利用第四代部分重配置设计流程降低系统成本。

● ISE Design Suite 13.2 以上版本可以使所有 7 系列 FPGA 产品的设计性能平均提高 7%。

● 通过内核生成器(Core Generator)，16 个新型和已改进的即插即用 IP 核可提供 AXI 互连，并改进尺寸和性能。利用 AXI4 接口实现即插即用式 FPGA 设计。

● 帮助 Base System Builder 新手缩短了 Embedded Edition 的开发时间，从而加快了尺寸或性能优化的设计开发，其中包括对双 MicroBlaze AXI 嵌入式系统的支持。

● Xilinx 的最新软件工具——PlanAhead™，提供了一个 RTL 到比特流(Bit)的设计流程，具有改进用户界面和项目管理的功能。借助于 PlanAhead 软件，可以查看实现的数字逻辑时序结果，轻松地分析关键逻辑，并且利用布局规划、约束修改和多种实现工具选项进行有针对性的决策，从而提升设计性能。PlanAhead 软件扩展了逻辑设计方法，通过布局规划、多个实现进程、层次化探索、快速时序分析和基于模块的实现来发挥设计的最大优势。PlanAhead 软件还提供了一种安置 ChipScopePro 调试内核的简便方法来简化片上验证流程[2]。PlanAhead 工具目前可针对 Xilinx 7 系列 FPGA 提供公共访问功能，不仅能够提升工作效率，帮助用户快速完成设计，而且其具备的智能时钟门控技术还能大幅降低功耗。此外，为 Artix-7 FPGA 和 Virtex-7 XT FPGA 提供的团队设计流程与第五代部分可重配置技术也可减少所使用器件的数量和尺寸，进而降低功耗、改进系统的升级能力。

ISE Design Suite 13.4 设计套件可提供对 MicroBlaze™ 微控制器系统(MCS)的公共访问功能、面向 28nm 7 系列 FPGA 的全新 RX 裕量分析和调试功能，以及支持面向 Artix™-7 系列和 Virtex®-7 XT 器件的部分可重配置功能。

Xilinx 新一代的 FPGA，采用 28 nm 工艺，3D 堆叠硅片互联等技术以实现突破性的容量、带宽和功耗优势，并实现了模数混合集成。同时，在 2012 年 4 月 25 日 Xilinx 发布了下一代的开发工具 Vivado，Vivado 不仅能加速可编程逻辑和 I/O 的设计速度，而且还可提高可编程系统的集成度和实现速度，加快了验证和调试速度。它突破了可编程系统集成度和实现速度两方面的重大瓶颈，将设计生产力提高到同类竞争开发环境的 4 倍，致力于在未来十年加速全面可编程(All Programmable)器件的设计生产力。

Nexys3 和 Basys2 兼容包括免费的 WebPack、ISE 等在内的所有 Xilinx 软件工具。也可以使用 Digilent 公司发布的最新版的 Adept 软件，该软件可以配置 Digilent 公司开发板上的 FPGA、验证开发板性能、数据传输、与 FPGA 交换基于寄存器或文件的数据、扩展虚拟 I/O 接口、包含公开的 APIs/DLLs 等。

2.1.2　各种软件下载安装和实验准备

1. 安装 Xilinx FPGA 开发套件——ISE 工具

进入 china.xilinx.com 主页“技术支持”中下载 ISE_DS13.4(或其他版本，不一定用最新版本)工具，在 Windows XP 或者 Windows 7 系统上安装该软件。如果需要申请 Xilinx ISE 工具的 license，在该网页可以免费申请，访问 www.openhw.org/bbs 也可以获得帮助。从网络上也可以下载到 ISE Design Suite 13: Installation and Licensing Guide 的 pdf 文件。

Xilinx 的官方网站上不仅提供软件下载，还包含一些软件说明、硬件更新、参考设计、常遇到的问题及解决方法、大量视频教程等资料可供读者学习。

运行\Xilinx_ISE_DS_13.4\Xilinx_ISE_DS_13.4_O.87xf.2.0 目录下的 xsetup.exe，一直按“Next”按钮，根据需要修改安装路径。安装过程中会出现图 2-2 所示的界面，选择“确定”，进行强制安装 WinPcap，才能顺利安装后续的 Digilent Plugin。WinPcap 安装完成后会继续 ISE 安装。

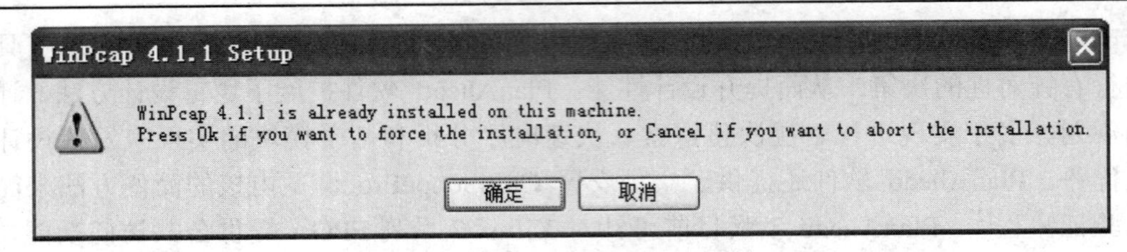

图 2-2　安装中出现的选择界面

注意：安装 ISE13.4 时，由于临时解压文件比较多，C 盘需要有足够空间(不少于 8GB)，安装时间也需要 1 个小时左右，ISE13.4 安装后占用 18.8GB 的空间。Xilinx 全部软件都不能安装在带空格和中文字符的目录中，也就不能安装在“Program Files”目录下。建议所有软件都装在某个盘的根目录下。

2. 安装 USB 下载驱动软件 Digilent Adept

Digilent Adept 是 Digilent 开发板与 PC 之间的接口软件，其功能如下：

- 使用户通过 PC 配置开发板上的 FPGA，CPLD 等逻辑器件，FPGA 配置文件扩展名为 .bit 或 .mcs，CPLD 使用扩展名为 .jed 的文件。
- 使 PC 与开发板进行数据传送，读写指定的寄存器，扩展 I/O。
- 自动检测与 PC 相连的开发板，并对硬件平台进行诊断。

Digilent Adept 工具可以在 www.digilentinc.com 网页的 Software 中下载。安装前先不连接开发板，执行安装文件，安装好 Adept 后，按照第 3 条方式(连接 Nexys3 或 Basys2 开发板并执行 Adept)连接开发板并使用 Adept 软件。不同版本的 Adept 以及连接的实验开发板不同，执行 Adept 后的软件界面也略有不同。以下介绍的是 digilent.adept.system_v2.10.2 版本连接 Basys2 开发板的情况。Adept 安装好后，开始菜单中也有 Adept 用户手册(Adept Applliicattiion User’s Manuall.pdf)，可供大家参考。

3. 连接 Nexys3 或 Basys2 开发板并执行 Adept

(1) 连接开发板：用 USB 线连接 Nexys3 或 Basys2 的 USB PROG 接口和 PC 端的 USB 接口。计算机会自动检测到硬件并安装驱动。

(2) 打开电源：打开 Nexys3 或 Basys2 开发板上电源开关，开发板上的自动检测程序会检测开发板，Basys2 的测试程序会在 4 个数码管上依次轮流显示 0、1、…、d、E、F，说明硬件正常。

(3) 执行 Adept：在“开始”菜单中找 Adept 并执行，出现 Digilent 界面如图 2-3 所示，其中的 Connect 后面直接出现所连接的开发板 Basys2(如果与 PC 连接的是 Basys2 的话)。如果没有开发板连接到 PC，Connect 后面显示“No devices connected.”。如果连接到 PC 的开发板电源未打开，则 Config 窗口显示“No devices identified.”。以上情况均属于初始化失败，需退出 Adept，重新按照(1)～(3)步骤操作。

(4) Config(配置 FPGA)：如图 2-3 所示，点击 Browse…，弹出 Adept 软件包含的各种开发板的配置文件，选择 Basys2 的配置文件 008-Basys2-1.bit，然后点击 Program，所有 LED 绿灯亮，编程状态的红灯闪烁。

下载之后出现图 2-3 所示界面，说明下载编程成功。

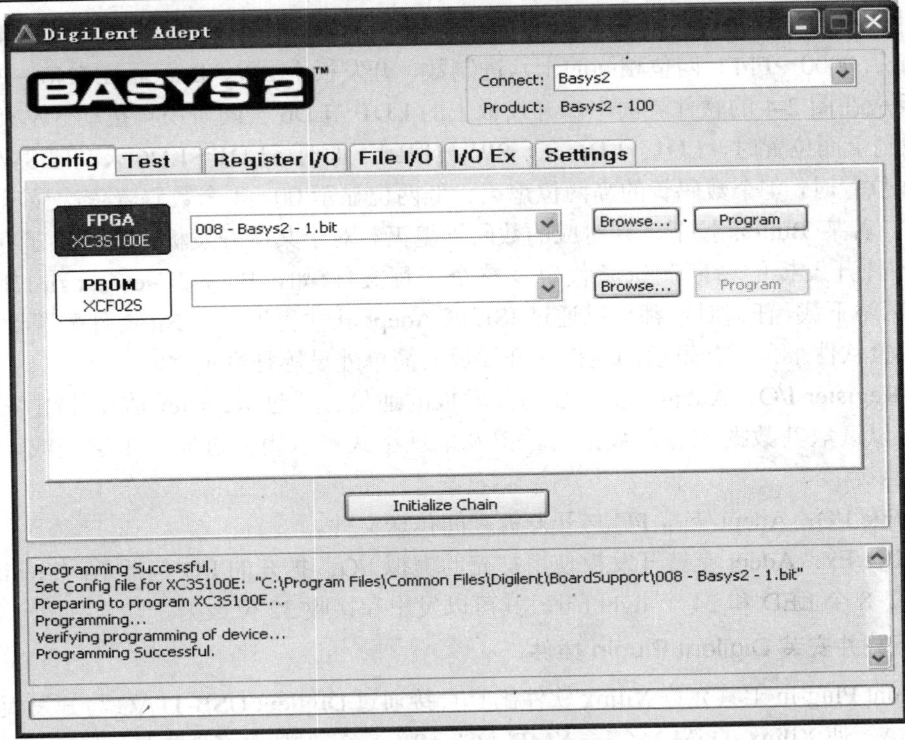

图 2-3　Digilent Adept Config

(5) Test(测试)：Adept 可以对开发板做简单的诊断测试，如图 2-4 所示，点击 Start Test

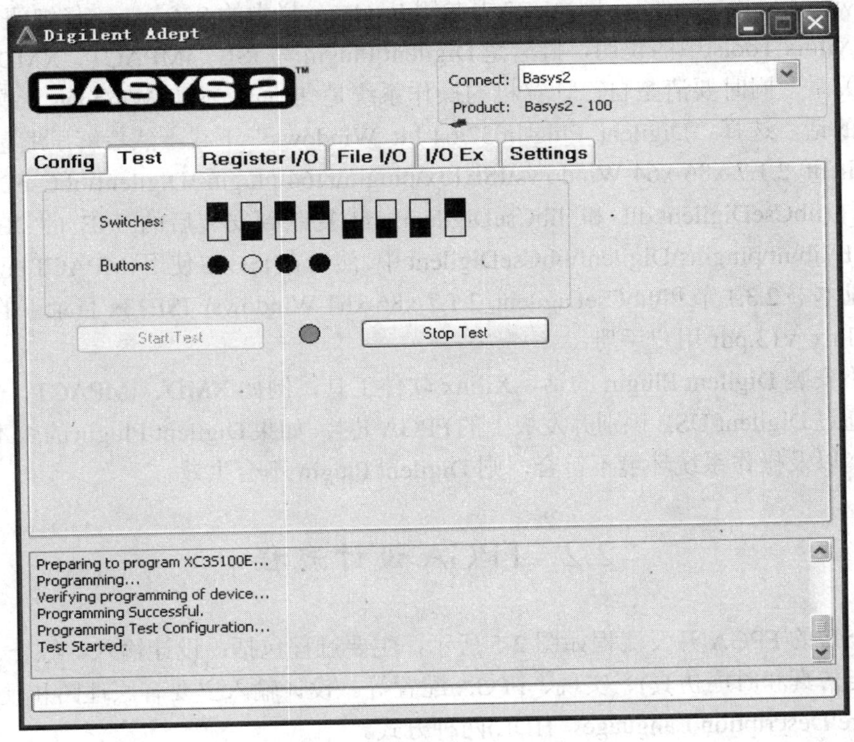

图 2-4　Digilent Adept Test

后，软件会自动将一个诊断测试文件配置到开发板 FPGA 并自动执行测试，此时 4 个数码管依次显示 0000～FFFF 四位相同的十六进制数，开发板上 SW、Buttons(BTN0～BTN3)的状态会反应在图 2-4 的软件界面中，开发板上的 LD1～LD6 会随着用户拨动 SW 而变化。SW 被拨到上面位置时，LD1～LD6 亮，SW 被拨到下面时，LD1～LD6 灭，但 SW6(=1)被拨到上面位置时，4 个数码管的高两位熄灭、低两位显示 00。4 个数码管依次显示 0000～FFFF 时，若某 Button 按下，则对应的数码管熄灭。对于某些开发板，还提供了存储器的测试。各种开发板的诊断测试源代码及整个工程文件(如，Basys2UserTest.zip)都可以在 Digilent 网站下载，任何时候都可以通过 ISE 或 Adept 软件将生成的 Bit 文件配置到 FPGA，以测试实验软件平台、开发板的连接、开发板的简单外设等是否正常。

(6) Register I/O：Adept 支持 PC 与开发板的通信。通过 Register I/O，指定寄存器地址，则可以读取其数据或写入数据。数据及地址格式可以用二进制、十进制或十六进制表示。

(7) File I/O：Adept 支持 PC 与开发板之间传送文件。

(8) I/O Ex：Adept 支持开发板使用扩充的虚拟 I/O。扩充的 I/O 包括 16 个 switch、16 个 Button、8 个 LED 和 24 个 light bar。其可以发出和接收 32 位数据。

4. 下载并安装 Digilent Plugin 插件

Digilent Plug-in 工具允许 Xilinx 软件工具直接通过 Digilent USB-JTAG 与开发板通信或配置 FPGA，使 Xilinx 的 iMPACT、XMD、ChipScope 等工具更好地支持 Digilent 的 FPGA 开发板。

进入 www.digilentinc.com 网页，点击左侧 Products 栏中的 Software，仔细阅读 Digilent Plugin for Xilinx Tools 中的说明，搞清楚 Digilent Plugin 与 ISE、iMPACT、XMD 等软件版本的支持关系，同时要清楚自己计算机的操作系统是 Linux 还是 Windows。操作系统是 Windows 的话，选择“Digilent Plug-in,32/64-bit Windows”下载，然后解压缩包，将目录\libCseDigilent_2.1.7-x86-x64-Windows\ISE13x\plugin\nt64\plugins\Digilent\libCseDigilent 中的两个文件(libCseDigilent.dll 和 libCseDigilent.xml)复制到安装后的 ISE 的 Xilinx\13.4\\ISE_DS\ISE\lib\nt\plugins\Digilent\libCseDigilent 中，然后在 ISE 中使用 iMPACT 配置 FPGA。具体方式见本书 2.3.1 节和\libCseDigilent_2.1.7-x86-x64-Windows\ ISE13x 目录下的 Digilent_Plug-in_Xilinx_v13.pdf 用户手册。

如果不安装 Digilent Plugin 的话，Xilinx 软件工具，例如 XMD、iMPACT，ChipScope 等就无法通过 Digilent USB 识别开发板上的 FPGA 芯片。如果 Digilent Plugin 的版本与 Xilinx 软件的版本以及操作系统环境不符合，则 Digilent Plugin 不会生效。

2.2　FPGA 设计流程

基于 ISE 的 FPGA 开发流程如图 2-5 所示，主要过程包括：设计输入、综合、仿真(主要包括功能仿真和时序仿真)、实现、FPGA 配置等。设计输入主要有原理图和硬件描述语言(Hardware Description Language，HDL)两种方式。

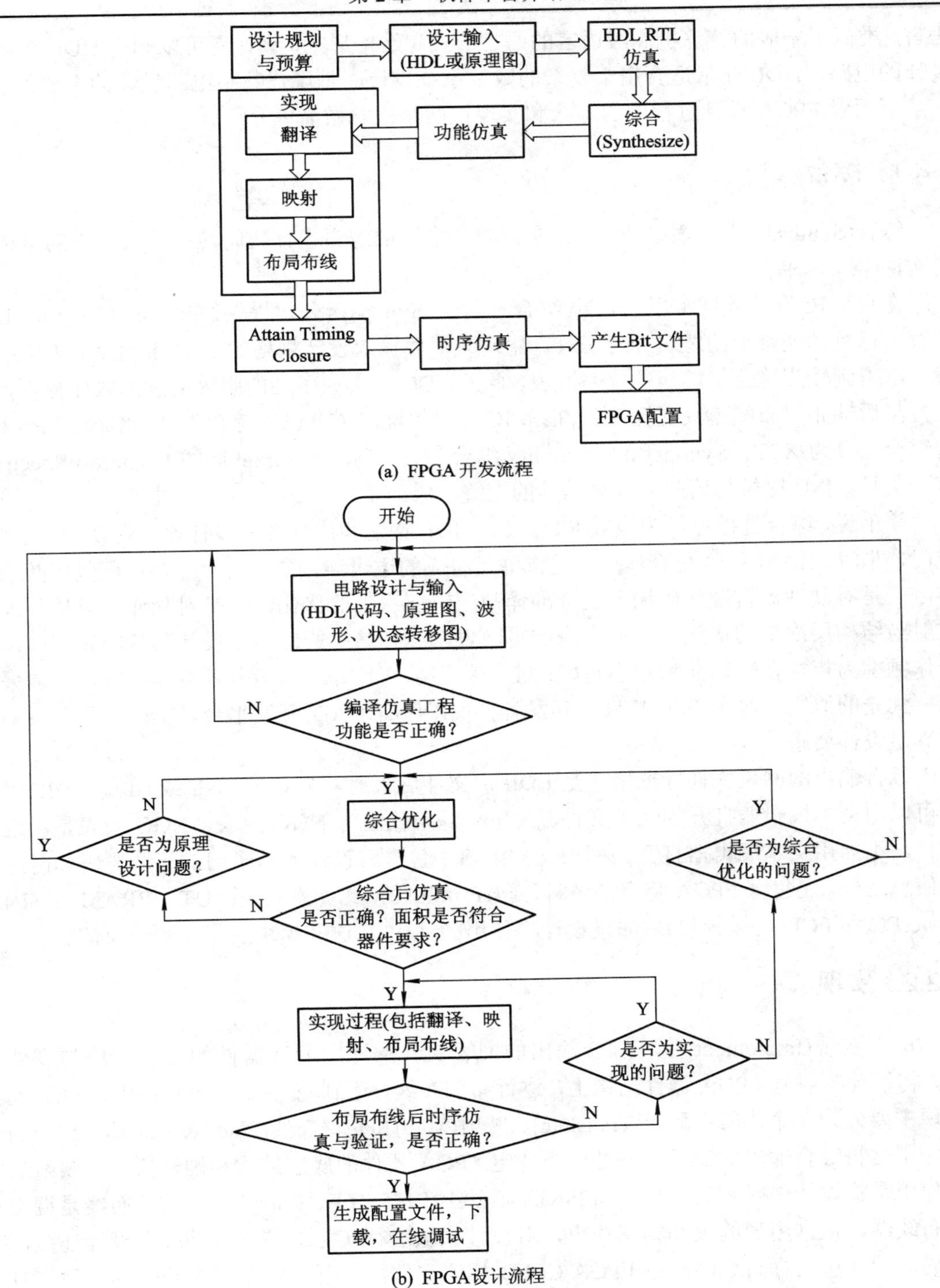

(a) FPGA 开发流程

(b) FPGA设计流程

图 2-5 基于 ISE 的 FPGA 开发流程

传统的数字电路课程中，电路的设计和分析都是基于原理图，大家对原理图已经非常熟悉，可以很容易地在 ISE 中采用原理图方法设计数字逻辑电路，但原理图方法只适合设计简单的逻辑电路。HDL 是用文本形式来描述数字电路的内部结构和信号连接关系的一类语言，类似于一般的计算机高级语言的语言形式和结构形式，设计者可以利用 HDL 描述要设计的电路，HDL 非常适合用于复杂的数字系统设计，是现代数字电路设计的主要方法。

下面对 FPGA 设计过程中的综合和实现这两个概念做简单介绍。

2.2.1　综合

综合(Synthesis)是一种软件工具，负责将高层次的逻辑设计代码转换成低层次的电路描述文件(网表文件)。

在数字 IC 设计领域常用的 EDA 综合工具中，Synopsys 公司提供的 Design Compiler(DC)是较流行且功能强大的逻辑综合工具。用户只需要输入设计规格的 HDL 描述和时间约束，就可以得到较为优化的门级的电路网表。此外，DC 还集成了功能强大的静态时序分析，并支持与后端布局布线工具交互工作。很多 IC 公司都推出了自己的综合工具，比如，Xilinx ISE 中综合工具为 XST；Synopsys 的 Synplify 综合工具；Mentor Graphic 的 Leonardo Spectrum 综合工具。ISE 提供与第三方综合工具的无缝集成。

简单说，综合是指将行为级或 RTL 级的 HDL 描述和原理图等设计输入转换为由与门、或门、非门、RAM 和触发器等基本逻辑单元组成的逻辑连接的过程。综合过程包括两个内容，一是对硬件语言源代码输入进行翻译与逻辑层次上的优化，二是对翻译结果进行逻辑映射与结构层次上的优化，最后生成逻辑网表。综合结果的优劣以设计芯片的物理面积和工作频率为指标，物理面积越小越好，工作频率越高越好。当两者发生冲突时，一般采用速度优先的原则。对于 FPGA 设计开发者来说，所有 CAD 开发平台提供的综合工具都足够满足设计要求。

综合输出的网表文件标准格式是 EDIF，文件后缀通常为.edn、.edf 或.edif。EDIF 网表是可以用文本编辑器打开的文本文件。Xilinx 综合输出为 NGC 网表，NGC 网表是二进制文件，不能用文本编辑器打开。网表文件中除了包含有设计的基于门的组合逻辑和时序逻辑信息之外，还包含 FPGA 特有的各种原语(Primitive)，比如查找表(LUT)、BRAM、DSP48、PowerPC 和 PCIe 等硬核模块(如果设计中使用的话)以及这些模块的属性和约束信息。

2.2.2　实现

所谓实现(Implement)是将综合输出的网表文件翻译成所选器件的底层模块与硬件原语，将设计映射到 FPGA 器件结构上，进行布局布线，达到利用选定器件实现设计的目的。实现主要分为 3 个步骤：翻译(Translate)、映射(Map)和布局布线(Place & Route)。翻译的主要作用是将综合输出的逻辑网表翻译为特定 FPGA 器件的底层结构和硬件原语；映射的主要作用是将设计映射到具体型号的 FPGA 器件上(LUT、FF、Carry 等)；布局布线是调用布局布线器，根据用户约束和物理约束，对设计模块进行实际的布局，并根据设计连接，对布局后的模块进行布线，产生 FPGA/CPLD 配置文件。以下具体介绍 Xilinx 的实现工具的翻译、映射和布局布线。

在翻译过程中，设计文件和约束文件将被合并生成 NGD(原始类型数据库)文件和 BLD 文件，其中 NGD 文件包含了当前设计的全部逻辑描述，BLD 文件是转换的结果报告。实现工具可以导入 EDN、EDF、EDIF、SEDIF 格式的设计文件，以及 UCF(用户约束文件)、

NCF(网表约束文件)、NMC(物理宏库文件)和 NGC(含有约束信息的网表)格式的约束文件。翻译项目包括 3 个命令：

(1) [Translation Report]：用以显示翻译步骤的报告；

(2) [Floorplan Design]：用以启动 Xilinx 布局规划器(Floorplanner)进行手动布局，提高布局器效率；

(3) [Generate Post-Translate Simulation Model]：用以产生翻译步骤后仿真模型，由于该仿真模型不包含实际布线时延，所以有时省略此仿真步骤。

在映射过程中，由转换流程生成的 NGD 文件将被映射为目标器件的特定物理逻辑单元，并保存在 NCD(展开的物理设计数据库)文件中。映射的输入文件包括 NGD、NMC、NCD 和 MFP(映射布局规划器)文件，输出文件包括 NCD、PCF(物理约束文件)、NGM 和 MRP(映射报告)文件。其中 MRP 文件是通过 Floorplanner 生成的布局约束文件，NCD 文件包含当前设计的物理映射信息，PCF 文件包含当前设计的物理约束信息，NGM 文件与当前设计的静态时序分析有关，MRP 文件是映射的运行报告，主要包括映射的命令行参数、目标设计占用的逻辑资源、映射过程中出现的错误和警告、优化过程中删除的逻辑等内容。映射项目包括如下命令：

(1) [Map Report]：用以显示映射步骤的报告；

(2) [Generate Post-Map Static Timing]：用以产生映射静态时序分析报告，启动时序分析器(Timing Analyzer)分析映射后静态时序；

(3) [Manually Place & Route (FPGA Editor)]：用以启动 FPGA 底层编辑器进行手动布局布线，指导 Xilinx 自动布局布线器，解决布局布线异常，提高布局布线效率；

(4) [Generate Post-Map Simulation Model]：用以产生映射步骤后仿真模型，由于该仿真模型不包含实际布线时延，所以有时也省略此仿真步骤。

在布局和布线(Place & Route)过程中，通过读取当前设计的 NCD 文件，将映射后生成的物理逻辑单元在目标系统中放置并连线，同时提取相应的时间参数。布局布线的输入文件包括 NCD 和 PCF 模板文件，输出文件包括 NCD、DLY(延时文件)、PAD 和 PAR 文件。在布局布线的输出文件中，NCD 包含当前设计的全部物理实现信息，DLY 文件包含当前设计的网络延时信息，PAD 文件包含当前设计的输入输出(I/O)管脚配置信息，PAR 文件主要包括布局布线的命令行参数、布局布线中出现的错误和告警、目标占用的资源、未布线网络、网络时序信息等内容。布局布线步骤的命令与工具如下：

(1) [Place & Route Report]：用以显示布局布线报告；

(2) [Asynchronous Delay Report]：用以显示异步实现报告；

(3) [Pad Report]：用以显示管脚锁定报告；

(4) [Guide Results Report]：用以显示布局布线指导报告，该报告仅在使用布局布线指导文件 NCD 文件后才产生；

(5) [Generate Post-Place & Route Static Timing]：包含了进行布局布线后静态时序分析的一系列命令，可以启动 Timing Analyzer 分析布局布线后的静态时序；

(6) [View/Edit Place Design(Floorplanner)]和[View/Edit Place Design(FPGA Editor)]：用以启动 Floorplanner 和 FPGA Editor 完成 FPGA 布局布线的结果分析、编辑，手动更改布局

布线结果，产生布局布线指导与约束文件，辅助 Xilinx 自动布局布线器，提高布局布线效率并解决布局布线中的问题；

(7) [Analyze Power(XPower)]：用以启动功耗仿真器分析设计功耗；

(8) [Generate Post-Place & Route Simulation Model]：用以产生布局布线后仿真模型，该仿真模型包含的时延信息最全，不仅包含门延时，还包含了实际布线延时。该仿真步骤必须进行，以确保设计功能与 FPGA 实际运行结果一致；

(9) [Generate IBIS Model]：用以产生 IBIS 仿真模型，辅助 PCB 布板的仿真与设计；

(10) [Multi Pass Place & Route]：用以进行多周期反复布线；

(11) [Back-annotate Pin Locations]：用以反标管脚锁定信息。

2.3 ISE 软件使用与 FPGA 设计实例

本节通过 Basys2 开发板上的 8 个 SW 控制对应位置上的 LED 亮灭，使读者了解 ISE13.4 的使用以及 FPGA 的设计流程。

2.3.1 开发板的简单外设实验步骤

下面通过实现图 2-6 所示的 SW 拨码开关控制 LED 的亮灭，介绍工程建立、源文件编辑、仿真、综合、实现和下载等设计过程以及 ISE 的使用。

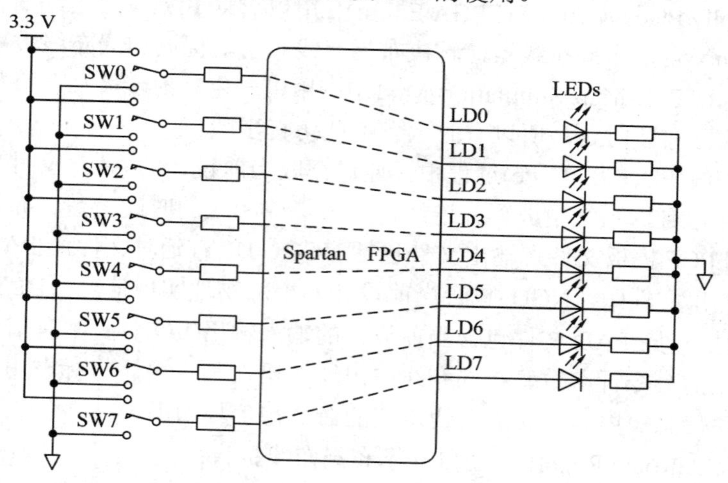

图 2-6　SW 控制发光二极管亮灭

1. 创建新工程

进入 ISE 工作界面，单击“File”→“New Project”，出现如图 2-7 所示窗口，确定工程路径及工程名，路径和工程名中不能包含汉字，最好不以数字打头。本例的工程名及路径如图 2-7 所示。选择顶层设计文件类型，本例选择使用硬件描述语言 HDL。然后，单击“Next”，出现图 2-8 所示的 Project Settings 界面。早期 ISE 版本建立的工程文件扩展名为 .ise，而 ISE13X 工程文件扩展名为 .xise，因此，保存新建工程后，在 simple 目录中可见到一个 simple.xise 的工程文件。很多网站给出了 ISE 的使用步骤[23]。

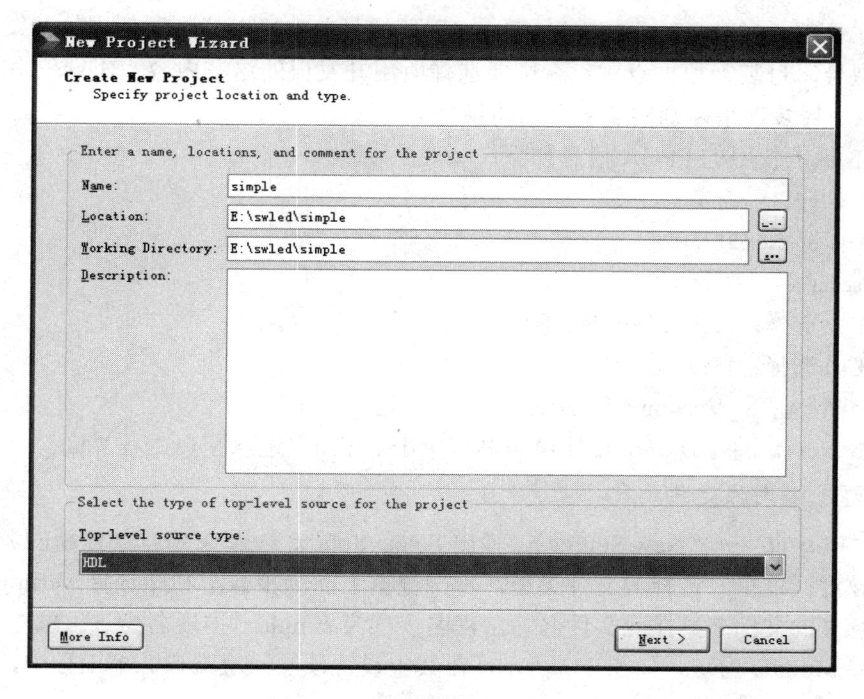

图 2-7　Create New Project 界面

2. 工程参数设置

在图 2-8 中确定工程使用的 FPGA 类型及封装形式，确定综合工具、仿真器以及 HDL 类型等。

New Project Wizard

Project Settings

Specify device and project properties.

Select the device and design flow for the project

Property Name	Value
Evaluation Development Board	None Specified
Product Category	All
Family	Spartan3E
Device	XC3S100E
Package	CP132
Speed	-4
Top-Level Source Type	HDL
Synthesis Tool	XST (VHDL/Verilog)
Simulator	ISim (VHDL/Verilog)
Preferred Language	Verilog
Property Specification in Project File	Store all values
Manual Compile Order	☐
VHDL Source Analysis Standard	VHDL-93
Enable Message Filtering	☐

More Info　　< Back　Next >　Cancel

图 2-8　Project Settings 界面

如果在“Evaluation Development Board”下拉菜单中可以找到所使用的开发板，则器件系列、型号、封装无须再设置，否则要选择所用开发板的这些内容。Basys2 相关信息如图 2-8 所示，封装选错，则实现时会出错误。

Nexys3 板上使用的 FPGA 信息如下：

Family：Spartan6

Device：XC6SLX16

Package：CSG324

综合工具选择：Xilinx ISE 的 XST

仿真工具选择：ISim

HDL 类型选择：Verilog 或 VHDL

然后，单击 Next，将出现一个设计说明书，单击 Finish，进入空白工程界面。

3. 新建、编辑源文件

单击“Project”→“New Source”，弹出 Select Source Type 窗口，创建新的源文件。在新文件向导对话框里，选择源文件类型，本例根据上面的步骤 1 和 2 选择 Verilog Module。取一个有意义的文件名，在此文件名与工程名一样为 simple，扩展名为 .v。单击“Next”，出现 Define Module 窗口，如图 2-9 所示，在其中设置顶层模块端口。本工程中，输入端口取名 SW，8 位，输出端口取名 LD，8 位。

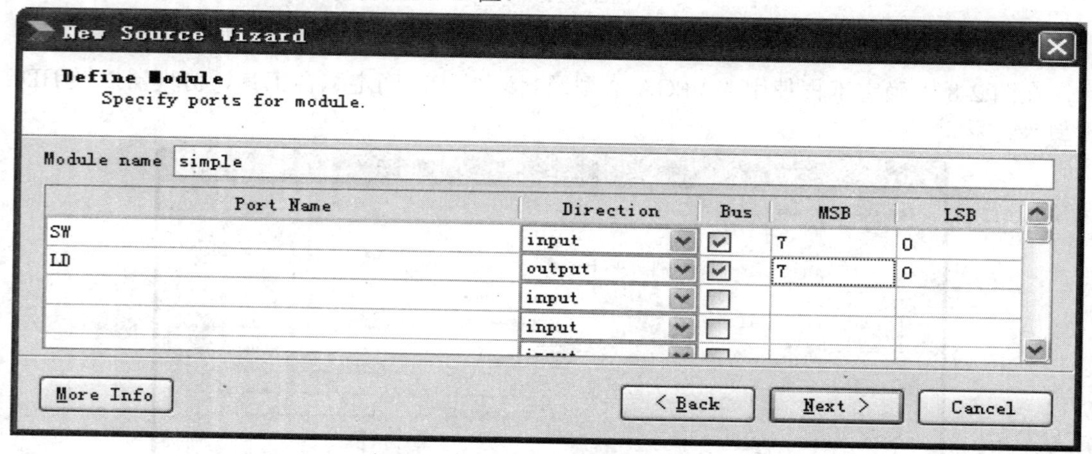

图 2-9　Define Module 窗口

单击“Next”，出现 Summary 界面，点击完成则出现图 2-10 所示的源文件编辑窗口，其中已经包含了源文件的创建时间、名字、版本等信息，还有其他在规范编程中需要填写的信息。

图 2-10 中的 21～26 行已经给出了 Verilog 编程的基本编程模块。本例期望实现 SW 控制 LED 的亮灭，因此只需在 endmodule 之前加入：

```
assign   LD = SW;
```

完成上面步骤后保存源文件，ISE 会自动检测语法错误。ISE 自带了大量的程序模板，使得设计人员不需要手动敲入一些重复的代码。

```
`timescale 1ns / 1ps
//////////////////////////////////////////////
// Company:
// Engineer:
//
// Create Date:    10:20:00 07/23/2012
// Design Name:
// Module Name:    simple
// Project Name:
// Target Devices:
// Tool versions:
// Description:
//
// Dependencies:
//
// Revision:
// Revision 0.01 - File Created
// Additional Comments:
//
//////////////////////////////////////////////
module simple(
    input [7:0] SW,
    output [7:0] LD
    );

endmodule
```

图 2-10　源文件编辑窗口

4. 编辑用户约束文件 UCF

UCF 文件用于定义工程中用到的 I/O 引脚与 FPGA 引脚的对应关系。点击“project”→“New Source”，出现如图 2-11 所示界面，选择“Implementation Constraints File”，取一个有意义的文件名，在此为 simple，扩展名为.ucf。

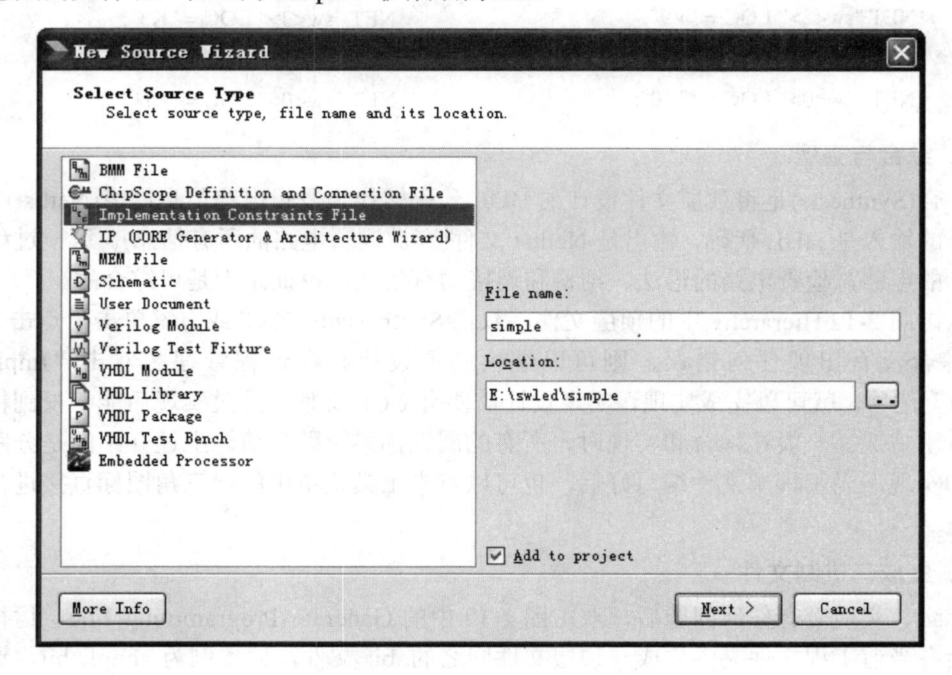

图 2-11　Select Soure Type 界面

双击 Hierarchy 中的 user.ucf 文件，在编辑页面添加以下代码，确定 FPGA 与 switch 和 LED 的对应引脚。语法为：NET“netname”LOC=“XXX”。其中，netname 代表工程中定义的 I/O 引脚；XXX 代表 Basys2 上 FPGA 的封装引脚，语法中 XXX 的双引号可以省略。Digilent 网站提供了各种开发板的 UCF 文件，直接 Copy 或添加到工程即可。UCF 文件编辑参考文献[10]。由图 1-21 或表 1-4 可以得到 SW 和 LD 与 FPGA 引脚的关系。编辑 UCF 文件如下(由图 1-6 也可得到 Nexys3 的 I/O 连接关系)：

```
# Nexys3 用户约束文件：
    NET "LD<7>" LOC = "T11" ;
    NET "LD<6>" LOC = "R11" ;
    NET "LD<5>" LOC = "N11" ;
    NET "LD<4>" LOC = "M11" ;
    NET "LD<3>" LOC = " V15" ;
    NET "LD<2>" LOC = " U15" ;
    NET "LD<1>" LOC = " V16" ;
    NET "LD<0>" LOC = " U16" ;

    NET "sw<7>" LOC = "T5";
    NET "sw<6>" LOC = "V8";
    NET "sw<5>" LOC = "U8";
    NET "sw<4>" LOC = "N8";
    NET "sw<3>" LOC = "M8";
    NET "sw<2>" LOC = "V9";
    NET "sw<1>" LOC = "T9";
    NET "sw<0>" LOC = "T10";
```

```
# Basys2 用户约束文件：
    NET "LD<7>" LOC = "G1" ;
    NET "LD<6>" LOC = "P4" ;
    NET "LD<5>" LOC = "N4" ;
    NET "LD<4>" LOC = "N5" ;
    NET "LD<3>" LOC = "P6" ;
    NET "LD<2>" LOC = "P7" ;
    NET "LD<1>" LOC = "M11" ;
    NET "LD<0>" LOC = "M5" ;

    NET "sw<7>" LOC = "N3";
    NET "sw<6>" LOC = "E2";
    NET "sw<5>" LOC = "F3";
    NET "sw<4>" LOC = "G3";
    NET "sw<3>" LOC = "B4";
    NET "sw<2>" LOC = "K3";
    NET "sw<1>" LOC = "L3";
    NET "sw<0>" LOC = "P11";
```

5. 综合与实现

综合(Synthesis)是将顶层文件设计的 HDL 代码转换为逻辑电路信息网表(Netlist)文件，即综合的输入是 HDL 代码，输出是 Netlist 文件(存放逻辑电路的所有信息)。这一过程分析所设计的电路，检查电路的语法、结构和连接的有效性，论证是否是可综合的。

点击图 2-12 Hierarchy 中的顶层文件，双击 Synthesize—XST 或右键单击，点击 Run。经过综合没有出现任何错误，则可以继续实现设计。在过程管理区双击“Implement Design”选项，就可以完成实现，实现设计需要有 UCF 文件。经过实现后能够得到精确的资源占用情况。一般在综合和实现时，所有的属性都采用默认值。上述介绍的是分别进行综合和实现，当工程源文件编写好后，也可以点击工具菜单中的绿三角图标直接进行综合和实现。

6. 生成二进制文件

综合、实现没有任何问题后，双击图 2-12 中的 Generate Programming File，运行结束后，会在当前工程文件夹中生成与顶层文件同名的 .bit 文件，如本例为 simple.bit，这是可以用来配置 FPGA 的二进制文件。

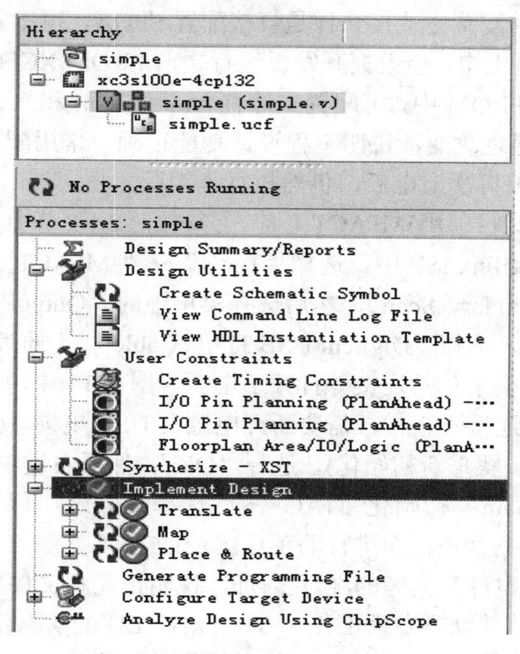

图 2-12　顶层文件

7. 文件配置与测试

有两种方式配置 FPGA，分别为 Adept 和 iMPACT。

(1) 使用 Adept 配置：连接开发板到 PC 并打开开发板上的电源，运行 Adept，如图 2-13 所示。

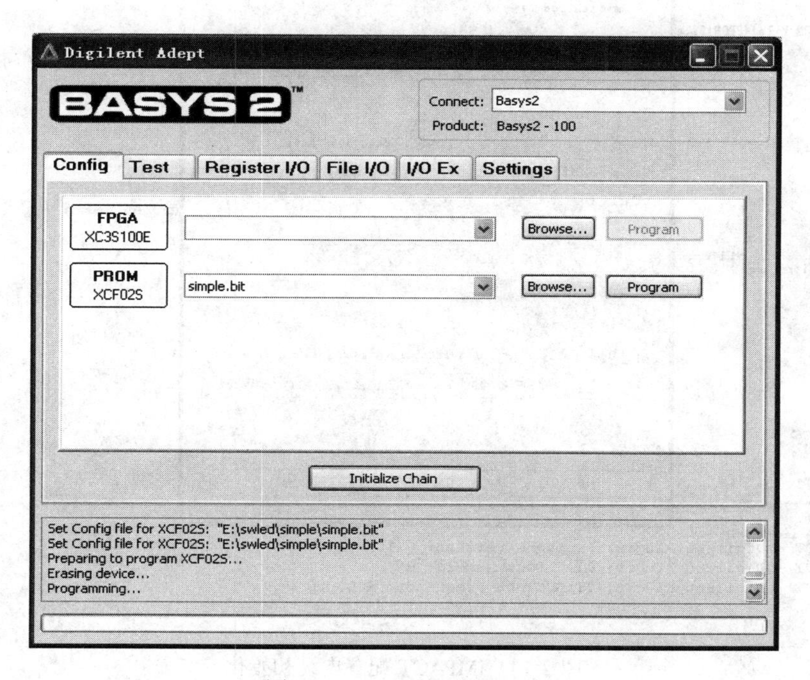

图 2-13　Adept 配置 FPGA

使用 Adept 也有两种配置方式：一种是直接配置 FPGA，可配置的文件有 *.bit 和 *.svf 格式，这种方式掉电后再上电，会丢失开发板运行之前 PROM XCF02S 中配置的工程文件。另一种是配置到图中的 PROM 中，可配置文件有 *.mcs，*.bit 和 *.svf。配置之后，拨动 SW 开关，对应 LD 的状态随之改变，说明工程设计功能正确。采用配置到 PROM 的方式，掉电后信息不丢失，开发板再次上电后，仍然执行本工程。

(2) 使用 iMPACT 配置：使用 iMPACT 之前，必须按照 2.1.2 节中介绍的方式安装 Digilent Plugin 插件。然后，在 Xilinx ISE 中，选择“Tools”→“iMPACT…”，出现如图 2-14 所示的基础界面。双击“Boundary Scan”，然后选择菜单中的“Output”→“Cable Setup…”，出现图 2-14 中的小界面，选择“Digilent USB JTAG Cable”(不同版本界面有所不同，但都是选择这种方式)，如果板子正常连接并打开了电源，图 2-14 中 Port 下会显示所连接的开发板(若其中为空，说明连接不正常，需要断开电源及 USB 电缆，然后重新连接 USB 电缆并接通电源，按照上述步骤重新初始化)，选择“OK”，然后右键单击“Boundary Scan”界面，选择“Initialize Chain”初始化 JTAG 链。选择“YES”保存设置并选择配置文件 simple.bit(注意工程路径是否是正在进行的工程路径)，出现如图 2-15 所示界面，双击图中的“Program”，配置灯(电源开关旁的红灯)闪烁，说明正在将文件配置到 FPGA 中。

配置 FPGA 完成后，拨动开发板上任一 SW，对应 LD 的状态将发生变化，说明功能满足设计要求。断开电源，再次上电后，FPGA 的配置信息丢失，此时 FPGA 的功能为 Flash 中存储的功能。

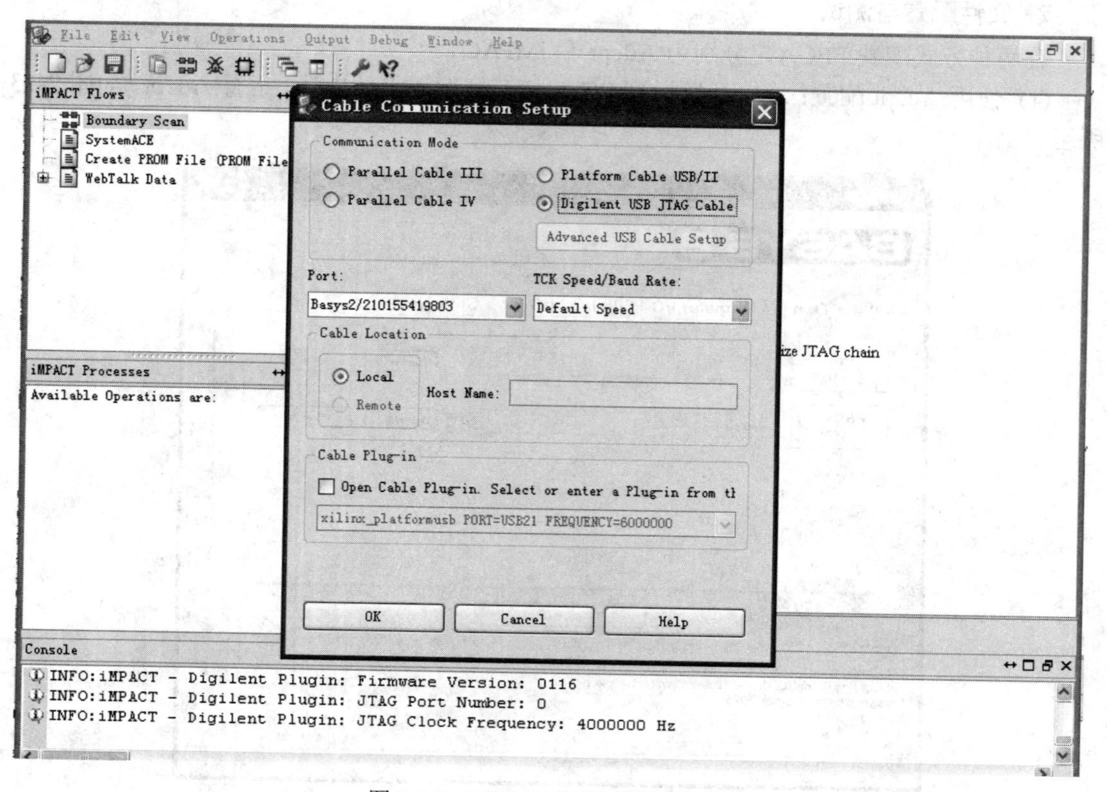

图 2-14　iMPACT 配置电缆初始化

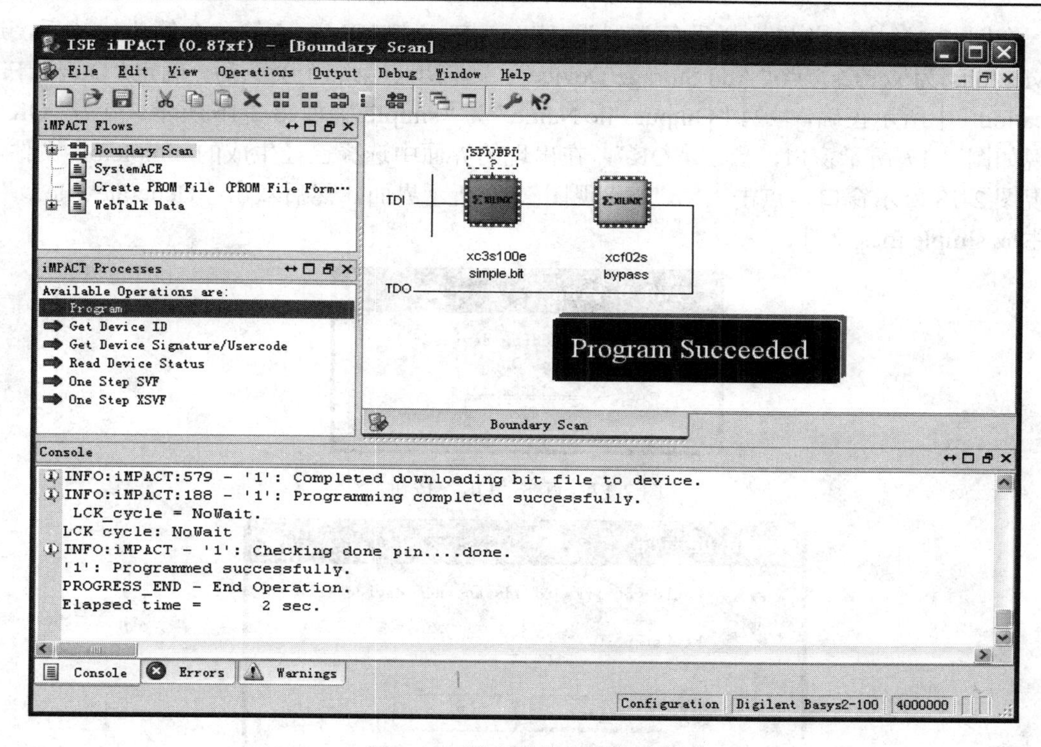

图 2-15　确定配置方式并编程

图 2-15 中所示是直接配置 FPGA，如果要将文件下载到图 2-13 中的 PROM XCF02S 中，由于 iMPACT 配置 PROM 的文件必须为 *.mcs 格式，而不能是 *.bit 文件格式(Adept 软件可以)。因此，需要先生成 *.mcs 文件。双击图 2-15 iMPACT Flows 窗口中的“Create PROM File(PROM File Form…)”，出现如图 2-16 所示界面。

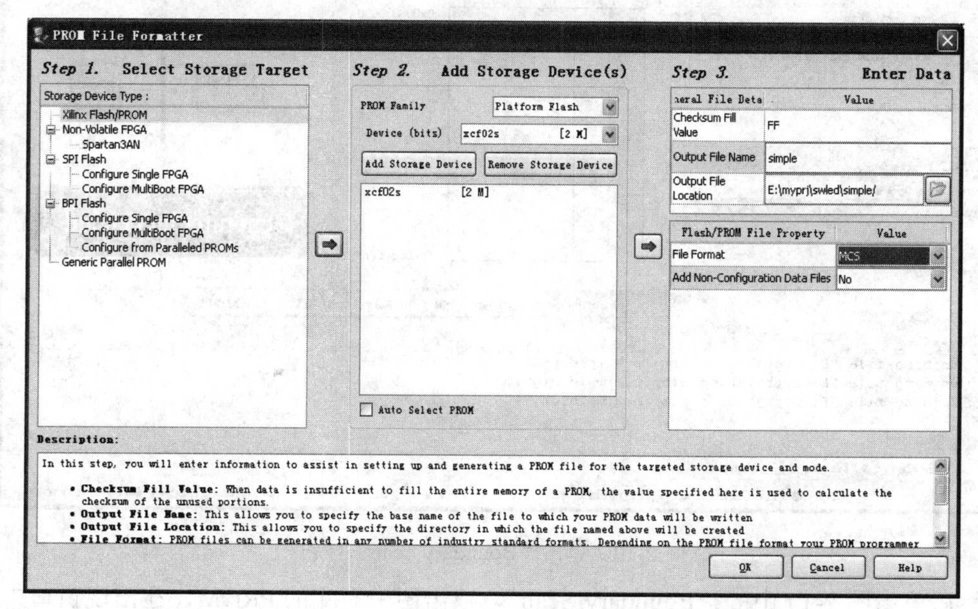

图 2-16　PROM File Formatter 界面

在图 2-16 中，首先选择设备类型为 Xilinx Flash/PROM，点第一个箭头；然后，选 Device(bits)为 xcf02s，点“Add Storage Device”；第三步点第二个箭头后，确定“Output File Location”中所示正确，填写“Output File Name”为“simple”，如图 2-16 所示。点击“OK”，出现如图 2-17 所示窗口，点击“OK”，在出现的界面中选择已经生成的 simple.bit 文件，出现图 2-18 所示窗口，点击“No”，出现图 2-19 所示界面，然后双击“Generate File…”，则生成 simple.mcs 文件。

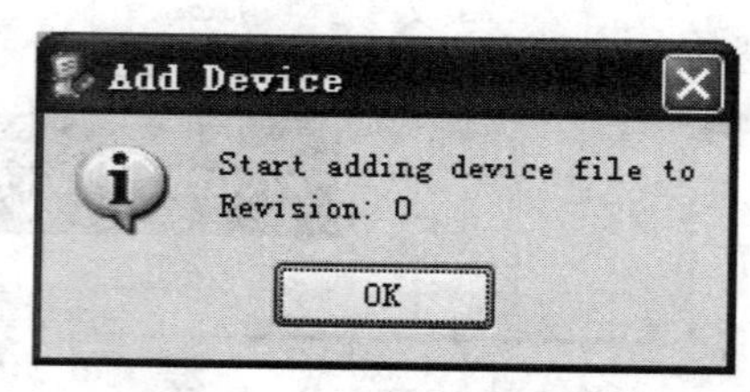

图 2-17　点击“OK”按钮

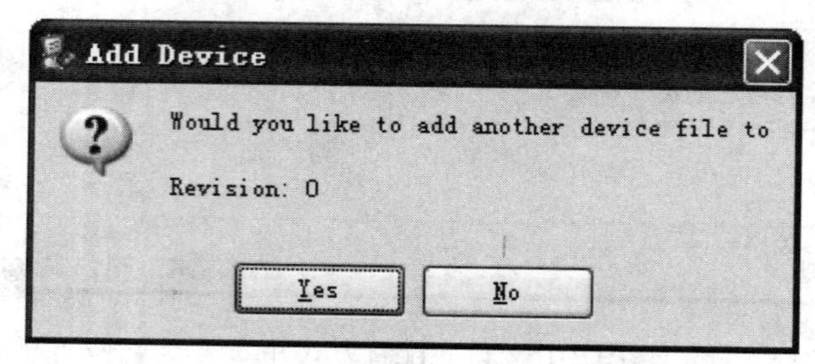

图 2-18　点击“NO”按钮

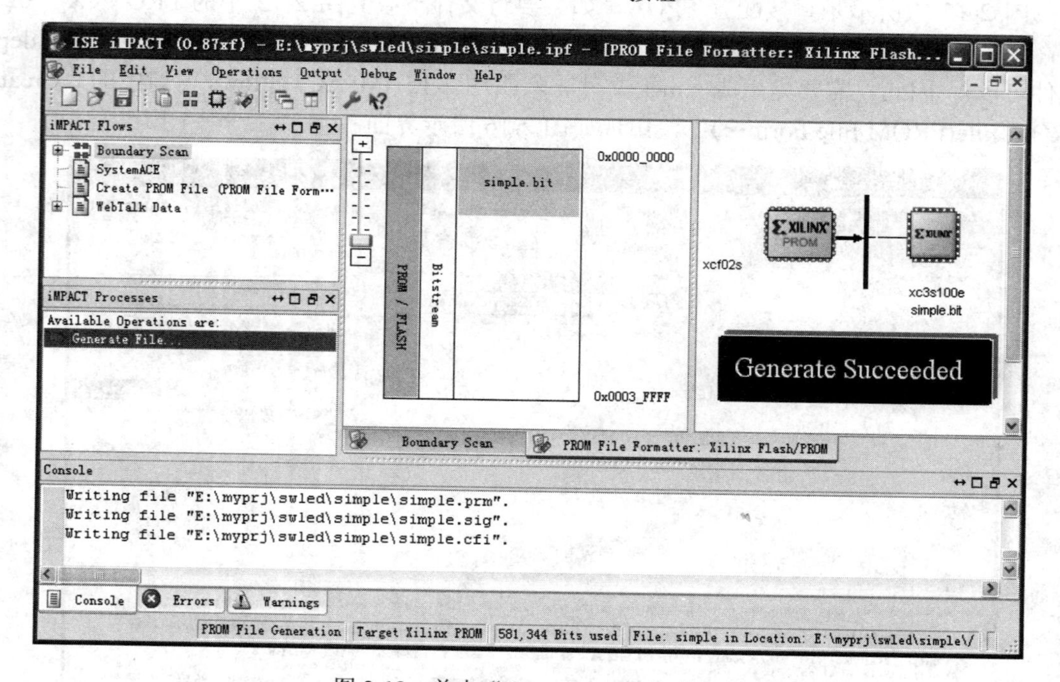

图 2-19　单击“Boundary Scan”按钮

然后单击图 2-19 中的“Boundary Scan”，双击图中右端的 PROM，在出现窗口中选择生成的 simple.mcs 文件，出现如图 2-20 所示的基础界面，点击“Program”，出现图中的配置操作进度条，同时开发板上的下载指示灯闪烁。由于配置非易失 Flash 时，是采用 JTAG 链路同时配置 Flash 与 FPGA，因此，配置过程要比单独配置 FPGA 慢很多。配置成功后，拨动开发板上任一 SW，对应 LD 的状态将发生变化，说明功能满足设计要求。同时关闭开发板电源，再次上电后，FPGA 仍然执行刚才配置的功能，说明 Flash 下载成功。

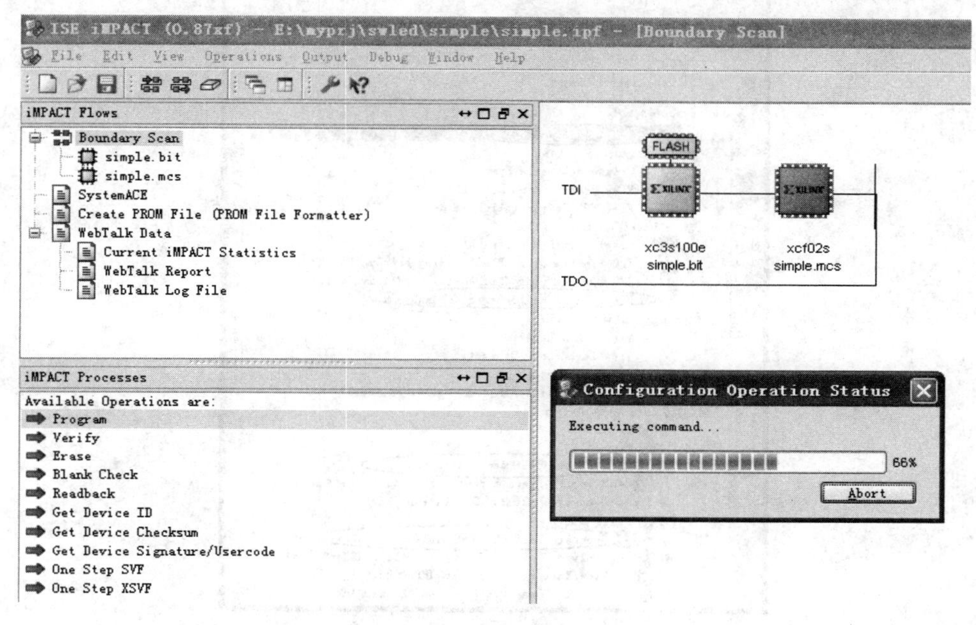

图 2-20　基础界面

2.3.2　阅读设计报告

完成一个 FPGA 设计并进行了综合、实现等步骤后，必须清楚设计是否是成功的。设计的功能正确，并不意味着这个设计就是成功的，成功的设计是指设计可以配置到确定的 FPGA 中并且满足性能要求。具体讲，就是要明确设计是否满足 FPGA 面积目标和性能目标。要回答这些问题，就需要学会阅读工程中的设计报告文件。

1. 面积目标

面积目标需要回答以下三个问题：

- 怎样知道设计是否可以配置到 FPGA？
- 怎样知道 FPGA 具有多大空间实现逻辑？可以使用多大空间？
- 如果设计可以配置到 FPGA，是否能够完整地布线？

这些问题都可以在工程设计报告中找到答案。在图 2-21 所示的工程 Processes 中，可以看到许多的设计查看报告，比如，点击图中的 Floorplan Area/IO/Logic(PlanAhead)，可以查看布局布线以及 I/O 的分布；点击图中的最后一行，可以进行功率分析；点击图中的 Design Summary/Reports，会出现如图 2-22 所示的设计总结报告。在图 2-22 所示的设备利用率总结“Device Utilization Summary”中，可以清楚地看到 FPGA 各部分资源使用了多少、剩余多少以及利用率；选择图中的“IOB Properties”，可以查看各个输入输出的标准、驱动、延时和时钟偏移等信息。在“Detailed Reports”中的“Map Report”和“Place and Route Report”等文件中，可以查看报告的详细内容。

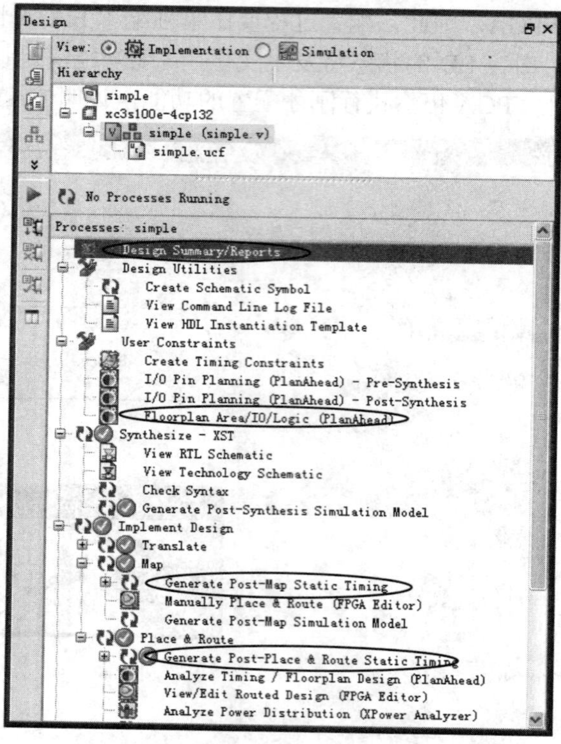

图 2-21　工程 Design 窗口

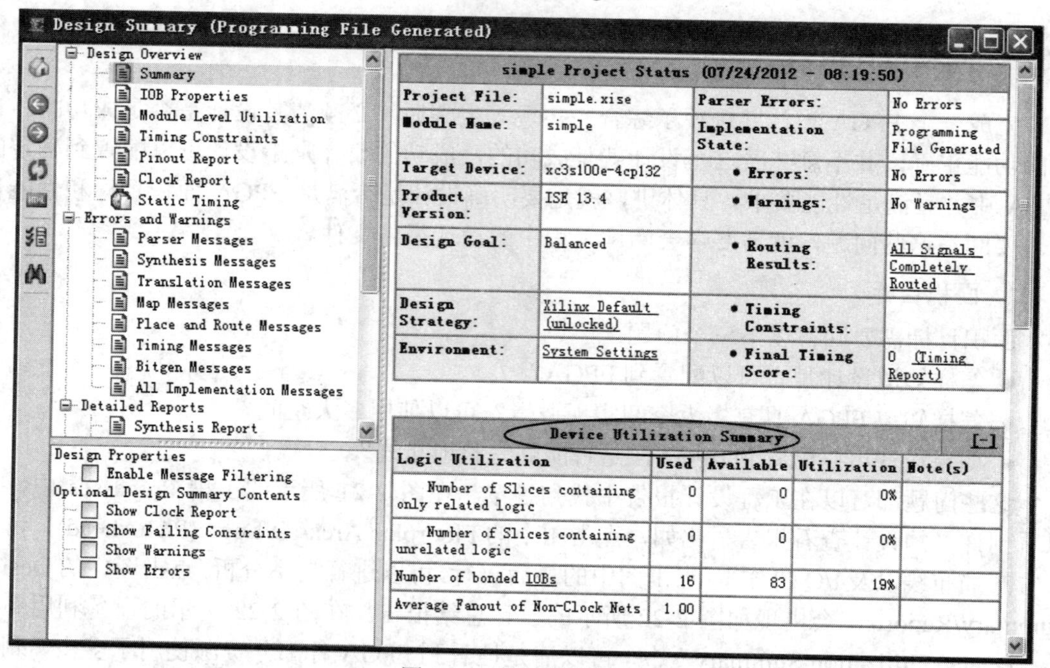

图 2-22　设计总结报告

2. 性能目标

性能目标主要是分析时间延迟参数是否合理，这部分内容相当复杂，详细内容可阅读参考文献[15]～[22]，多数文献由 Xilinx 网上提供。下面简单介绍两个时序报告文件。

ISE 中的时序分析器会产生两个时序报告：Post-Map Static Timing Report 和 Post-Place & Route Static Timing Report，由图 2-21 可见，前者不会自动产生而后者可以。Post-Map Static Timing Report 也称为逻辑级时序。点击图 2-21 中的“Generate Post-Map Static Timing”，点击其下边的“Analyze Post-Map Static Timing”，出现的窗口中有各种时序分析报告，由于本例中没有逻辑电路，输入直接到输出，分析得到的延时如图 2-23 所示，所有延时一致。对于复杂的逻辑设计，一般采用 60/40 规则(A rule-of-thumb 经验法则)，该规则是：如果逻辑延时在 60%或以下，布线延时不超过 40%，则设计是合理的。

```
All values displayed in nanoseconds (ns)

Pad to Pad
---------------+---------------+---------+
Source Pad     |Destination Pad|  Delay  |
---------------+---------------+---------+
SW<0>          |LD<0>          |    4.648|
SW<1>          |LD<1>          |    4.648|
SW<2>          |LD<2>          |    4.648|
SW<3>          |LD<3>          |    4.648|
SW<4>          |LD<4>          |    4.648|
SW<5>          |LD<5>          |    4.648|
SW<6>          |LD<6>          |    4.648|
SW<7>          |LD<7>          |    4.648|
---------------+---------------+---------+
```

图 2-23　延时

通过查看报告中的延时信息百分比可以判断设计的合理性，具体规则如下：

- 延时小于 60%，布局布线工具可以很容易地满足时序约束条件；
- 逻辑延时在 60%～80%，布局布线时间将增加，使用高级约束选项可以满足时序要求；
- 逻辑延时大于 80%，可能无法满足设计目标，需要改善综合结果。

总之，Post-Map Static Timing Report 提供产生合理时序约束的信息，Post-Place & Route Static Timing Report 告知设计时序约束是否得到满足。

更多信息可以参考 ISE 的在线 Help，也可以在 http://support.xilinx.com 的 Problem Solvers 中查询。

2.4* 嵌入式系统开发

IEEE 对于嵌入式系统的定义是：An Embedded system is the devices used to control, monitor, or assist the operation of equipment, machinery or plants. 在中国嵌入式系统领域，比较认同的嵌入式系统定义是：嵌入式系统是以应用为中心，以计算机技术为基础，并且软、硬件可裁剪，适用于应用系统对功能、可靠性、成本、体积、功耗有严格要求的专用计算机系统。这一概念是从应用角度出发来定义的，也是一种比较广义的嵌入式系统定义。

狭义理解的嵌入式系统一般具备以下特点：

(1) 硬件应由嵌入式处理器作为基础平台；

(2) 软件应以嵌入式软件作为运行平台；

(3) 嵌入在设备中，是其中的一个核心处理部件。

Xilinx 的 FPGA 提供了实现嵌入式系统的软、硬件平台。

2.4.1　嵌入式开发套件 EDK

EDK(Embedded Development Kit)工具更加适合软硬件的综合设计，能很方便的搭建嵌入式系统平台。对不同开发板进行嵌入式系统开发，需要配置一些软件包，比如，在 Nexys3 上开发嵌入式系统，要配置 BSB(Base System Builder)的支持文件，Nexys3 BSB(Nexys3_BSB_Support_v_2_3.zip)支持包可以在 Digilent 官网下载[12]。BSB 工具简化了硬件、处理器选项、总线系统和 IP 选项的配置，还能自动生成存储器映射和设计文件。

ISE Design Suite 的 Embedded Edition 和 System Edition 均包含嵌入式开发套件 EDK。EDK 包含工具套装、利用 Xilinx 平台 FPGA 的嵌入式 PowerPC 和/或 MicroBlaze 等软处理器核、设计嵌入式应用所需的全部文档和 IP。

Xilinx 为嵌入式应用提供了灵活的创新型开发套件。其中包括，Spartan-6 FPGA 嵌入式套件——该套件包含了进行高效嵌入式应用开发所需的可扩展开发板以及关键设计工具和 IP 核；Spartan-6 FPGA SP605 评估套件——包含 SP605 开发板和 Spartan-6 LX45T FPGA(器件专用)的 ISE Design Suite Logic Edition；Spartan-6 FPGA SP601 评估套件——包含 SP601 基本开发板和 ISE Design Suite:WebPACK 版；Spartan-3A DSP S3D1800A FPGA MicroBlaze 处理器版本——包含硬件、设计工具、IP 和预验证的参考设计，可以加快嵌入式开发；入门套件 Spartan-3A DSP 1800A FPGA 版本——是一款全面的开发套件，可加速 DSP 应用开发。

EDK 的使用及基于 Digilent 实验开发板的嵌入式系统开发，很快将出版教材予以介绍。

2.4.2　嵌入式处理器简介

Xilinx 公司的嵌入式解决方案以精简指令集计算机(Reduced Instruction Set Computer，RISC)为核心，涵盖了系统硬件设计和软件调试的各个方面，嵌入式内核分别为 PicoBlaze、MicroBlaze、PowerPC 和 ARM 核，其中 PicoBlaze 和 MicroBlaze 是可裁剪的软核处理器[3]~[7]，PowerPC 为硬核处理器。Xilinx 推出的 Zynq-7000 系列集成了双 ARM Cortex-A9 MP Core 硬核，低端 FPGA 也可以嵌入 ARM 软核。

1. PicoBlaze 8 位微控制器简介

PicoBlaze 最初命名为 KCPSM，是 Constant(K) Coded Programmable State Machine 的缩

写，意为常量编码可编程状态机。KCPSM 还有个别称叫 Ken Chapman's PSM，Ken Chapman 是 Xilinx 的微控制器设计者之一。

PicoBlaze 是一款完全嵌入式 8 位 RISC 微控制器 IP 软核，专为 Spartan-6、Virtex-6 以及较早的 Xilinx FPGA 架构而精心优化。该参考设计免费向 Xilinx 用户提供，并配套提供简便易用的代码组合程序 KCPSM6(或用于较早 FPGA 系列的 KCPSM3)、图形集成开发环境(IDE)、图形指令集仿真器(ISS)以及 VHDL 源代码和仿真模型[5]。

PicoBlaz 的主要特性如下：

- 支持 Spartan-6、Virtex-6 及较早的 Xilinx FPGA 系列；
- 超小尺寸，在 Spartan-6 和 Virtex-6 中仅有 26 个 slices；
- 多达 4K 个 18 位指令；
- 在 Virtex-6 上能够发挥高达 240 MHz 的性能；
- 全部通过 FPGA 实现，无需外部组件；
- 高度集成，可实现非时间关键性的状态机；
- 可预测的快速中断响应。

PicoBlaze 是用 VHDL 语言开发的小型 8 位软处理器内核包，其汇编器是简单的 DOS 可执行文件 KCPSM2.exe 或 KCPSM3.exe，用汇编语言编写的程序经过编译后放入 FPGA 的块 RAM 存储器区。在 XC3S500E 的 FPGA 中，只用到了 96 个 Silice，也就是只占用了 5%的逻辑资源。PicoBlaze 执行一条命令需要 2 个时钟周期，在 Spartan3E Starter Kit 板上以 50 MHz 时钟为例，PicoBlaze 也能达到 25 MIPS 的性能[4]。

KCPSM 支持的类型有 Virtex、Virtex-E、Spartan-II 和 Spartan-IIE FPGAs；KCPSM2 支持的类型有 Virtex-II, Virtex-II Pro FPGAs；KCPSM3 支持的类型有 Spartan-3、Virtex-4、Virtex-II、Virtex-II Pro、Virtex-5、Spartan™-6 和 Virtex™-6 FPGAs。

PicoBlaze 提供 49 个不同指令，16 个寄存器，256 个直接或间接的可设定地址的端口，1 个可屏蔽的速率为 35 MIPS 的中断。它的性能超过了传统独立元器件组成的微处理器，而且成本低，使得 PicoBlaze 在数据处理和控制算法领域有着广泛的应用前景。PicoBlaze 结构和指令集等详细内容参考 PicoBlaze 的数据手册以及相关网站[3], [4]。

2. MicroBlaze 32 位嵌入式处理器简介

MicroBlaze 是一个 32 位软处理器核，支持 CoreConnect 总线标准，时钟频率可达 150 MHz。MicroBlaze 是被 Xilinx 公司优化过的可以嵌入在 FPGA 中的 RISC 处理器软核，具有运行速度快、占用资源少、可配置性强等优点，广泛应用于通信、军事和高端消费市场等领域。

1) MicroBlaze 的体系结构

MicroBlaze 是基于 Xilinx 公司 FPGA 的微处理器 IP 核，可以实现片上可编程系统(System-On-Programmable-Chip，SOPC)的设计。MicroBlaze 处理器采用 RISC 和哈佛结构，具有 32 位指令和数据总线，具有指令和数据缓存。MicroBlaze 有 32 个 32 位通用寄存器，2 个 32 位特殊寄存器——PC 指针和 MSR 状态标志寄存器，3 个操作数和 2 种寻址模式。指令按功能划分有逻辑运算、算术运算、分支、存储器读/写和特殊指令等。指令执行采用取指、译码和执行 3 级流水线技术。

MicroBlaze 可以响应软件和硬件中断，进行异常处理，通过外加控制逻辑，可以扩展外部中断。利用微处理器调试模块(MDM)IP 核，通过 JTAG 接口可调试处理器系统。多个 MicroBlaze 处理器可以用 1 个 MDM 来完成调试。

MicroBlaze 处理器具有 8 个输入和 8 个输出快速单一链路(Fast Simplex Link，FSL)单向接口。FSL 通道是专用于单一方向的点到点的数据流传输接口。FSL 和 MicroBlaze 的接口宽度是 32 位。每一个 FSL 通道都可以发送和接收数据。

2) CoreConnect 技术

CoreConnect 是由 IBM 开发的片上总线通信链，包括处理器本机总线(PLB)，片上外围总线(OPB)，1 个总线桥，2 个判优器以及 1 个设备控制寄存器(DCR)总线。Xilinx 将为所有嵌入式处理器用户提供 IBM CoreConnect 许可，因为它是所有 Xilinx 嵌入式处理器设计的基础。MicroBlaze 处理器使用了与 IBM PowerPC 相同的总线。虽然 MicroBlaze 软处理器完全独立于 PowerPC，但它让设计者可以选择芯片上的运行方式，包括一个嵌入式 PowerPC，并共享它的外设。

(1) 片上外设总线(OPB)。内核通过片上外设总线(OPB)来访问低速和低性能的系统资源。OPB 是一种完全同步总线，它的功能处于一个单独的总线层级，并不是直接连接到处理器内核的。OPB 接口提供独立的 32 位地址总线和 32 位数据总线。处理器内核可以借助"PLB to OPB"桥，通过 OPB 访问外设。作为 OPB 总线控制器的外设可以借助"OPB to PLB"桥，通过 PLB 访问存储器。

(2) 处理器本机总线(PLB)。PLB 接口为指令和数据一侧提供独立的 32 位地址和 64 位数据总线(读写各 32 位)。PLB 支持具有 PLB 总线接口的主机和从机通过 PLB 信号连接来进行读写数据。总线架构支持多主从设备。每一个 PLB 主机通过独立的地址总线、读数据总线和写数据总线与 PLB 连接。PLB 从机通过共享地址总线、读数据总线和写数据总线与 PLB 连接，对于每一个数据总线都有一个复杂的传输控制和状态信号。为了允许主机通过竞争来获得总线的所有权，有一个中央判决机构来授权对 PLB 的访问。

(3) 设备控制寄存器总线(DCR)。设备控制寄存器总线(DCR)是为在 CPU 通用寄存器(GPRs)和 DCR 的从逻辑设备控制寄存器(DCRs)之间传输数据而设计的。

3) MicroBlaze 的开发

应用 EDK(嵌入式开发套件)可以进行 MicroBlaze IP 核的应用开发。EDK 中提供了一个集成开发 XPS(Xilinx Platform Studio)图形界面，以便使用系统提供的所有工具，完成嵌入式系统开发的整个流程。EDK 中还带有一些外设接口的 IP 核，如 LMB、OPB 总线接口、外部存储控制器、SDRAM 控制器、UART、中断控制器和定时器等。利用这些资源，可以构建一个较为完善的嵌入式微处理器系统。

在 FPGA 上设计的嵌入式系统层次结构为 5 级。在最低层硬件资源上开发 IP 核，利用已开发的 IP 核搭建嵌入式系统的硬件部分，开发 IP 核的设备驱动、应用接口(API)和应用层(算法)。

EDK 中提供的 IP 核均有相应的设备驱动和应用接口，使用者只需利用相应的函数库，就可以编写自己的应用软件和算法程序。对于用户自己开发的IP核，需要自己编写相应的驱动和接口函数。

3. PowerPC嵌入式处理器简介

PowerPC是一种RISC架构的CPU，其基本的设计源自IBM的POWER(Performance Optimized With Enhanced RISC)架构。

PowerPC处理器应用范围广泛，小到消费类电子设备，大到超级计算机。包括从诸如Power4的高端服务器CPU到嵌入式CPU市场(任天堂的Gamecube使用了PowerPC)。PowerPC处理器具有优异的性能、较低的能量损耗以及散热量。

PowerPC有32个32位或64位GPR(通用寄存器)，以及诸如PC(程序计数器，也称为IAR/指令地址寄存器或NIP下一指令指针)、LR(链接寄存器)、CR(条件寄存器)等各种寄存器。有些PowerPC CPU还有32个64位浮点寄存器FPR。

IBM PowerPC 440和405处理器内核是32位的RISC CPU硬模块，它们被设计到Virtex系列FPGA架构内来实现高性能嵌入式应用。具有集成式协处理能力的硬PowerPC核组合实现了大量的性能优化选项。

带有先进CPU/APU控制器和高带宽纵横交换机的Virtex-5 FXT FPGA支持PowerPC 440处理器。纵横交换机可以实现高吞吐量128位接口和点到点连接功能。集成式DMA通道、专用存储器接口以及处理器本地总线(PLB)接口可以减少逻辑利用率、降低系统延迟并优化性能。同步I/O和存储器访问将数据传输速率最大化。

PowerPC 405得到了Virtex-4和Virtex-II Pro系列的支持，并整合了标量5级流水线、独立指令和数据缓存、1个JTAG端口、迹线FIFO、多个定时器和1个内存管理单元(MMU)。在Virtex-II Pro内使用PowerPC 405处理器需要ISE Design Suite 软件10.1.03版或更早的版本。

基于FPGA的嵌入式系统，将在网络、通信、消费类产品等多方面有着广阔的应用前景。

4. ARM核

ARM的Cortex-M0是32位RISC处理器，指令只有56个，执行Thumb指令集，包括少量使用Thumb-2技术的32位指令。该处理器可实现中断现场自动保存，具有极低的进入与退出中断的软件开销，确定的指令执行时间。在功耗与面积高度优化方面，该处理器适合应用于低成本、低功耗场合。Cortex-M0将很快在Xilinx FPGA中得到应用。

Xilinx新型7系列FPGA Zynq-7000 EPP是一款面向嵌入式系统的低成本、高灵活性的可扩展处理平台，它将ARM双核Cortex-A9、MPCore处理器与Xilinx 28 nm可编程逻辑完美地结合在一起，既提供了微处理器软件可编程的易用性，同时也提供了FPGA硬件可编程的灵活性。

2.5 硬件描述语言

硬件描述语言(Hardware Description Language，HDL)是用文本形式来描述数字电路的内部结构和信号连接关系的一类语言，类似于一般的计算机高级语言的语言形式和结构形式。设计者可以利用 HDL 描述要设计的电路，然后利用 EDA 工具进行综合(把 HDL 描述的系统转化成硬件电路信息)和仿真(模拟检测)，最后形成目标文件，下载到 PLD 实现设计的电路。使用 HDL 可以从上层到下层(从抽象到具体)逐层描述数字电路系统，用一系列分层次的模块来表示十分复杂的数字系统。硬件描述语言非常适合用于复杂的数字系统设计。

硬件描述语言已有近三十年的发展历史，成功地应用于数字系统开发的设计、仿真、综合和验证等各阶段，使设计过程达到高度自动化。20 世纪 80 年代，已出现了上百种硬件描述语言，它们各有所长，但众多的语言令使用者无所适从。因此，需要一种面向设计的多领域、多层次和普遍认同的标准硬件描述语言。20 世纪末，VHDL 和 Verilog HDL 语言符合这种要求，先后成为 IEEE 标准。此后，新的硬件描述语言不断推出，像 Superlog、SystemC、Cynlib C++ 和 C Level 等。

VHDL 的全称为“超高速集成电路硬件描述语言”(Very-high-speed integrated circuit Hardware Description Language)，1987 年被 IEEE 确认为标准硬件描述语言。自 IEEE 公布了 VHDL 的标准版本 IEEE-1076-1987 后，各种 VHDL 设计环境、设计工具和 VHDL 接口被相继推出。1993 年，IEEE 修订了 VHDL，从更高的抽象层次和系统描述能力上扩展了 VHDL 的内容，公布了 IEEE 标准的 1076-1993 版本。与 Verilog HDL 相比，VHDL 语言具有更强的行为描述能力，丰富的仿真语句和库函数，语法严格，书写规则较繁琐，入门较难。

Verilog HDL 于 1995 年被 IEEE 确认为标准硬件描述语言，即 Verilog HDL 1364-1995；2001 年发布了 Verilog HDL 1364-2001 标准。在这个标准中，加入了 Verilog HDL-A 标准，使 Verilog 有了模拟设计描述的能力。Verilog HDL 更适合 RTL(Register Transfer Level)和门电路的描述，是一种可描述较低设计层次的语言，故较为容易控制电路资源，常用在专业的集成电路设计上。Verilog HDL 具有 C 语言的描述风格，是一种较容易掌握的语言，语法自由，初学者容易出错。

Verilog HDL 和 VHDL 的共同的特点是：能抽象表示电路的行为和结构，支持逻辑设计中层次与范围的描述，可借用高级语言的精巧结构来简化电路行为的描述，具有电路仿真与验证机制以保证设计的正确性，支持电路描述由高层到低层的综合转换，硬件描述与实现工艺无关，便于文档管理，易于移植等。但 VHDL 对大小写不敏感，Verilog HDL 对大小写敏感。VHDL 的注释为 - -，Verilog 的注释与 C 语言相同，为 // 或 /* */。

HDL 可用于系统仿真和硬件实现。如果描述语言程序只用于仿真，那么几乎所有的语法和编程方法都可以使用。如果程序是用于硬件实现，就必须保证程序“可综合”，即程序的功能可以用硬件电路实现。不可综合的 HDL 语句在软件综合时将被忽略或者报错。所有 HDL 描述都可以用于仿真，但不是所有的 HDL 描述都能用硬件实现。

与原理图输入法相比，HDL 的可移植性好，使用方便；原理图输入的可控性好，效率高，比较直观。使用 CPLD/FPGA 设计复杂系统时，一般采用原理图和 HDL 结合的方法。

两种 HDL 语言可以任选一种自学，学会其中之一，另一种也很容易掌握。虽然本书实例一般涉及到两种 HDL，但建议读者学精一种。下面对两者做最基础的介绍。

2.5.1　VHDL 简介

VHDL 源文件一般包括库(library)、实体(entity)和结构体(architecture)三部分。一个简单逻辑门电路的 VHDL 程序结构如图 2-24 所示。

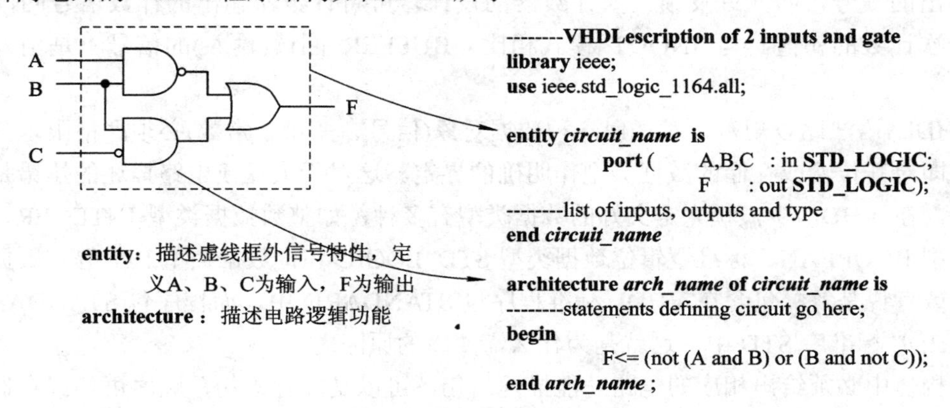

图 2-24　VHDL 的程序结构

第一句的 library 是关键词(所有关键词不区分大小写，关键词一般显示为蓝色)，library ieee 表示打开 IEEE 库；第二句的 use 也是关键词，use ieee.std_logic_1164.all 表示允许使用 IEEE 库中的 std_logic_1164 的所有内容，如变量类型定义、函数、过程、常量等。由于例子中的 STD_LOGIC 类型定义在 STD_LOGIC_1164 的程序包中，此包由 IEEE 定义，而且此程序包所在的程序库的库名也称为 IEEE，但 IEEE 库不属于 VHDL 标准库，所以在使用其库中内容前，必须事先给予声明。

使用库和程序包的格式是：

LIBRARY　<设计库名>;

USE　<设计库名>.<程序包名>.ALL;

实体以关键词 entity(不区分大小写)开始，由 end entity 或 end 结束(IEEE STD 1076_1987 的语法)。实体描述电路器件的外部特性，给电路一个命名以及定义所有输入和输出端口的基本性质。斜体部分是需要用户命名的。

结构体以关键词 architecture 引导，以 end architecture 或 end 结束(IEEE STD 1076_1987 的语法)。结构体描述电路器件的内部逻辑功能或电路结构。

上述例子中的实体名为 circuit_name，具体取名由设计者自定。最好根据相应电路的功能来确定，如 4 位二进制计数器，实体名可取为 counter4b；8 位二进制加法器，实体名可取为 adder8b 等。需要特别注意的是，一般不用数字打头或中文定义实体名，也不能用 EDA 工具库中已定义好的元件名作为实体名，如 or2、latch 等。

实体中的 PORT 语句描述电路的端口及端口模式。可综合的端口模式有 4 种，分别为 IN、OUT、INOUT 和 BUFFER，用于定义端口上数据的流动方向和方式，具体描述如下：

(1) IN 定义的通道为单向输入模式，规定数据只能通过此端口被读入实体中。

(2) OUT 定义的通道为单向输出模式，规定数据只能通过此端口从实体向外流出，或者可以说将实体中的数据向此端口赋值。

(3) INOUT 定义的通道为输入输出双向端口。如 RAM 的数据端口，单片机的 I/O 口。

(4) BUFFER 的功能与 INOUT 类似，主要区别在于当需要输入数据时，只允许内部回读输出的信号，即允许反馈。如计数器的设计，可将计数器输出的计数信号回读，作为下一次计数的初值。与 INOUT 模式相比，BUFFER 回读(输入)的信号不是由外部输入的。

VHDL 语法比较规范，对任何一种数据对象(信号、变量、常数)必须严格限定其取值范围，即对其传输或存储的数据类型作明确的界定。这对于大规模电路描述的排错是十分有益的。在 VHDL 中，预先定义好的数据类型有多种，如整数数据类型 INTEGER、布尔数据类型 BOOLEAN、标准逻辑位数据类型 STD_LOGIC 和位数据类型 BIT 等。数据类型的定义或者说是解释包含在 VHDL 标准程序包 STANDARD 中，而程序包 STANDARD 包含于 VHDL 标准库 STD 中，这就是为什么需要库的原因之一。

结构体中必须给出相应的电路功能描述语句，可以是并行语句，顺序语句或它们的混合。VHDL 要求赋值符“<=”两边的信号的数据类型必须一致。VHDL 共有七种基本逻辑操作符，分别为 AND(与)、OR(或)、NAND(与非)、NOR(或非)、XOR(异或)、XNOR(同或)和 NOT(取反)。信号在这些操作符的作用下，可构成组合电路。逻辑操作符所要求的操作数(操作对象)的数据类型有三种，即 BIT、BOOLEAN 和 STD_LOGIC。

了解了上述内容，就可以用 VHDL 描述一个基本的逻辑电路。但是有效地使用 VHDL 描述一个更复杂的电路，就需要读者花费时间阅读相关教材并进行实际设计训练。一般地，VHDL 文件名可以由设计者任意给定，但最好与文件实体名相同。文件扩展名必须是“.vhd”，如 ADDER8b.vhd。

使用 VHDL 还可以产生一个用于仿真的独立的 VHDL 源文件，即所谓的测试文件“test bench”。方法是新建一个源文件，选择图 2-11 中的文件类型为“VHDL Test Bench”，ISE 自动给出仿真文件模板，与波形编辑仿真相比，使用 Test Bench 可以方便地产生更宽范围的激励，尤其对时序输入信号。使用 ISE/WebPack 的仿真器可以方便地验证设计。

一个 Test Bench 源文件可以像设计源文件一样加入工程。Test Bench 与其他 VHDL 源文件一样，仍然需要一个 entity-architecture 对，但它的 entity 是空的(见 VHDL Test Bench 文件实例)，将被仿真的 VHDL 源文件看做元件。VHDL Test Bench 类似于 VHDL 用于复杂设计的结构设计，任何 VHDL 源文件可以作为另一源文件的元件，很像将原理图设计打包为一个宏符号用于另一设计中。一个低层次的 VHDL 作为元件用于高层次的源文件中，将产生一个分等级的层次化结构设计，这是进行一个复杂设计最好的方法。VHDL Test Bench 使用这种结构化方法可以很方便地产生源文件的仿真输入，并且这个输入清晰简明。

下面是一个简单工程的 VHDL Test Bench 文件，假设工程实现简单逻辑“Y<= (not A and B) or C”。VHDL Test Bench 文件实例如下：

```
Library ieee;
use ieee.std_logic_1164.all;
use ieee.std_logic_unsigned.all;
use ieee.numeric_std.all;
```

Standard file header containing library and package definitions.

```
entity lab5test_bench is
end lab5test_bench;
```

An "empty" entity statement required for all test bench source files. The entity name can be any legal string.

```
architecture test of lab5test_bench is

  component ex1
       port( a, b, c   : in std_logic;
             y   : out std_logic);
  end component;
```

The entity under test (EUT) must be declared as a component. The port must exactly match the port statement from the EUT.

```
  signal a, b, c, y : std_logic;
```

All signals that attach to entity port pins must be declared as signals.

```
begin

  EUT: ex1 port map(a => a,
                    b => b,
                    c => c,
                    y => y);
```

The EUT must be instantiated. The port map statement maps the declared signals to the port pins of the EUT. It is common to use matching signal and port pin names.

```
  process begin

    a <= '0';
    b <= '0';
    c <= '0';
    wait for 100 ns;
    a <= '1';
    wait for 100 ns;
    b <= '1';
    wait for 100 ns;
    c <= '1';
    wait for 100 ns;
    a <= '0';
    wait for 100 ns;
    b <= '0';
    wait for 100 ns;
    c <= '0';

  end process;
end test;
```

Statements to define input stimulus are placed in a process statement so that the "wait" statement can be used to control the passage of time.

2.5.2　Verilog HDL 简介

Verilog 可以在系统级、算法级、RTL 级、门级和开关级等多种抽象设计层次上描述数字电路。模块(module)是 Verilog 的基本单元。每个 Verilog 设计的系统都是由若干模块组成的。模块具有以下特点：

- 模块以关键词 module 开始，以关键词 endmodule 结束。
- 模块的实际意义是代表硬件电路上的逻辑实体，每个模块都实现特定的功能。
- 模块的描述方式分为行为描述和结构描述两种。
- 模块之间是并行运行的。
- 模块是分层的，高层模块通过调用低层模块来实现复杂的功能。

无论多么复杂的系统，总能划分成多个小的功能模块。一个模块是由两部分组成的，一部分描述接口，另一部分描述逻辑功能，即定义输入是如何影响输出的。模块的结构如下：

```
module  模块名(端口);
    (<端口列表及定义>);
    assign <描述电路器件的内部逻辑功能或电路结构>;
endmodule
```

所有的 Verilog 程序都以 module(模块)声明语句开始，模块名用于命名该模块，一般与实现的功能对应。紧随其后的是一个输入、输出端口信号列表，包含信号名、方向和类型。输入输出信号的方向由 input，output 及 inout(双向信号)语句声明。信号类型可以是 wire 或 reg。用 assign 赋值语句来定义输入输出逻辑关系。assign 为并发语句，所以在程序中可以用任意的顺序来书写各输出赋值语句。endmodule 标识模块结束，之后没有分号，其他语句之后必须有分号。

Verilog 注释之前用 //，和 C 语言一样，也可以将注释放在 /*…*/ 之间。Verilog 对于大小写敏感，所有关键词是小写，定义变量时要注意区分大小写，比如，D 和 d 认为是两个不同的变量。下面给出几个实例。

例 1　下面的程序通过连续赋值语句描述了一个名为 compare 的比较器。对两位数 a、b 进行比较，如 a 与 b 相等，则输出 equ 为高电平，否则为低电平。在这个程序中，// 之后的内容是注释，注释是规范编程的重要组成部分。

```
module compare (equ，a，b);
    input [1:0]    a, b;                    //声明输入信号 a、b
    output equ;                             //声明输出信号 equ
    assign equ =(a==b)？1:0;                //a=b，equ=1 否则为 0
endmodule
```

例 2　用连续赋值语句描述了一个名为 adder 的 3 位加法器，根据两个 3 位数 a、b 和低位进位(cin)计算出和(sum)和进位(count)。从例子中可以看出整个 Verilog HDL 程序是嵌套在 module 和 endmodule 声明语句里的。

```
module adder ( count,sum,a,b,cin );
    input [2:0]    a,b;
    input cin;
    output count;
    output [2:0]    sum;
    assign {count,sum} = a + b + cin;
```

```
endmodule
```

例3　本程序描述了一个名为tri3的三态驱动器。程序通过调用一个在Verilog语言库中的三态驱动器实例元件bufif1来实现其功能。

```
module tri3(out,in,enable);
    output out;
    input in, enable;
    bufif1 mybuf(out,in,enable);
endmodule
```

例4　模块调用，这个程序通过另一种方法描述了一个三态门。在这个例子中存在着两个模块，模块trist调用由模块mytri定义的实例元件tri_inst。模块trist是顶层模块。模块mytri则被称为子模块。

```
module trist(out,in,enable);
    output out;
    input in, enable;
    mytri tri_inst(out,in,enable);            //调用由 mytri 模块定义的实例元件 tri_inst
endmodule
module mytri(out,in,enable);
    output out;
    input in, enable;
    assign out = enable? in : 'bz;
endmodule
```

例5　采用“assign”语句是描述组合逻辑最常用的方法之一。而“always”块既可用于描述组合逻辑也可描述时序逻辑。下面的例子用“always”块生成了一个带有异步清0端的D触发器。“always”块可用很多种描述手段来表达逻辑，本例中用了if...else语句来表达逻辑关系。

```
module Dflipflopcs (
        input wire clk,
        input wire D,
        input wire clr,
        output reg q
    );
        always @(posedge clk or posedge clr)
            if(clr) q <= 0;    //使用了非阻塞语句运算符“<=”
            else    q <= D;  //“<=”要等到 always 块结束后才完成变量赋值操作
endmodule
```

如果用Verilog模块实现一定的功能，首先应该清楚哪些是同时发生的，哪些是顺序发生的。上述例子分别采用了“assign”语句、实例元件(库元件)和“always”块，这三个描述如果在一个Verilog文件中，则它们是同时执行的，也就是并发的。然而，在“always”模块内，逻辑是按照指定的顺序执行的，称为“顺序语句”。但两个或更多的“always”模块是同时执行的。

使用 Verilog 也可以产生一个用于仿真的独立的源文件，类似于“VHDL test bench”，在后续实例中有介绍，在此不再赘述。

参考文献和相关网站

[1] 软件和设计工具. http://www.xilinx.com/products/design-tools/ise-design-suite/
[2] Xilinx 软件工具 PlanAhead 介绍. http://bbs.eeworld.com.cn/viewthread.php?tid=321149
PlanAhead 视频演示. http://www.youku.com/playlist_show/id_6099566.html
[3] PicoBlaze 学习笔记. http://blog.ednchina.com/tengjingshu/194096/message.aspx
[4] PicoBlaze——8 位软核. http://china.xilinx.com/products/ipcenter/picoblaze-S3-V2- Pro.htm
[5] http://baike.baidu.com/view/3628265.html?fromTaglist
[6] PicoBlaze 处理器 IP Core 的原理与应用. http://www.21ic.com/app/eda/200412/1849.htm
[7] microblaze. http://baike.baidu.com/view/1751580.htm
[8] Electrical Engineering and Computer Sciences University of California, Berkeley. EECS150-Digital Design. http://www-inst.eecs.berkeley.edu/~cs150/ -lec09-cpu.pdf
[9] Online FPGA training courses. http://www.xilinx.com/training/free-video-courses.htm#FPGA
[10] 用户约束文件的编写. http://wenku.baidu.com/view/3c77874769eae009581bec7e.html
[11] 静态时序分析(STA)在高速 FPGA 设计中的应用. http://hi.baidu.com/gilbertjuly/blog/item/8e234502af3dfce609fa93d6.html
[12] http://www.digilent.cn/Products/Detail.cfm?NavPath= 2,400,910&Prod=NEXYS3
http://china.xilinx.com/products/technology/embedded-processing/index.htm
[13] http://support.xilinx.com
[14] VHDL 介绍. http://www.fpga-cpld.com/artical/vhdl/010/
[15] ug612 Timing Closure User Guide 2012.pdf
[16] FPGA 设计时序收敛. http://wenku.baidu.com/view/6f23ba4d2b160b4e767fcf78.html
[17] Sample_Chapter Design Constraints ang Optimization.pdf
[18] wp331 Timing Closure 6.1i.pdf
[19] ug373 Virtex-6 FPGA PCB Design Guide.pdf
[20] ug393 Spartan-6 FPGA PCB Design and Pin Planning Guide.pdf
[21] slides2 Basic FPGA Rrchitectures.pdf
[22] Achieving Timing Closure.pdf
[23] http://www.docin.com/p-406857258.html

第二部分　传统数字电子技术实验

目前，在实际数字系统中，中小规模数字逻辑器件已逐步退出市场。但是基于中小规模器件的传统数字电路实验，比如，门电路参数测试，系统连线和调试等，有助于理解大规模集成器件的电压、电流和时间等参数，正确使用IC以及掌握不同IC之间的接口问题，也有助于进一步熟悉各种仪器设备的使用。因此，有必要保留一部分传统实验，在此基础上，通过硬件描述语言实现数字电子技术基本的组合逻辑和时序逻辑电路功能，锻炼学生对于现代数字电路设计和调试的能力。

在实验之前，需要强调一点：实验中遇到问题是一个很好的锻炼机会，心态一定要积极，离开实验室最晚也许收获是最多的。目前，各个高校的实验基本是全班同学同时进行，每个同学都是同一内容，同一环境和模式，甚至指导书都给予了实验的详细步骤或答案，这样同学之间难免以完成实验的时间长短论优劣。在此心态下若遇到问题一定会觉得自己倒霉，心态完全是悲观消极且急躁的。自从教以来，这种现象在作者指导的多门实验课程中经常遇到。因此，需要特别强调心态的调整，一个人学习成绩的高低或实验时间的长短都不能说明他的科学研究技能。学生最终需要练就的是独立分析问题、定位问题和解决问题的能力。因此，实验中能遇到问题是件好事，要调整心态，冷静思考，由现象分析问题，定位问题，然后解决问题。这样才能不断提高动手能力和科学研究技能，这也是实验的最终目的。同时，遇到问题时也不要急于求助老师，要养成一个独立解决问题的习惯，才能在实验中大有收获。

第 3 章　传统数字电路基础实验

学习传统的手工设计方法对于深入理解现代数字技术是有益的。加拿大多伦多大学数字电路教材《Fundamentals of Digital Logic》的作者 Stephen Brown 说：“虽然现代设计人员已经不再使用手工设计技术了，但手工设计可以让学生直观地了解数字电路是如何工作的。手工技术还可以对 CAD 工具操作的类型提供说明，让学生了解自动化设计技术的优点”[1]。

3.1　传统数字电路实验过程简介

传统数字电路实验一般都是在面包板上搭建电路，使用电源、信号源、示波器和万用表等仪器设备验证电路功能。这些仪器设备在之前很多课程的实验中都用到过，而且不同实验室使用的型号也各不相同，在此不作介绍。很多学校为了节省学生实验时间，往往将元器件和面包板提前发放给学生，走进实验室之前要求学生设计、搭建好电路。以下通过 ET-3200A 学习机介绍面包板的使用、数字电路所需输入信号、器件、电路连接、通电、测试和故障排除等问题。

3.1.1　电路连接及注意事项

ET-3200A 学习机提供了一个很方便的数字电路实验环境。ET-3200A 的面板如图 3-1 所示，最顶端为总的电源开关。它包含了七个部分：① LOGIC INDICATORS，监控输出逻辑状态的逻辑显示器 LED，L1～L4 端接高电平时对应的 LED 亮(L1～L4 经过一反相器分别控制对应的 LED，LED 阳极通过限流电阻接电源)；② CLOCK，可以提供 1 Hz、1 kHz 和 100 kHz 的时钟信号；③ LOGIC SWITCHES，提供多个逻辑开关；④ POWER SUPPLY，提供了数字电子技术实验中常用的直流电压 +12 V、GND、－12 V 和 5V；⑤ LINE SOURCE，提供 50 Hz 的方波信号；⑥ DATA SWITCHES，提供多个数字开关；⑦ BREAD BOARDING SOCKET，提供学生实验所用的面包板。上述的前六个资源可以给数字电路提供电源、输入信号和检验输出结果。ET-3200A 提供了 21 个连接模块(CONNECTOR BLOCKS)，每个连接模块上的四个插孔为一个节点，在学习机内部连在一起，方便实验连线。面包板在学习机的最下面，分上下两部分，每部分垂直的五个插孔内部分别连在一起。单独的一块面包板，除了上下两部分垂直的五针插孔外，上下分别还有两排横着的五针插孔，一般用于连接电源和地。因此，可以方便地在面包板上搭接设计好的电路，检查连线无误时，接通学习机左上角的电源，即可进行实验测试。在没有 ET-3200A 学习机的实验环境下，需要用单独的电源和信号发生器提供电源和信号，为了验证实验结果，还需要示波器、万用表等。

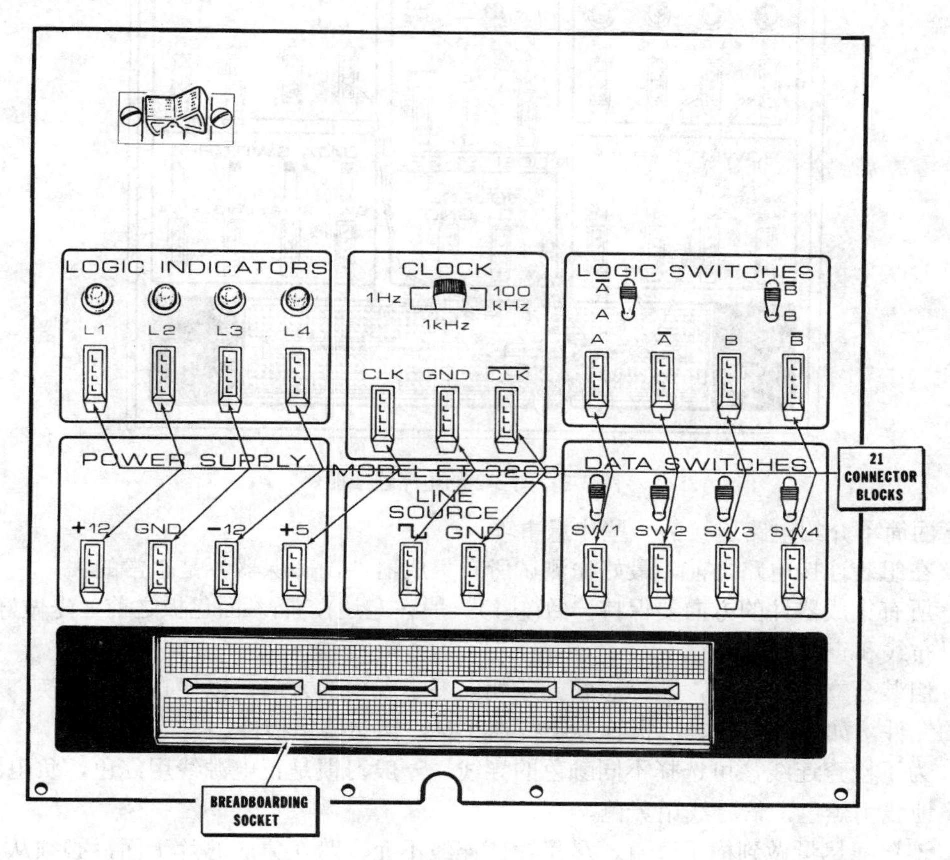

图 3-1　ET-3200A 学习机

下面用一个例子介绍学习机的使用和电路连接。用 TTL 四 2 输入与非门 7400 实现的 RS 触发器原理如图 3-2 所示，虚线框内为要连接的电路，虚线框外是要提供的信号和输出验证部分。根据电路连线要求，在 ET-3200A 学习机上的连线如图 3-3 所示。

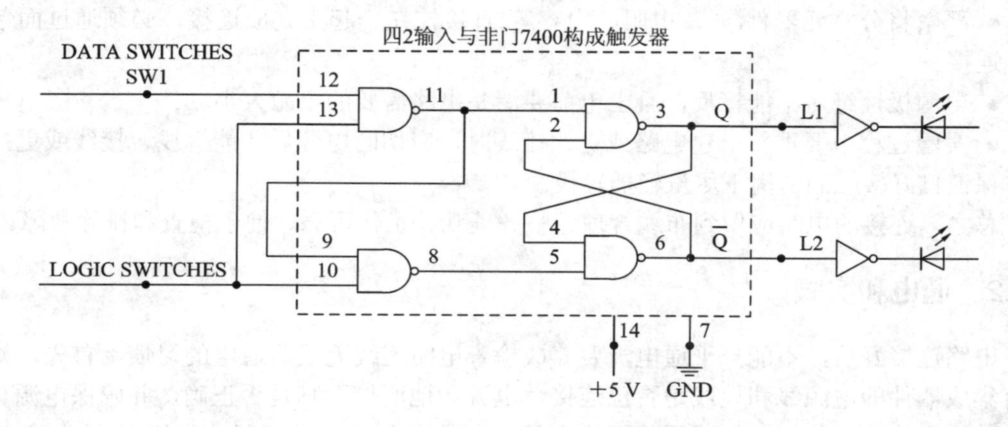

图 3-2　RS 触发器电路原理图

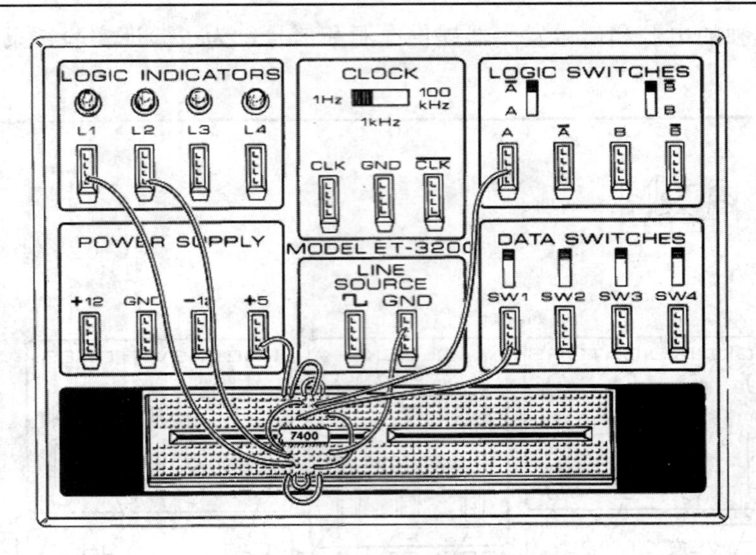

图 3-3　图 3-2 的电路连线图

下面简单介绍电路连接的一些注意事项：

● 在组装连接电路之前，最好先测试所有集成器件，确保器件是正常的。

● 所有集成器件的方向要保持一致(缺口一般在左边)，插入面包板之前，先做好布局，以便于布线和查找故障。

● 组装分立元器件时，其标志朝上或朝向易于观察的方向，以便查找和更换，对于有极性的元件，如电解电容、二极管等要特别注意，切勿搞错极性。

● 为了检查连线，可选择不同颜色的导线，一般习惯是正电源线用红色，负电源线用蓝色，地线用黑色，信号线用黄色。

● 连接线尽量做到横平竖直，尽量短。连线不允许跨在集成芯片上面，必须从其周围通过，同时应尽可能做到连线不互相重叠，不从元器件上方通过。

● 正确处理 IC 的多余输入端。IC 不使用的输出端绝对不允许接在一起(除 OC 门、OD 门和三态门)，不允许输出与电源或地接在一起。

● 为使电路能够正常工作与调试，所有地线必须连接在一起，形成一个公共参考点。

● 严禁将分立元器件(如，电阻、电容等)直接拧在一起来完成连接，必须通过面包板插孔连接。

● 电源极性绝对不能接反，且上电前要清楚电路需要的电源大小。

● 实验过程中要重新搭建电路或更改接线时，应切断电源后才能拆线、接线或更换器件，保证良好接触的前提下尽量轻插轻拔。

总之，连接的电路应做到布线合理、整齐美观、工作可靠、便于检查和排除故障。

3.1.2　通电和实验

电路连接好后，不能急于通电，要养成检查电路连线无误后通电的习惯。首先，检查所有集成器件的电源线和地线是否已连接，电源和地所接引脚是否正确，并确保电源与地线之间没有短路。然后，按照原理图检查是否有错线(一端正确而另一端错误)、少线(连线时漏掉的线)、多线(不存在的线)和短路等。在检查连接线时，最好用数字万用表带有蜂鸣器的“Ω”挡，或用指针式万用表“Ω×10”挡来测量，而且要尽可能直接从元器件的引脚测量，这样的好处是可以发现连线接触不良的地方。最后，上电前万分重要的一点是清楚该加多大的电源电压，74系列逻辑门芯片的电源均为+5 V，波动不允许超过±10%，超过5.5 V将损坏器件，低于4.5 V器件的逻辑功能将不正常。电源极性绝对不能接错。

按照上述过程检查无误的情况下，给电路加上实验中所需的直流电压，但接通电源后不要急于实验或测量，要充分调动五官，注意是否有冒烟、异味、异声、器件发烫等异常现象出现，若出现异常现象应立即关掉电源，排除故障后方可重新加电实验。

实验前要清楚做什么，怎么做，如何测试，以及实验结果的正确性。要回答这些问题，必须要做好实验的预习和准备工作。很多学生进入实验室根本不清楚要干什么，而是等着老师手把手一步步地引导着做，这样的实验效果可想而知。因此，实验环节一定要加强实验的预习和准备工作，进实验室时老师要做好检查并形成制度，采取预习与成绩挂钩等政策强化这一环节。预习要做到思路清晰，实验任务明确。撰写的预习报告要回答实验内容中提出的所有问题，给出所需芯片引脚结构图和电路设计图及主要的操作步骤等，报告中也可以增加自己期望实验验证的内容。

实验中应仔细观察实验现象，认真记录实验条件、数据、波形和现象等。实验结束后，切断电源，并将仪器设备、工具和导线等按规定整理好。

按时提交实验报告，报告中要包含使用仪器设备的规格、实验线路图，并标明元器件参数或型号；将实验记录整理成数据表格或绘制出曲线、波形图等；对实验结果进行分析讨论，对实验过程中遇到的故障现象及处理方法也要作出描述和分析；回答实验内容中的问题；报告中还可以包含对实验有何收获、有何改进意见等内容。

3.1.3 数字电路的故障查找和排除

在任何实验中，出现问题是难免的。重要的是要通过实验出现的故障问题，积累分析故障、定位故障及排除故障的经验方法。一般来说，主要有四个方面的原因引起故障[2]，分别为接线错误、器件故障、电路设计错误和测试方法不正确。

接线错误是最常见的错误，据统计，在教学实验中，大约有70%以上的数字实验故障是由接线错误引起的。常见的接线错误包括忘记接器件的电源和地线；连线与插孔接触不良；连线多接、漏接或错接；连线过长过乱造成干扰等。接线错误造成的现象多种多样。因此，为了克服接线错误，实验时要熟悉所用器件的功能及引脚图，一定要按照电路连接注意事项认真接线。

器件故障是器件失效或器件使用不当引起的故障，如果在接线都没有问题的情况下，可以检查器件是否有引脚折断或某引脚没有插入插孔中，确保器件与面包板可靠接触，如果器件接插没有问题，可以更换另一功能正常的器件，再进行测试，如果测试正常说明是器件问题。否则，需进一步查找故障的原因。必须注意：绝对不能带电插、拔器件，所有元器件更换或更改电路连线时，必须在切断电源后进行。

电路设计错误一定会造成与预期结果不一致的现象，原因主要是对实验要求没理解或没有很好掌握所用的器件原理而设计出错误的原理图，这要求大家实验前一定要正确理解实验要求，掌握实验原理，给出优化逻辑图及实物引脚接线图。

测试方法不正确有时也会引起观测错误。比如，如果用示波器观察一个稳定的波形，而示波器没有同步，就会发生波形不稳的假象。因此，学会正确使用仪器、仪表是实验教学的一个重要环节。

数字电路实验中，经常会出现上述因素以外的错误：① 不加电源，由于电路原理图中一般不出现电源和地的原因，因此这种低级错误在实验中也常见。② IC 的输入输出不对应，一个集成门内部往往包含多个独立的逻辑门，比如 74LS03 包含四个独立的 2 输入与非 OC 门，每个门都有其对应的输入和输出引脚，决不能张冠李戴将输入接到某门的对应输入引脚端(比如，芯片 1 和 2 引脚)，而从另一门的输出引脚端(比芯片的 6 引脚)引出信号。

3.2 集成逻辑门参数测试实验

集成逻辑门是数字逻辑电路的基本单元，通过该实验加深对所学集成门电路的逻辑功能和各种参数的理解，这对正确使用大规模集成器件也有很大帮助。

3.2.1 实验目的

(1) 进一步学习信号源、示波器和电源等常用电子仪器的使用；
(2) 熟悉集成逻辑门的封装及引脚命名，了解集成逻辑门的常用型号；
(3) 掌握集成门电路的逻辑功能和数字电路连接方法；
(4) 理解 TTL 和 CMOS 逻辑门主要参数的意义及掌握测试方法；
(5) 清楚 TTL 和 CMOS 逻辑门电路的区别。

3.2.2 实验思路和实验前准备

实验的预习是实验环节非常重要的一步，决定了实验的成败和实验收获的大小。进入实验室时，建议实验指导老师检查预习报告。本实验要求学生完成以下预习内容。

1. 了解 TTL、CMOS 逻辑门的区别、型号，学会查找集成门资料

集成逻辑器件主要有 TTL 和 CMOS 两种类型。

TTL 集成门的型号主要以 74 打头，即 74 系列，它是国际上通用的标准电路。其品种可分为以下几类：标准系列(74××)、74 改进高速型(74H××)、肖特基(Schottky)型(74S××)、高速型(74F××)、低功耗型(74L××)、低功耗肖特基型(74LS××)、改进肖特基型(74AS××)和改进低功耗肖特基型(74ALS××)等。其中 74LS 系列的平均传输延迟时间与标准 74 系列相近，但功耗仅为标准 74 系列的五分之一，除此之外，74LS 系列还具有便于与 CMOS 电路连接、工作可靠、电源电流可瞬间变小等优点，故得到广泛应用。54 系列是军用系列。国产 TTL 集成电路有 T1000、T2000、T3000 和 T4000 四个优选系列。T4000 系列相当于 54/74LS 低功耗肖特基系列，对于后缀序号(即上述型号中的××)相同的 TTL 集成门，其电特性参数，如功耗 P_D、传输延时时间 t_{pd}、V_{OH}、V_{OL}、V_{IL}、V_{IH}、I_{IL}、I_{IH}、I_{OH}、I_{OL} 等有所不同，但其引脚排列与逻辑功能是完全一致的。比如，7400 与 74LS00 的引脚排列与逻辑功能是完全相同的。

国际上通用的 CMOS 数字集成电路主要有美国 RCA 公司最先开发的 CD4000 系列、

美国摩托罗拉公司(Motorola)开发的 MC14500 系列(即 4500)以及我国上海元件五厂开发的 CC4000B 标准型 CMOS 系列，CC4000B 系列与国际上同序号产品可互换使用。之后发展了民用 74 高速 CMOS 系列电路，其逻辑功能及外引线排列与相应的 TTL74 系列相同，工作速度相当，而功耗却大大降低。该系列常用的有两类，分别是 74HC 系列和 74HCT 系列，74HCT 系列为 TTL 电平，可以与同序号 TTL74 系列互换使用。CMOS 集成门的型号与 TTL 类似，后缀序号靠前的多数都是门电路，比如，4000 是双 3 输入或非门加 1 输入反相器复合逻辑门、4001 是四 2 输入或非门、4011 是四 2 输入与非门等。CMOS 集成电路的主要优点是：① 功耗低；② 高输入阻抗，通常大于 $10^{10}\,\Omega$；③ 接近理想的传输特性，输出高电平可达电源电压的 99.9% 以上，低电平可达电源电压的 0.1% 以下，因此输出逻辑电平的摆幅很大，噪声容限很高；④ 电源电压范围广，可在 +3 V～+18 V 范围内正常运行；⑤ 扇出系数非常大，但在高频时，后级门的输入电容将成为主要负载，使其扇出能力下降，所以在较高频率下工作时，CMOS 电路的扇出系数一般取 10～20。

书中介绍的 IC 型号非常有限，在以后的学习或工作中会遇到很多不熟悉的器件，需要学习器件资料的查找方法。网络是一个很大的资源库，要学会充分利用丰富的网络资源。比如，设计中要用到四输入与非门但又不清楚其型号，可以在搜索网站上，比如 www.google.com.hk，键入关键字“四输入与非门”，则能得到许多的相关信息，可以清楚 74LS20 为其中一种。掌握了器件型号，一些网站上可以下载器件的详细技术资料，如 http://www.icpdf.com/，http://www.21ic.com/，http://buy_ic.com/，http://www.p8s.com/，http://www.icbase.com/，http://www.icminer.com/，http://www.laogu.com/等。鉴于目前多数读者都具备上网条件，本书所使用的器件不再给出实验所需的器件详细信息，读者可以通过网络获取详细的资料。

2. 掌握集成门电路封装、引脚排列、符号标注等特点

目前使用的大多数中小规模集成电路采用了双列直插式封装(Dual-In-line Package，DIP)，外形如图 3-4 所示，不同的 IC 脚间距一般相同，方便电路的组装与连接。集成芯片的一个边沿上有一个缺口作为引脚编号的参考标志，如果将芯片插在实验板上且缺口朝左边，则引脚的排列规律为左下管脚为 1 引脚，其余以逆时针方向从小到大顺序排列；一般引脚数为 14、16、20 等。对于中小规模的集成电路，绝大多数情况下，电源从芯片左上角的引脚接入(图 3-4 中 14 脚)，地接右下引脚(图 3-4 中 7 脚)，即该芯片的左上角为电源端，右下角为地端。但也有个别例外，如 16 引脚的双 JK 触发器 74LS76，其引脚 13 是地(不是引脚 8)，引脚 5 是电源(而不是引脚 16)，因此使用任何集成电路器件时，必须看清楚器件手册中的引脚分配、功能等信息。

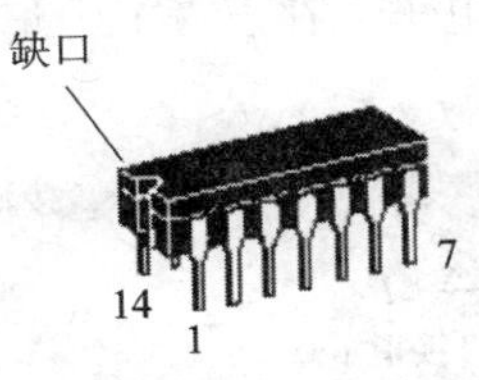

图 3-4 双列直插式封装集成组件

一块集成门中可集成若干个(1、2、4、6 等)同样功能但又各自独立的门电路。比如，

74LS00 是 14 引脚双列直插式集成芯片，内部集成了四个独立的 2 输入与非门，每个与非门的输入和输出与引脚对应关系如图 3-5 所示。

集成逻辑门就像确定了输入和输出以及逻辑功能的“黑盒子”，其核心可能是比较复杂的电路。对使用者而言，不必关心内部电路细节，但需要熟悉器件的逻辑功能、引脚排列以及各种参数等才能设计出正确的电路。

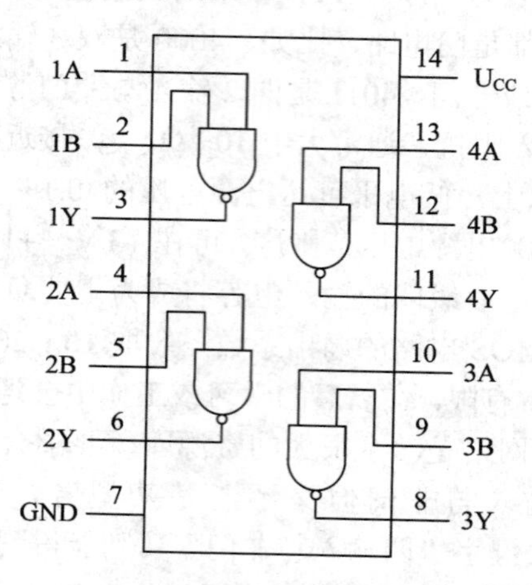

图 3-5　74LS00 内部接线图

3. 撰写预习报告

预习内容包括浏览实验内容，理解各部分实验的电路原理，回顾逻辑门电路的传输特性、噪声容限、驱动能力、输入负载特性、OC 门和三态门等知识，下载实验中所用器件的 pdf 文件，熟悉所用集成电路器件的符号图、引脚排列图、电压和电流参数以及传输延时等。

预习报告要按照实验内容的顺序撰写，设计实验需要的全部记录表格或者标注记录数据和波形的提示；回答实验内容中提出的问题；完善或补充实验中的引线连接图，同时报告要体现进入实验室后的实验步骤或思路。

3.2.3　实验内容和步骤

为了节省连线时间，实验中采用的 CMOS 门为 74HC00，它与 74LS00 管脚排列和功能相同，TTL 实验之后无需更改电路连线，断电更换器件后，即可进行 CMOS 门实验。

1. TTL 和 CMOS 与非门逻辑功能测试

(1) 按照图 3-6(a)用 74LS00 在学习机上连接电路，指示灯用 LED。改变逻辑输入 A、B 的状态，用万用表测量 F 的逻辑电平，在表 3-1 中记录不同输入取值组合时的 F 电平和 LED 的亮灭状态。

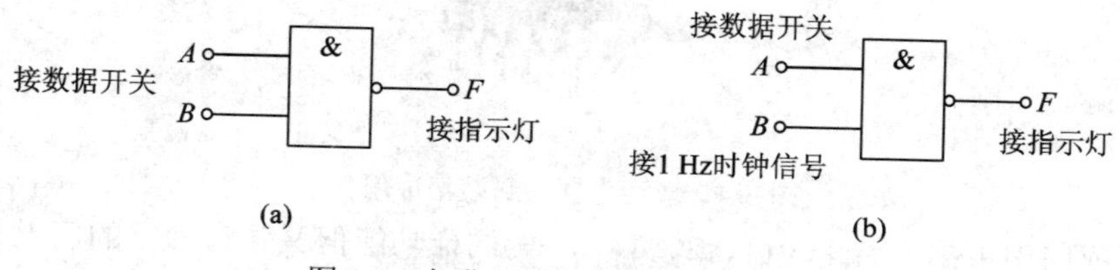

图 3-6　与非门逻辑功能测试接线图

表 3-1 与非门逻辑功能真值表

输入		输出	
A	B	LED 显示状态	F
0	0		
0	1		
1	0		
1	1		

(2) 按照图 3-6(b)用 74LS00 在学习机上连接电路，指示灯用 LED。观察 A 作为控制端时对与非门的控制作用，B 接 1 Hz 时钟信号，记录 A 分别为逻辑 0 和 1 时输出 F 所接 LED 的亮灭情况。

(3) 断开电源，将 74LS00 更换为 74HC00，重复上述(1)和(2)步骤的实验，记录实验数据。在实验报告中分析逻辑功能，说明若 A 作为控制端时，与非门实现的功能。

2. TTL 和 CMOS 与非门电压参数与传输特性测试

门的输出电压 v_O 随输入电压 v_I 而变化的曲线 $v_O = f(v_I)$ 称为门的电压传输特性，通过它可得到门电路的一些重要电压参数。如，输出高电压 V_{OH}、输出低电压 V_{OL}、关门电压 V_{off}、开门电压 V_{on}、阈值电压及噪声容限等值。

用 74LS00 搭建如图 3-7 所示的电压传输特性测试电路。调节电位器改变输入电压，测出相应的输出电压填写在测试表格 3-2 中。说明 TTL 的阈值电压是多少。

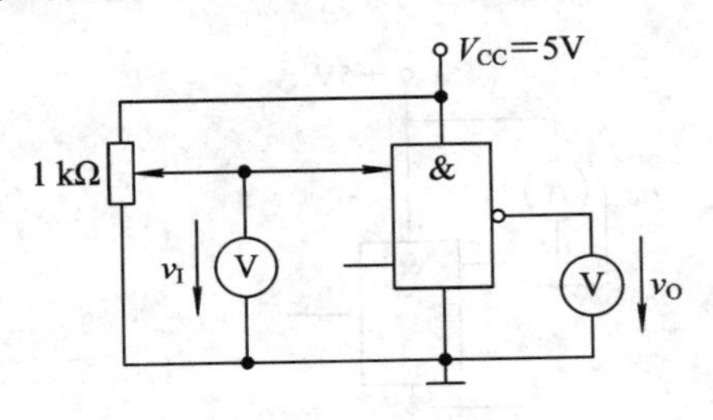

图 3-7 TTL 与非门传输特性测试

表 3-2 TTL 与非门电压传输特性

v_I(V)	0	0.5	0.8	0.95	1.0	1.1	1.2	1.3	1.4	1.5	2	3	4	5
v_O(V)														

断电将 74LS00 更换为 74HC00，电源电压仍为 5 V，设计 CMOS 逻辑门传输特性测试表格，设计表格时要清楚输入高低电平的逻辑范围和 CMOS 门阈值电压是多大，在关键点附近要增加几个测试点。实验前要清楚在测试 CMOS 传输特性时，图 3-7 中的一个悬空输入端该如何接线。

实验结束后，用坐标纸描出电压传输特性曲线，分析由该特性获得的输入和输出高、低电平电压参数 V_{OH} 和 V_{OL} 与器件手册上是否一致。分别计算实验得到的 TTL 和 CMOS 逻辑门的高、低电平噪声容限。比较说明 TTL 和 CMOS 逻辑门的抗干扰能力。

3. TTL 与非门电流参数测试及扇出数计算

1) 低电平输入电流 I_{IL} 和高电平输入电流 I_{IH}

I_{IL} 是指被测输入端接地，其余输入端悬空，输出端空载时，由被测输入端流出的电流。在多级门电路中，I_{IL} 是前级门输出低电平时，后级向前级门灌入的负载电流。因此，这一参数关系到前级门的灌电流负载能力，即直接影响前级门电路带负载的个数。I_{IH} 是指被测输入端接高电平，其余输入端接地，输出端空载时，流入被测输入端的电流。在多级门电路中，它是向前级门拉出的负载电流，体现前级门的拉电流负载能力，一般情况下 I_{IH} 较小。I_{IH} 和 I_{IL} 的测试电路如图 3-8 所示，器件用 74LS00，记录 I_{IH} 和 I_{IL} 测试值。

2) 扇出数

扇出数是指门电路能驱动同类门的个数，它是衡量门电路负载能力的一个参数，逻辑门输出有高、低两种电平，因此有两种不同性质的负载，即灌电流负载和拉电流负载，存在有两种扇出系数，即低电平扇出系数 N_L 和高电平扇出系数 N_H。通常 $I_{IH} < I_{IL}$，则 $N_H > N_L$，故常以 N_L 作为门的扇出系数。

N_L 的测试电路如图 3-9 所示，门的输入端全部悬空，输出端接灌电流负载(由电源到输出接电阻)，调节电位器使电流表电流 I_{OL} 增大，观察逻辑门输出电压表 V_{OL} 的数值变化(是随 I_{OL} 增大而增大？)，当 V_{OL} 达到器件手册中规定的低电平规范值 V_{OL}(假设为实验所用的 74LS00，它的 V_{OL} 为 0.4 V)时，I_{OL} 就是允许灌入的最大负载电流，则 $N_L = I_{OL}/I_{IL}$ 取整，通常大于 8。实验中，I_{OL} 最大不要超过 20 mA，防止损坏器件。

思考 CMOS 门电流参数及扇出数测试方法。对比 TTL 和 CMOS 门电路驱动能力。

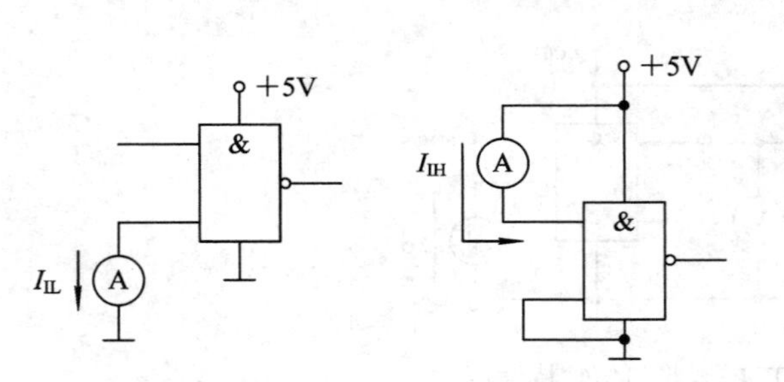

图 3-8　输入高、低电平电流参数测试

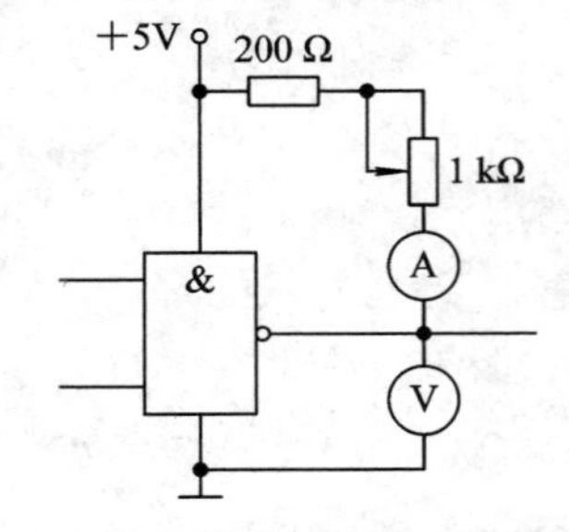

图 3-9　低电平扇出数电流参数测试

4. 与非门传输时延测试

门的平均传输延迟时间 t_{pd} 值一般为几纳秒至几十纳秒，测试电路如图 3-10 所示。用示波器观察测量 t_{PHL} 和 t_{PLH}，$t_{pd} = (t_{PHL} + t_{PLH})/2$。思考：如果不能很好地测到 t_{PHL} 和 t_{PLH}，还可以采用哪些方法测量 t_{pd}？

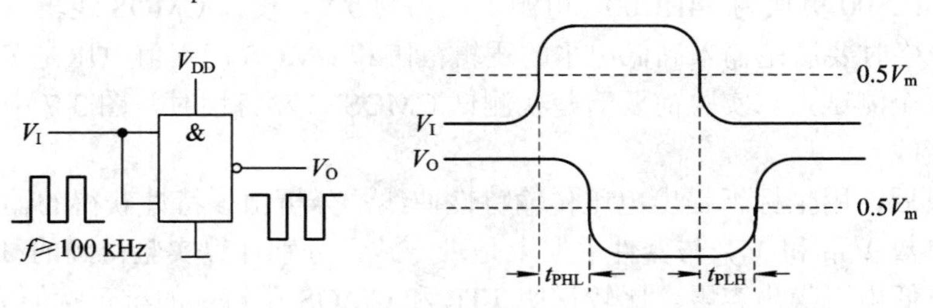

图 3-10　逻辑门 t_{pd} 测试

5. TTL 和 CMOS 门电路输入负载特性

门电路的输入负载特性测试电路如图 3-11 所示，先用 74LS00 连接电路，在表 3-3 中记录输入电阻 R 变化时，输入 v_I 电平值。改变输入电阻，观察输出电压变化，记录输出 V_O 为 2.4 V 时的 R。更换器件为 74HC00，重新记录表 3-3，观察 R 改变时 v_O 的变化。

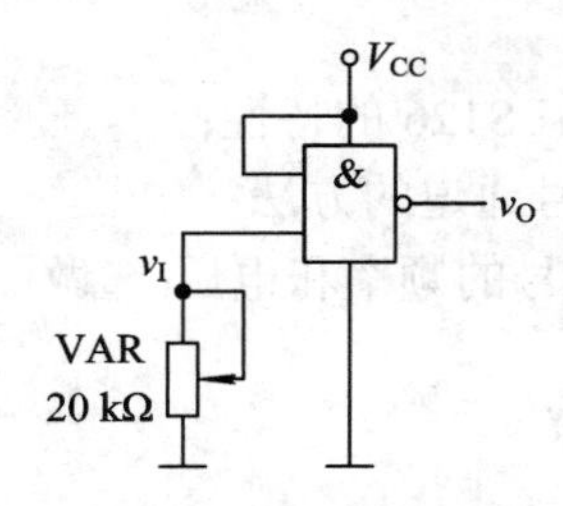

图 3-11 逻辑门输入端负载特性测试

表 3-3 TTL 与非门输入负载特性

R(kΩ)	0	0.6	0.9	1	1.5	1.9	2	3	5	10	20
v_I(V)											
v_O(V)											

注意：请根据实验器件的实际情况，在 R 改变引起 v_O 变化的关键点附近多增加测试点。

3.2.4 实验报告要求

(1) 在预习报告基础上，分析实验结果并解答实验内容中要求回答的问题，说明实验结果与理论分析是否一致。检查预习报告中回答的问题是否准确。如果有自己增设的验证内容，说明结论。

(2) 如果实验中遇到问题或故障，给出解决方法。没能及时解决的，分析原因。

(3) 回答以下问题：

① 分析门电路参数测试中，测量的输出高电平(或低电平)在空载和带载时电压值为什么会不同。而且随着负载加重，逻辑电平为什么会逐步进入不确定区域。可参考图 3-9 的实验数据和门电路原理分析。

② 说明 TTL 和 CMOS 逻辑门输入端负载特性有什么不同。

3.2.5 实验仪器及器件

(1) 仪器：示波器、万用表、电源、信号源或者学习机。

(2) 器件：74LS00 和 74HC00 四 2 输入与非门各 1 片，1 kΩ 电位器、20 kΩ 电位器、200 Ω 电阻各 1 支。

3.3 集成逻辑门功能测试实验

各种门电路是门级组合逻辑电路的基本单元，是数字逻辑电路的基础。通过该实验加深对所学集成门电路功能的理解。

3.3.1　实验目的

(1) 熟悉集电极开路(Open Collector，OC)门和三态门(Three-State output gate，TS)的逻辑功能；

(2) 掌握 OC 门线与功能；

(3) 熟悉四总线 3 态缓冲器 74LS126 的特性；

(4) 了解用 TS 门构成数字信号通道的方法；

(5) 用示波器测量特定脉冲信号的频率和电压(选做)。

3.3.2　实验思路和实验前准备

1. 熟悉集电极开路门和三态门

74LS03 是实验内容中用到的集电极开路(OC)门，查找 74LS03 的技术资料，记录逻辑功能和引脚图，方便实验连线。并设计测试电路功能的真值表，在实验时记录测试逻辑功能。

三态门是指输出有“0”、“1”和“高阻”3 个状态的逻辑门。因为高阻状态，使得三态门的输出可以与 OC 门一样连接在一起，但三态门不能实现“线与”，输出连在一起的三态门使能信号最多只能一个有效。否则，可能会引起输出逻辑的混乱甚至烧坏器件。也就是说，三态门是分时输出的。因为三态门的这种特性，才使得计算机有总线结构。所有的计算机器件或接口都可以通过三态门挂接在总线上，大家分时复用总线。

实验中使用的三态门是 74LS126，查找器件的详细资料，同一器件不同资料中的信号或引脚标注可能不同。但不管怎样标注，同一资料的引脚图和逻辑功能表中的符号是完全对应的，而且器件的功能也是不会因为标注不同而改变的。

分析实验内容中的三态门电路原理，并设计测试真值表。

2. 实验前准备

集电极开路(OC)门的特点是可以实现线与连接、实现电平转换。在使用 OC 门时，外部必须接上拉电阻 R_C。选择 R_C 的原则是保证输出电压不超过允许电平范围，即保证 OC 门输出高电平大于 V_{OHmin}，低电平小于 V_{OLmax}。

$$R_{Cmax}=\frac{V_{CC}-V_{OHmin}}{nI'_{OH}+kI_{IH}} \qquad R_{Cmin}=\frac{V_{CC}-V_{OLmax}}{I_{OL}-mI_{IS}}$$

式中 n 为 OC 门并联线与(即 OC 门输出直接连在一起)的门的个数，k 为与 OC 门输出端相连的负载门输入端数，m 为 OC 驱动的负载门个数，I'_{OH} 为 OC 门输出高电平时内部晶体管的穿透电流 I_{CEO}。最后可得选择 R_C 的原则为 $R_{Cmin} \leqslant R_C \leqslant R_{Cmax}$。

根据以上介绍，选择一种型号的 OC 门，通过实验测试其线与逻辑功能。通过电子器件手册或网上查找该型号 OC 门的具体参数和引脚图，设计测试电路，估算 R_C 的取值。实验室可提供的 OC 门有 74LS03。图 3-12 为一个参考 OC 电路，试分析电路并计算 R_{C1} 和 R_{C2}，查找 74LS03 的详细资料，记录逻辑功能和引脚图，方便实验连线。并设计测试电路功能的真值表，在实验时记录测试逻辑功能。

图 3-13 提供了三态门性能测试电路，分析电路并设计测试其功能的真值表，通过实验

验证其三态功能。也可以自行设计三态门构成总线的实验电路。

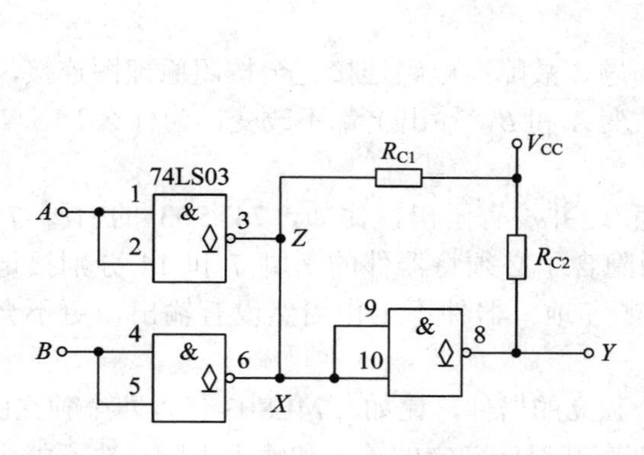

图 3-12　OC 门构成线与逻辑原理图

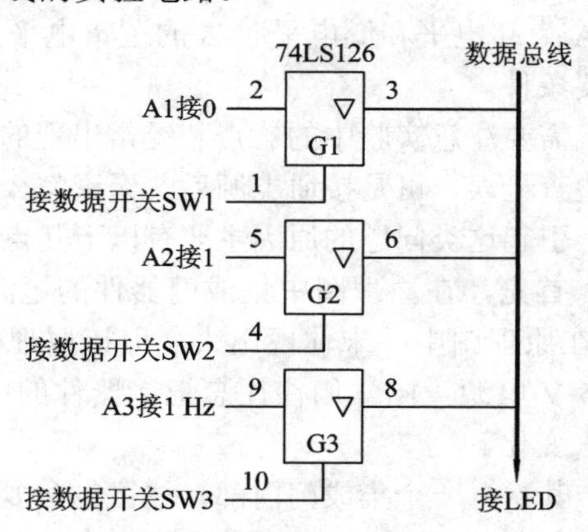

图 3-13　三态门构成的数据总线

3.3.3　实验内容和步骤

1. 用 OC 门实现线与逻辑

74LS03 四 2 输入与非 OC 门引脚排列图和封装如图 3-14 所示，按图 3-12 连接实验电路(图中逻辑门的连线旁的数字是指该门对应在 74LS03 的引脚号)，估算 R_{C1} 和 R_{C2} 的阻值，并根据实验室提供的电阻选取 R_{C1} 和 R_{C2}，将输入 A 和 B 接数据开关，输出 Z、Y 分别接不同的 LED 指示灯，一切连接好并检查无误后，接通电源，改变输入 A、B 的逻辑电平，分别观察 LED 的亮灭和 Z、Y 电平值，并将测试结果填入表 3-4。分别写出 Z 和 Y 的逻辑表达式，并说明电路逻辑功能。

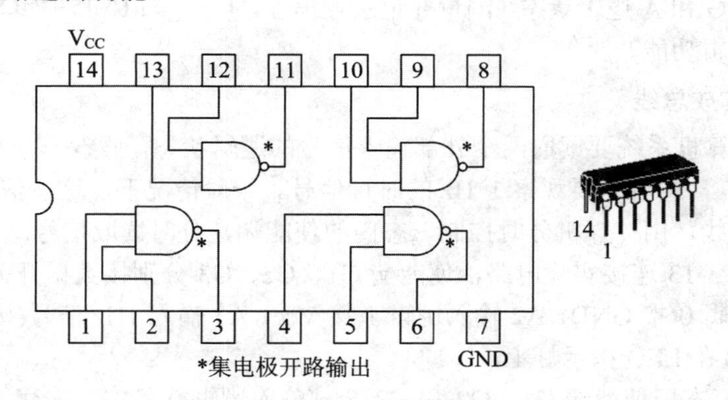

图 3-14　74LS03 引脚排列及封装图

表 3-4　OC 门线与功能测试

A	B	Z/V	Y/V
0	0		
0	1		
1	0		
1	1		

如果不接图 3-12 中的上拉电阻 RC1 和 RC2，并断开 Z 与 X 之间的连线，测量并记录 A 为高电平和低电平时 Z 的逻辑电平，说明上拉电阻的作用。总结 OC 门正常工作的必要条件。

需要注意实验中的难点和经常出现的问题、故障：电路连接完全按照原理图连接，而且检查无误，可是接通电源后，无论怎么改变 *A* 和 *B*，输出 *Y* 都不改变，为什么？

引起这类问题的原因主要有以下几点。

首先，在原理图中集成门器件的电源和地并没有画出，比如，74LS03 的引脚 7 和 14 在原理图中并未体现出来，但该原理图隐含了必须将器件的引脚 7 和 14 分别接地和接 5 V 电源。同学们往往忘记接器件的电源和地，器件不工作当然没有输出，更不会随输入变化。

其次，一个集成门内部，往往包含多个独立的器件，比如，74LS03 包含四个独立的 2 输入与非 OC 门，如图 3-14 所示，每个门都有其对应确定的输入和输出引脚，决不能张冠李戴将输入接到某门的对应输入引脚端(比如，芯片 1 和 2 引脚)，而从另一门的输出引脚端(比如芯片的 6 引脚)引出信号。

2. 三态总线缓冲器 74LS126 功能测试

74LS126 含有 4 个独立的三态缓冲器，高电平使能，引脚如图 3-15 所示。试建立三态门功能测试的真值表，用实验测试一个三态门，记录控制端 G 和输入端 A 分别变化时输出端 *Y* 的逻辑变化，证明其功能。为测试三态门的功能，可用两个 2 kΩ 电阻串联，一端接 5 V，一端接地，形成分压电路，将三态门输出 Y 接在两电阻中间分压点处，改变 G 和 A 逻辑状态，测量并记录输出 Y 的电压，分析其逻辑功能。

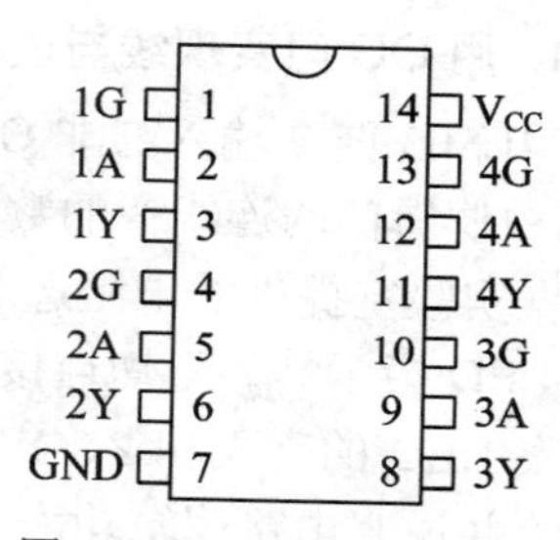

图 3-15　74LS126 引脚图

3. 三态门构成总线

比如，某计算机系统要读取两个外部输入信号的逻辑状态，假设一个状态为“0”，另一个状态为“1”，同时还要观察 1 Hz 的时钟信号。一般情况下，这些信号都要通过三态门挂接到数据总线，由计算机分时控制三态门的使能端，分时读取信号。

实验中按图 3-13 连接实验电路，使能端 G1、G2、G3 分别接数据开关 SW1、SW2 和 SW3；A1 输入逻辑 0(接 GND)，A2 输入逻辑 1(接 Vcc)，A3 输入 1Hz 信号(接学习机 CLOCK 信号)。输出并接在 LED 指示灯上：

(1) 将三个三态门使能端 G1、G2 和 G3 全部输入逻辑 0 状态，观察 LED 指示灯状态并记录到表 3-5 对应位置；

(2) 将 G1 置 1 态，观察 LED 指示灯状态并记录，将 G1 返回 0 态；

(3) 将 G2 置 1 态，观察 LED 指示灯状态并记录，将 G2 返回 0 态；

(4) 将 G3 置 1 态，观察 LED 指示灯状态并记录；

(5) 同时将任意两个三态门使能端置 1 态，观察 LED 指示灯状态并记录；

(6) 将实验观察结果填入表 3-5，说明为什么总线结构中不允许两个以上使能端同时处于使能状态。

表 3-5　三态门构成总线功能测试

工作状态	G1 使能	G2 使能	G3 使能	LED 输出(状态)
正常	0	0	0	
	1	0	0	
	0	1	0	
	0	0	1	
非正常				

3.3.4 实验报告要求

(1) 在预习报告基础上，分析实验结果并解答实验内容中要求回答的问题，说明实验结果与理论分析是否一致。检查预习报告中回答的问题是否准确。如果有自己增设的验证内容，说明结论。

(2) 如果实验中遇到问题或故障，给出解决方法。没能及时解决的，分析原因。

(3) 回答问题：由实验内容的最后一步，说明为什么不允许将逻辑门具有确定输出(逻辑 0 或者逻辑 1)的两个或者多个输出端子直接接在一起。说明为什么不允许输出接在一起的三态门，有两个或两个以上使能端同时使能。

3.3.5 实验仪器及器件

(1) 仪器：双踪示波器、数字学习机、万用表、双路直流稳压电源。

(2) 器件：74LS03 和 74LS126 各 1 块；2 kΩ 电阻 2 只。

3.4 基于中规模器件的数字钟设计

钟表的数字化给人们生产生活带来了极大的方便，数字钟表具有走时准确、性能稳定、携带方便等优点，能够计时、报时和实现自动控制。大大地扩展了钟表原先的报时功能，在定时控制、定时检测等方面也有广泛应用，因此，在数字实验中研究数字钟设计有着非常现实的意义。

3.4.1 实验目的

设计一个包含脉冲产生、计数、译码、显示及控制逻辑等部件的数字电路，并在面包板上实现。要求达到以下目的：

(1) 熟悉译码器、计数器、七段译码器和 LED 数码管的使用方法；

(2) 掌握数字系统的设计、实现和调试等技能；

(3) 通过设计电路、选择元器件、拟定测试方案和实验步骤，提高分析、定位问题和解决实际问题的能力。对所学知识融会贯通，锻炼综合应用理论知识的能力。

3.4.2 实验思路和实验前准备

1. 熟悉译码器的逻辑功能

译码器用来将输入确定位数二进制代码的不同组合“翻译”成不同的对应输出信号。

常用的译码器有 3-8 译码器 74LS138，即输入有 3 位二进制，其对应的 8 种组合分别与一个输出对应。该译码器的逻辑符号如图 3-16 所示。当所有 74LS138 的输入控制端有效时，输出与输入最小项的对应关系是 $\overline{Y_i}=\overline{m_i}$ $(i=0, 1, \cdots, 7)$。因此，几乎所有数字电子技术教材中都介绍了它可以实现多输出逻辑函数的功能。

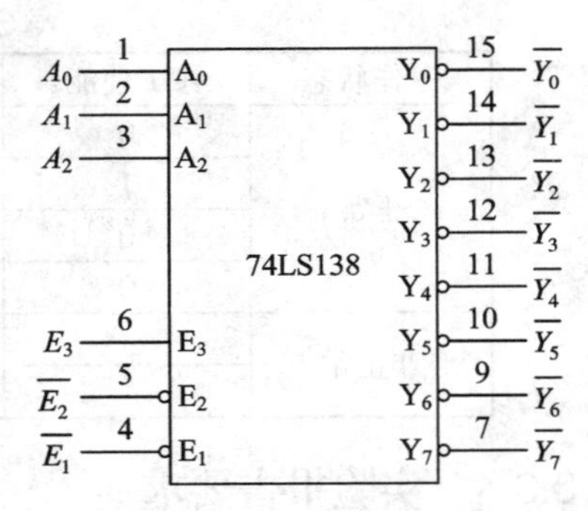

图 3-16　74LS138 逻辑符号图

但在数字系统的设计中，译码器更为重要的作用是地址译码，也就是说，译码器将 A_0、A_1、A_2 输入的三位地址“翻译”成 8 个输出信号，A_0、A_1、A_2 的一个确定值仅对应有一个输出为低电平有效。一般在数字系统中，译码器的这 8 个输出信号分别接到其他器件的片选端 $\overline{CS}$ 上(Chip Select)，其上的横线代表片选信号是低电平有效，即低电平选中或使能该芯片，它就可以与计算机 CPU 通信数据。因此，74LS138 的 8 个输出最多可以连接 8 个计算机外设接口，而任一时间最多只选中一个工作。图 3-17 就是早期的 PC 计算机使用 74LS138 译码器构成计算机中 DMA 控制器(8237)、中断控制器(8259A)、计数/定时器 T/C(8253)、并行可编程接口 PPI(8255A)、DMA 页面寄存器及 NMI 屏蔽寄存器的片选或控制端。根据图 3-17 中的连接方法，可得到各芯片或寄存器的地址空间如图 3-17 右面所列。在信号 AEN = 1 时，分析图中所标的各个芯片的地址范围是否正确。这一部分在学习微型计算机原理时会有更深刻的体会。

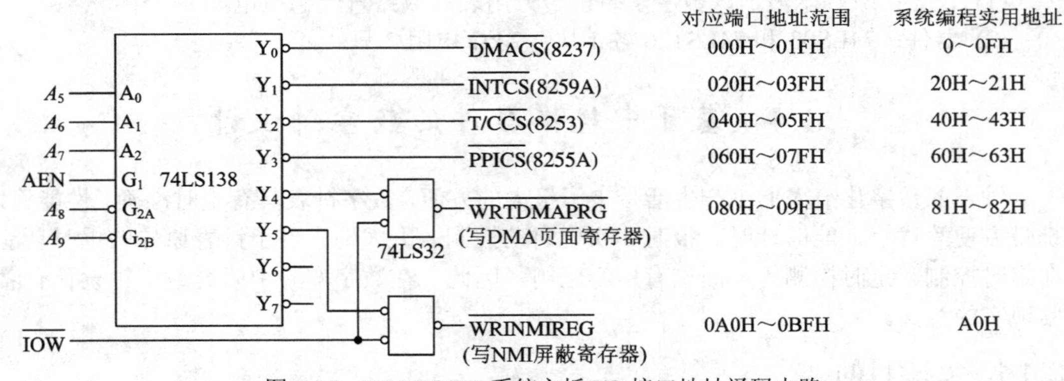

图 3-17　IBM-PC/XT 系统主板 I/O 接口地址译码电路

译码器还有许多其他的型号，与集成逻辑门中介绍的方法一样，可以在丰富的网络资源中找到需要的相关信息。

另外，在实验前，有必要先介绍一下器件符号的概念，对于同一个器件的逻辑符号图或引脚图，不同的器件手册或教材使用的引脚符号和表示形式都不一样。为了保持一致，我们对逻辑符号图进行规范，即逻辑符号框图内所有变量均为正逻辑(即框内符号上没有非号)，逻辑符号框图外输入端的小圆圈表示该输入控制端为低电平有效，而输出端的小圆圈表示反码输出。即小圆圈实现了逻辑非运算，那么逻辑符号框图外对应的每个引脚的符号或变量名就默认为：当逻辑符号框图外引脚没有小圆圈时，那么该引脚对应的变量名与框图内符号一样，但用斜体表示是变量，例如，图 3-16 中的 A_0、A_1、A_2 和 E_3；当框图外引脚有小圆圈时，那么该引脚对应的变量名是在框内符号上冠一非号，例如，图 3-16 中的$\overline{Y_0}$、$\overline{Y_1}$、…$\overline{Y_7}$、$\overline{E_2}$和$\overline{E_1}$。以后框图外引脚对应的变量名不再标出，使用时按照以上规定。要注意这只是教材的规定，并不是标准，其他的参考书或器件手册中的标法可能会五花八门。因此，使用器件时，大家学会使用器件的方法是最重要的，这样面对不断出现的新器件才不会束手无策。通过大量的使用集成器件，大家会发现使用中小规模的集成器件只要了解以下几点即可：

- 在逻辑符号图或原理图中，器件的输入信号一般在 IC 图框的左面或上面，输出在右面或下面；
- 当输入信号端有小圆圈(一般是控制输入端)，表示该端为低电平有效，当输出信号端有小圆圈，表示器件工作时该端输出端低电平有效；
- 具有多控制端的芯片，当所有控制信号同时有效时，才可以实现芯片的逻辑功能；
- 如果资料中给出了器件的功能表，要学会看对应的功能表；
- 厂家给出的器件资料也经常出错，遇到疑问通过实验验证，实践是检验真理的唯一标准。

2. 集成计数器

计数器的功能是累计输入脉冲个数。它是数字系统中使用最为广泛的时序逻辑部件。计数器的种类非常繁多，为了降低集成电路的价格，所以厂家会批量生产通用的十六进制(二进制)和十进制计数器。

虽然有通用的十六进制和十进制计数器，但实际应用中时常会用到其他进制计数，比如，数字钟的 24 和 60 进制等，对于其他进制计数器的设计，可以通过教材中介绍的使用反馈的方法来实现。例如，现有一块十六进制计数器 74LS393，其功能如表 3-6 所示，引脚排列如图 3-18 所示。使用 74LS393 的 MR 清零端反馈清 0，实现十进制计数器的电路如图 3-19 所示。下载 74LS393 详细资料，分析图 3-20 实现的是多少进制的计数器，并用 74LS393 设计实现六十进制的电路。

表 3-6　74LS393 功能表

CP	MR(清零)	OUTPUT
↑	L	保持不变
↓	L	计数
X	H	清零

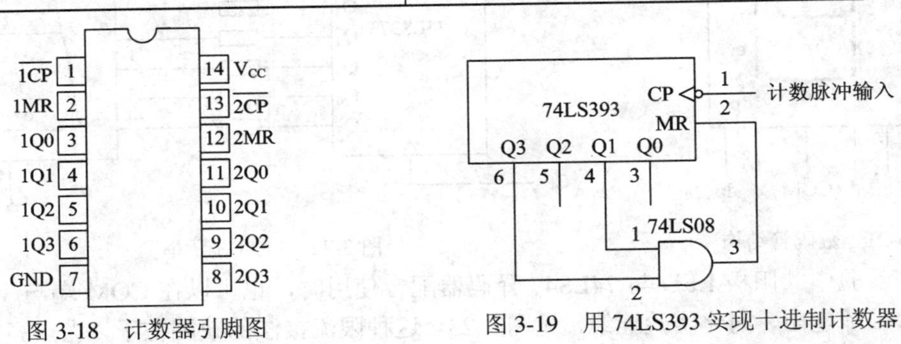

图 3-18　计数器引脚图　　图 3-19　用 74LS393 实现十进制计数器

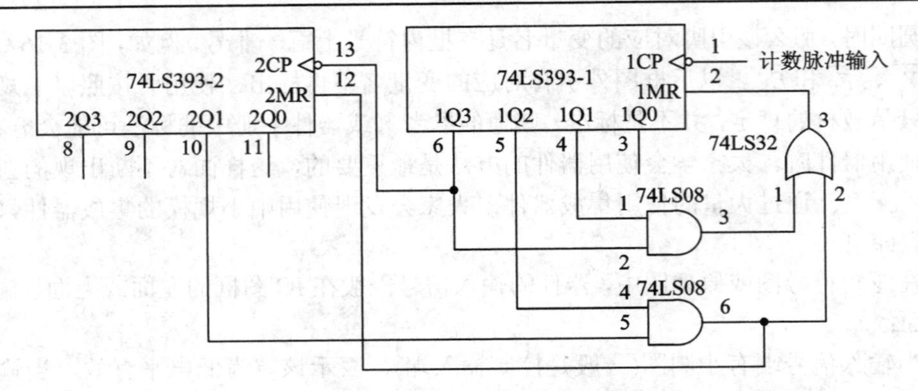

图 3-20　计数器电路

3. LED 显示器(七段数码管)

LED(Light Emitting Diode)显示器在许多的数字系统中作为显示输出设备，使用非常广泛。它的结构是由发光二极管构成如图 3-21 所示的 a、b、c、d、e、f 和 g 七段，并由此得名，实际上每个 LED 还有一个发光段 dp，一般用于表示小数点，所以也有少数的资料将 LED 称为八段数码管。

LED 内部的所有发光二极管有共阴极接法和共阳极接法两种，即将 LED 内部所有二极管阴极或阳极接在一起并通过 COM 引脚引出，并将每一发光段的另一端分别引出到对应的引脚，LED 的引脚排列一般如图 3-21 所示，使用时以具体型号的 LED 资料为依据。通过点亮不同的 LED 字段，可显示数字 0，1，…，9 和 A，b，C，d，E，F 等不同的字符及自定义一些段发光代表简单符号。

图 3-22 为 LED 的使用举例，图中的 LED 为共阳极接法，因此，COM 端接 5 V 电压，其他引脚端通过限流电阻接到锁存器 74LS373 的输出，当各段输入端为逻辑“1”，对应的 LED 不亮；各段输入端为逻辑“0”时，对应 LED 才发亮。使用时要根据 LED 正常发光需要的电流参数估算限流电阻取值。电阻取值越小，电流越大，LED 会更亮，但长时间过热会烧坏 LED。

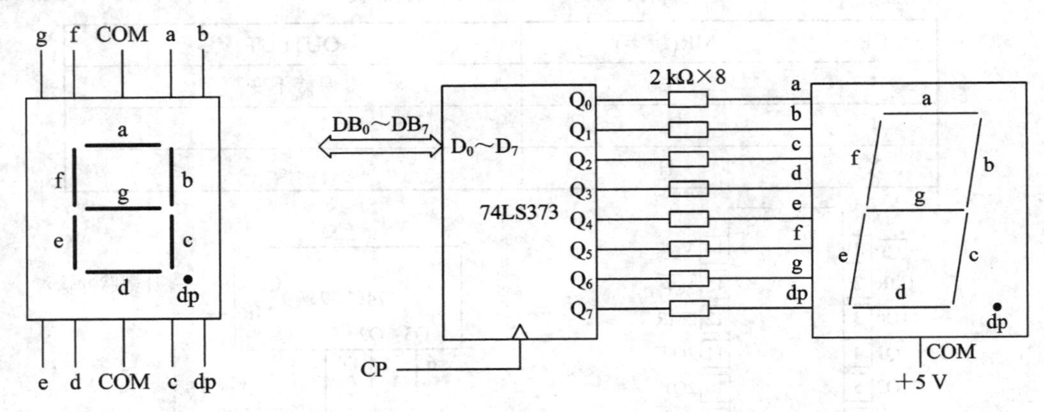

图 3-21　数码管结构　　　　图 3-22　LED 显示举例

在实验中共阳极 LED 与 74LS47 译码器配合使用时，也可以在 COM 端与 Vcc 之间串接一个限流电阻，简化实验连线，见图 3-23。这种限流接法的缺陷在于，当点亮的段数少，比如显示“1”时，LED 最亮；当点亮的段数多，比如显示“8”时，LED 最暗。实际应采用图 3-22 所示的限流接法。

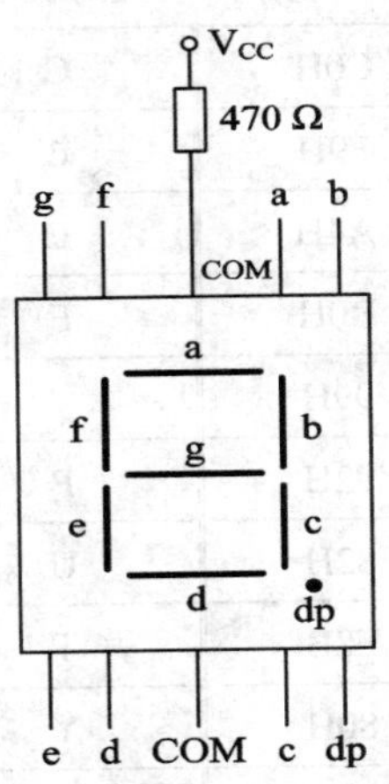

图 3-23　LED 简单限流

LED 多数情况用于显示十进制数字，要将 0～9 的数字用 7 段显示，必须将数字转换为 LED 对应七段码的信息，比如，要显示“0”，就是让 a、b、c、d、e 和 f 段发光，显示“1”，让 b 和 c 段发光，等等，如表 3-7 所示。然后根据 LED 是共阴极还是共阳极接法确定 LED 各输入端应接逻辑 1 还是逻辑 0，如果是共阳极接法，要显示“0”时，a、b、c、d、e 和 f 段就要输入逻辑 0，共阴极接法则恰巧相反。表 3-8 列出了这两种接法下的字形段码关系表，表中的段码数字是以 LED 的 8 段与二进制字节数以下列对应关系为前提得到的：

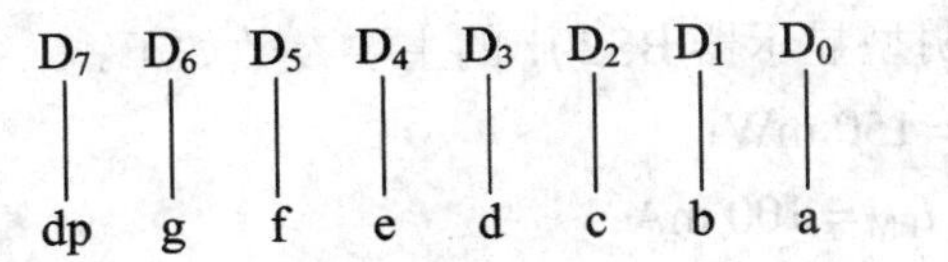

表 3-7　BCD 码与 LED 相应发光段对照表

发光段	0	1	2	3	4
BCD 码	0000	0001	0010	0011	0100
发光段代码	abc def	bc	abd eg	abc dg	bc fg
发光段	5	6	7	8	9
BCD 码	0101	0110	0111	1000	1001
发光段代码	acd fg	cde fg	abc	abc defg	abc dfg

比如为了显示“0”，对应共阴极应该使 $D_7D_6D_5D_4D_3D_2D_1D_0$ = 00111111B，即 3FH；对共阳极应该使 $D_7D_6D_5D_4D_3D_2D_1D_0$ = 11000000B，即 C0H。如表 3-8 所示，从表中可以看出，对于同一个显示字符，共阴极和共阳极的七段码互为反码。

表 3-8　7 段 LED 显示器字符段码表

显示字符	共阴极段码	共阳极段码	显示字符	共阴极段码	共阳极段码
0	3FH	C0H	C	39H	C6H
1	06H	F9H	d	5EH	A1H
2	5BH	A4H	E	79H	86H
3	4FH	B0H	F	71H	8EH
4	66H	99H	.	80H	7FH
5	6DH	92H	P	73H	82H
6	7DH	82H	U	3EH	C1H
7	07H	F8H	T	31H	CEH
8	7FH	80H	Y	6EH	91H
9	6FH	90H	8.	FFH	00H
A	77H	88H	“灭”	00H	FFH
b	7CH	83H	⋮自定义	⋮	⋮

将待显示内容“翻译”为 LED 段码的过程，可以由软件查表方法实现译码，这在学习微型计算机有关课程时会使用。也可以采用专用芯片，比如，带驱动的 LED 七段译码器 74LS47、74LS48 及 74LS49 等，依靠硬件实现译码。

LED 种类繁多，如 BS211、BS212、BS213 为共阳型，BS201、BS202、BS203 为共阴型。对于每种型号的 LED，厂家手册都提供了详细的功能及参数介绍(可以通过资料或网络查找)，比如，七段共阴型显示器 BS201 的主要参数如下：

(1) 消耗功率 $P_M = 150$ mW；

(2) 最大工作电流 $I_{FM} = 100$ mA；

(3) 正常工作电流 $I_F = 40$ mA；

(4) 正向压降 $V_F \leqslant 1.8$ V；

(5) 发红色光；

(6) BS201 燃亮电压为 5 V。

共阴极 BS202LED 的 $P_M = 300$ mW，$I_{FM} = 200$ mA，$I_F = 60$ mA，$V_F \leqslant 1.8$ V，$V_R \geqslant 5$ V，发红光。

4. 七段译码器

七段译码器也称为 BCD 七段显示译码器，顾名思义，它是将输入的 BCD 码翻译成 LED 显示该 BCD 的七段信息输出。七段译码器有输出低电平有效和输出高电平有效两种。当选用的 LED 是共阳极接法时，应使用低电平输出有效的七段译码器，如 7446 和 7447 等；当选用的 LED 是共阴极接法时，应使用高电平输出有效的七段译码器，如 7448 和 7449(OC 输出)等。

实验中采用七段共阳极数码管(TFK-433)和 74LS47 七段驱动器，查找它们的详细资料，分析两者之间应如何连接，并画出连线图。

5. 多个 LED 的动态扫描显示

在许多实际的系统中，经常需要多个 LED 显示系统的信息，比如，数字钟实验要显示时、分和秒信息，就必须要 6 个 LED，对这些 LED 的控制也可以和上面一位 LED 显示器一样，采用 6 个七段译码器分别驱动 6 个 LED，并使所有 LED 的公共端始终接有效信号，即共阴极 LED 公共端接地，共阳极 LED 公共端接电源。这种 LED 显示方式称为静态显示方式。采用静态方式，LED 亮度高，但这是以复杂的硬件驱动电路作为代价的，硬件成本高。

因此，在实际使用时，特别是在有微处理器的系统中，如果用多位的 LED 显示，一般采取动态扫描方式、分时循环显示，即多个发光管轮流交替点亮。这种方式的依据是利用人眼的视觉滞留现象，只要在 1 秒内一个发光管亮 24 次以上，每次点亮时间维持 2 ms 以上，则人眼感觉不到闪烁，宏观上仍可看到多位 LED 同时显示的效果。动态显示可以简化硬件、降低成本、减小功耗。

图 3-24 是一个 6 位 LED 动态显示电路，段驱动器输出 LED 字符 7 段代码信息，位驱动器输出 6 个 LED 的位选信号，即分时使 Q_0～Q_5 轮流有效，使得 LED_0～LED_5 轮流显示，位驱动器可以由 74LS138 完成。

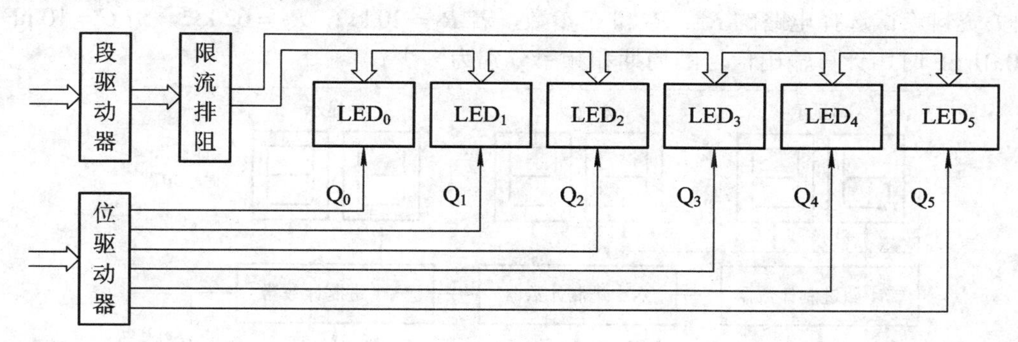

图 3-24　多位 LED 动态显示电路

6. 熟悉计数器、七段译码器和 LED 显示器逻辑功能

按图 3-19 连线，用 74LS393 实现一位十进制计数器；由七段共阳极数码管(TFK-433)显示计数结果，数码管由 BCD 七段显示译码器(74LS47)驱动，其引脚排列如图 3-25 所示。

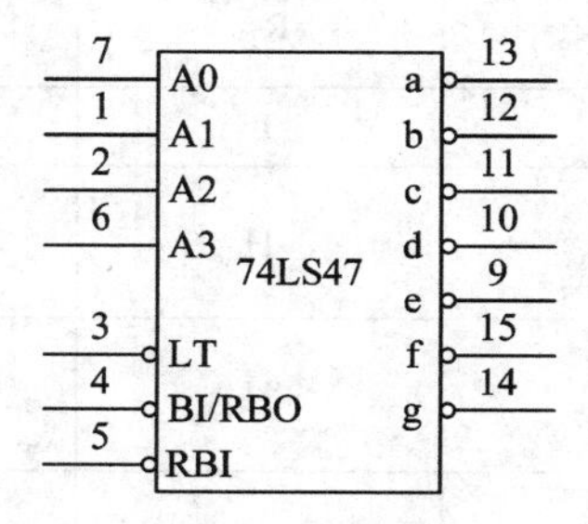

图 3-25　74LS47 符号图

TFK-433 和 74LS47 之间按实验前准备分析的方式连接。一位十进制计数、译码、显示电路原理框图如图 3-26 所示。

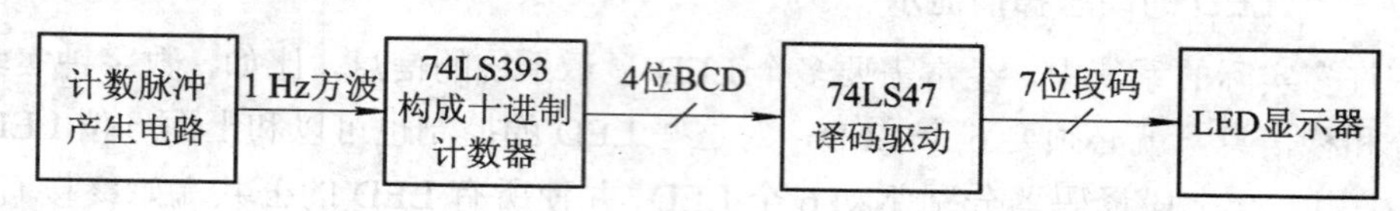

图 3-26　实验原理框图

搭接电路并实验，ET-3200A 数字学习机上的 1 Hz 信号可以作为计数输入，或者用 555 定时器构成 1 Hz 信号作为计数器时钟输入。

7. 数字钟设计

在进行设计之前首先要搞清楚命题要求，划分系统，给出设计框图。对于一个简单的数字钟系统，其结构一般如图 3-27 所示，主要包括时间基准电路、计数器电路、控制电路、译码和显示电路。其中的控制逻辑电路是比较灵活多样的，不断完善它可以增强数字钟的功能。

时基电路可以由石英晶体振荡电路构成，如果晶振频率为 1 MHz，经过 6 次十分频就可以得到秒脉冲信号；也可以用 5G555 构成多谐振荡器产生秒脉冲信号。表 3-9 为 5G555 的功能表，引脚图、电路和波形图分别如图 3-28 和图 3-29 所示。详细内容及设计方法参考相关资料。试选择电路的 R_1、R_2 和 C 参数，若 $R_1 = 20\ \text{k}\Omega$，$R_2 = 62\ \text{k}\Omega$，当 $C = 10\ \mu\text{F}$ 和 $C = 0.01\ \mu\text{F}$ 时，计算输出信号的周期和频率分别为多少？

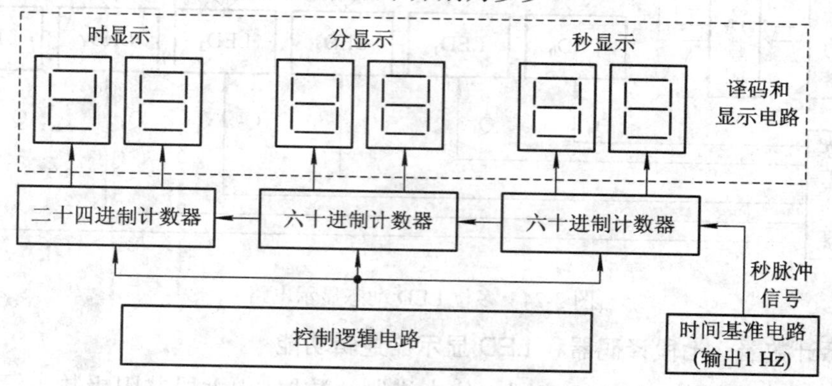

图 3-27　数字钟结构框图

表 3-9　5G555 功能表

TH	$\overline{\text{TR}}$	$\overline{\text{R}_\text{D}}$	OUT	DIS
X	X	L	L	导通
$>\frac{2}{3}V_{CC}$	$>\frac{1}{3}V_{CC}$	H	L	导通
$<\frac{2}{3}V_{CC}$	$>\frac{1}{3}V_{CC}$	H	不变	不变
X	$<\frac{1}{3}V_{CC}$	H	H	截止

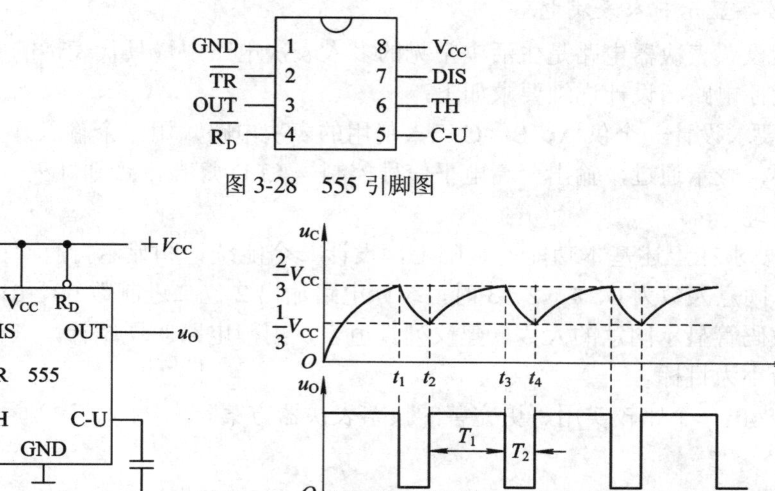

图 3-28　555 引脚图

(a) 电路图　　(b) 波形图

图 3-29　555 定时器构成的多谐振荡器及工作波形图

计数器实现时、分、秒计时，秒和分采用六十进制计数，时采用二十四进制计数，可以由多片中规模集成计数器实现。

译码电路可以由七段译码器完成，显示由 6 个 LED 数码管构成。

控制电路由数字钟功能确定，功能越多控制电路当然就越复杂。

比如，要求数字钟实现校时功能，那么就需要在“时”、“分”、“秒”的计数输入端加入校时控制电路。图 3-30 为一个手动校“分”的常用例子，当控制开关 K 在 1 位置时，电路处于正常计时状态；当控制开关 K 在 2 位置时，通过手动单次脉冲开关就可以进行校分。校时也可以通过同样的方法实现。在实验中用手动校“秒”就没有多大意义了。

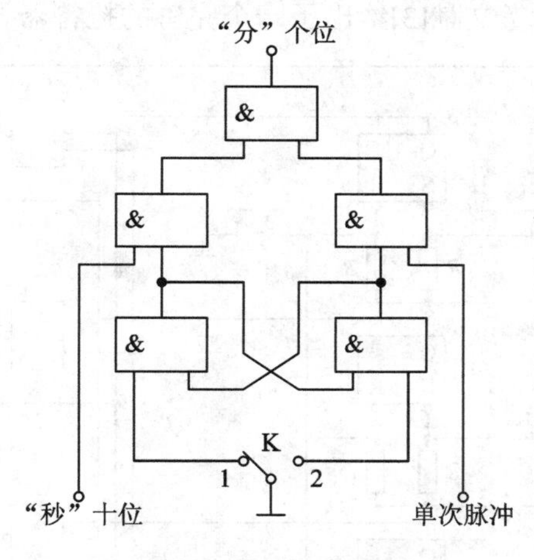

图 3-30　手动校“分”电路

8. 其他综合实验

有兴趣的同学可以设计以下电路，也可以选择表 0-3 中任一题目。

1) 数字显示三人表决电路

三人投票表决器电路是生活中常见的多人表决电路中最具代表性的实例。实验要求自己独立设计电路、设计详细要求如下：

(a) 要求设计一个供 A、B、C 三人使用的表决电路，用三个输入开关代表投票器，若多数投票，表示通过，输出一高电平信号控制一 LED 灯亮，否则灯灭。建议电路采用 3-8 译码器实现。

(b) 要求在上述基本功能的基础上，设计一个能统计和显示持有“同意”态度的人数的电路，同意人数为 0、1、2、3 时，统计电路输出 2 位二进制数 00、01、10、11，并用 1 个七段数码管显示同意的人数。建议列真值表，用门电路实现统计，其他芯片任选，以芯片数量最小为目标。

(c) 提出一个比较实用、更完善的投票表决器方案。

2) 抢答器

抢答器在很多娱乐节目中都能看到。本实验要求的抢答器功能如下：

(a) 智力竞赛抢答器可同时供 8 名选手参加比赛，他们的编号分别是 0、1、2、3、4、5、6、7，抢答按钮的编号对应为 S_0、S_1、S_2、S_3、S_4、S_5、S_6、S_7。

(b) 抢答器具有数据锁存和显示的功能。抢答开始后，若有选手按动抢答按钮，编号立即锁存，并在 LED 数码管上显示出选手的编号。此外，要封锁输入电路，禁止其他选手抢答。优先抢答选手的编号一直保持到主持人将系统清零为止。很多的教材或网络资料中，抢答器都采用了优先编码器实现抢答先后和编码，思考这样设计是否合理。建议抢答电路可以参考图 3-31，8 个选手会对应 8 个输出信号，这些信号送给 8-3 线编码器产生选手的编号，编号送给七段译码器驱动数码管显示。

(c) 给节目主持人设置一个主控制开关，参考图 3-31 中的 K_R，K_R 按下可使控制系统初始化(所有触发器清零、清除对门的封锁、对应 LED 灯熄灭、编号显示数码管灭灯)；K_R 释放，允许新一轮抢答。参考文献[3]给出了一个完善的抢答器方案可供参考。

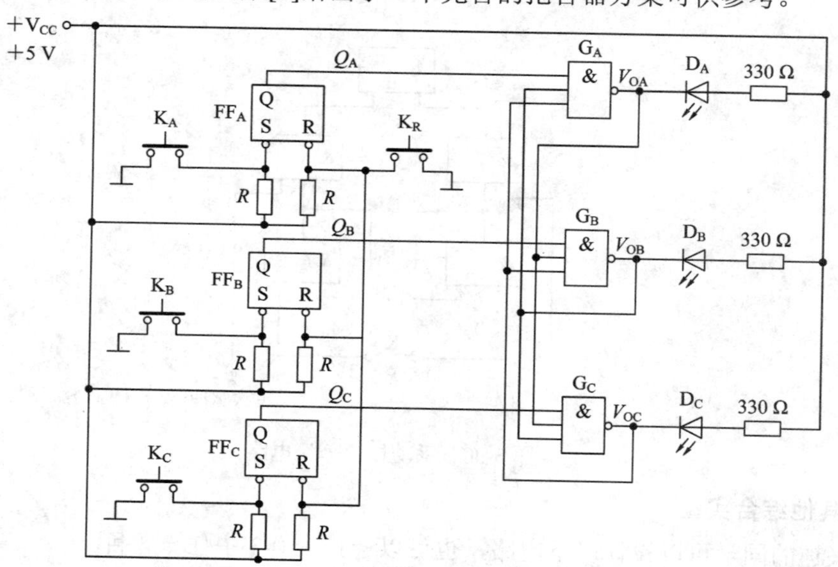

图 3-31　消除按键抖动的三人抢答电路

(d) 真正的抢答器还需要定时电路、报警电路。定时电路保障在规定的时间内进行抢答，超时无效。补充定时和报警电路，建议使用计数器和555定时器。

3.4.3 实验内容和步骤

根据3.4.2节的预习及准备，要求画出设计原理图及实验连线图，用开放实验下发的元器件和面包板，设计一个包含脉冲波形产生的计数、译码、显示及控制逻辑等部件的数字电子钟系统。根据设计的数字钟电路连线图，课外在面包板上搭接好电路。

(1) 前3学时内完成以下单元电路调试和总体电路联调。

① 用555定时器设计一个1 Hz的脉冲波形产生电路；

② 用74LS393和74LS08设计一个两位十进制计数器电路；

③ 用74LS47和LED显示器设计一个两位译码、显示电路；

④ 完成两位计数、译码、显示电路的调试；

⑤ 组合完成一个含有计数、译码、显示及控制逻辑的数字钟系统。

(2) 后3学时内完成相关电路波形的参数测试和数据分析。

① 更换脉冲波形产生电路中的电容，用LED指示灯观测输出频率的变化，并分析R和C与频率变化的关系；

② 用双踪示波器测量555定时器组成的脉冲波形产生电路中，电容C上的充、放电电压v_C波形与输出电压v_O波形之间的相位关系，正确标出波形幅值、周期和脉宽；将测量得到的数据与理论计算值比较，分析误差；

③ 用双踪示波器观测74LS393计数器CP与各Q端波形的相位关系，即从0000状态开始，正确画出CP与Q3、Q2、Q1、Q0的十进制波形图；

④ 通过实验验证人眼的滞留现象。首先，将ET-3200A学习机上的1 Hz时钟信号接到逻辑显示器的L4端，观察L4的显示效果；然后，将1 kHz时钟信号接到逻辑显示器的L4端，观察L4的显示效果；最后将100 kHz时钟信号接到逻辑显示器的L4端，观察L4的显示效果。记录观察到的现象，分析原因。

3.4.4 实验报告要求

1. 设计报告

设计报告要求包含实验的目的、任务及要求，电路组成及工作原理。

2. 调试报告

调试报告要求包含以下内容：

(1) 所用仪器及实验器材；

(2) 实验电路管脚连线图；

(3) 调试方法及步骤(单元调试，总体联调)；

(4) 脉冲波形产生电路参数(R_1、R_2、C)计算及元件选取；

(5) R、C的不同组合与频率的关系；

(6) 正确记录并分析如下各点波形：

① 用示波器测量脉冲波形产生电路中，电容C上的充、放电电压v_C波形与输出电压

v_O波形之间的相位关系，正确标出波形幅值、周期和脉宽；并将测量得到的实验数据与理论计算值比较，分析误差。

② 用示波器观测计数器 CP 与各 Q 端波形的相位关系，即从 0000 状态开始，画出 CP 与 Q3、Q2、Q1、Q0 的十进制波形图。

3. 总结报告

总结报告要求包含以下内容：

(1) 总结单元电路调试、总体电路联调方法；

(2) 在不损坏元器件且学有余力的情况下，调试中同学可以互设故障，相互排除，交流讨论，激发学习兴趣，提高分析和解决实际问题的能力，把所得收获写到报告中。

(3) 附上实验原始记录。罗列出现的问题及解决方法等。分析电路是否达到设计要求，提出改进方案。对实验教学中存在的问题提出意见和建议。

3.4.5　实验仪器及器件

双踪示波器、函数发生器、数字学习机、开放实验面包板、万用表、双路直流稳压电源。设计实验元器件清单见表 3-10 所示。

表 3-10　数字电路小系统设计实验元器件清单

电子元器件	器件名称	数量(个)
IC	5G555	1
	74LS393	1
	74LS08	1
	74LS32	1
	74LS47	2
七段显示器	LED(共阳)	2
电阻	470 Ω	2
	20 kΩ	1
	62 kΩ	1
电容	0.01 μF(103)	1
	0.1 μF(104)	1
	4.7 μF/25 V	1
	10 μF/25 V	1

参考文献和相关网站

[1]　潘明，潘松. 数字电子技术基础. 北京：科学出版社，2008

[2]　潘松，黄继业. EDA 技术实用教程. 北京：科学出版社，2002

[3]　邓元庆. 数字电路与逻辑设计. 北京：电子工业出版社，2001

[4]　http://202.112.146.13/dzjsks/dzjsks_subject/Experiment_Subjects/4.html

第三部分　现代数字电子技术实验

数字电子技术的迅速发展导致数字电子电路的设计早已由传统的手工设计方法转变为现代数字设计方法。

传统手工设计的数字电路一般是由固定功能标准集成电路74/54系列和CMOS中小规模器件及微处理器等构成。其设计要经历多个步骤：系统划分 ⇒ 子系统设计 ⇒ 原理图⇒PCB⇒ 制版 ⇒ 元器件测试与焊接 ⇒ 系统调试等，而且很难一次性通过这些步骤完美地实现设计要求。当调试结果不能达到指标要求时，需要重复某些步骤。可见对于传统手工设计而言，设计周期很长，灵活性差。当数字电路规模稍大时，芯片种类和数目增大，焊点增多，可靠性下降；功耗增加；抗干扰能力下降等问题更加突出。归纳传统设计方法的缺点主要表现如下：

- “硬碰硬”，任何设计想法都必须由硬件验证，不适于大规模电路的设计(如果用中小规模器件设计一个计算机系统是无法想象的)；
- 保密性差，容易被仿制；
- 设计周期长，产品上市时间(Time-To-Market，TTM)长；
- 采用“搭积木式”的方法进行设计，一旦设计好，功能无法改变，不灵活。

随着数字技术的迅速发展，传统的手工设计方法将无法满足实现复杂程度越来越高的数字系统的要求，各方面技术指标与现代数字技术设计的电路也是无法相比，传统的手工设计方法已逐步退出数字电路设计的舞台。

现代数字设计方法是借助计算机辅助设计(Computer Aided Design，CAD)工具，采用软件对设计进行仿真和验证，将满足设计要求的结果下载到可编程器件实现设计。电子设计自动化(Electronic Design Automatic，EDA)是现代电子系统设计的发展主流，特点如下：

- “软碰硬”，用软件方式设计硬件，设计转换过程由CAD工具自动完成；
- 用可编程器件实现的电路比使用固定功能IC设计的数字系统更难仿制，而且可编程器件还具有加密功能；
- 设计、仿真和调试可在实验室进行，大大缩短了设计周期。
- 系统可以现场编程，在线升级或更新；
- 很方便实现片上系统(System On a Chip，SOC或者System On a Programmable Chip，SOPC)，体积小、功耗低、可靠性高。

这一部分实验主要介绍最基础的现代数字电子技术电路的设计和实现方法。

第4章　基于HDL的组合逻辑电路实验

现代数字电路设计的源文件编辑输入方法主要有原理图和文本方式的硬件描述语言两种。借助EDA工具使用原理图设计电路的优点是，设计者能通过数字电路课程中学到的电路知识迅速入门，可设计多层次的直观的数字系统，再不必学习诸如编程技术、硬件描述语言等新知识。但采用原理图方法就无法设计非常复杂的数字系统。文本方式是用语言多层次地描述系统硬件，容易修改，不依赖特定硬件环境，可移植性好，通用性好，方便设计复杂数字系统。本书实例中，VHDL和Verilog HDL两种硬件描述语言都可能用到。

现代数字电路实验的很多内容都无需在实验室完成，借助各种仿真器，完全可以在自己的计算机上进行电路设计和验证。Digilent的Basys2是一个非常适合大学生的实验系统，一旦拥有，就如同拥有了一个自己的“口袋实验室”。

本章所有例程均使用FPGA开发板Nexys3或Basys2上的8个SW和4个BTN按键开关作为输入，8个LED和4个七段数码管作为输出。Digilent网站都有不同开发板的约束文件可下载，读者完全可以根据第1章对开发板的介绍和不同实验的需要编写约束文件(即FPGA的引脚分配)。

4.1　逻辑门实验

逻辑门是数字电路最基本的单元，掌握用HDL实现其逻辑功能是必要的。

4.1.1　实验目的

通过使用ISE13.4和FPGA进行简单的多种两输入逻辑门的设计与实现，达到以下目的：

- 学习使用ISE软件生成一个新工程文件；
- 学习使用HDL进行电路设计；
- 学会编辑顶层文件和用户约束文件；
- 熟悉仿真、综合、实现及FPGA配置等；
- 熟悉在Nexys3或Basys2开发板上的简单外围设备的控制。

4.1.2　实验和预习内容

(1) 练习使用HDL实现图4-1所示的两输入与、与非、或、或非、异或和异或非6个不同逻辑功能的门电路。预习4.1.3的实验步骤。

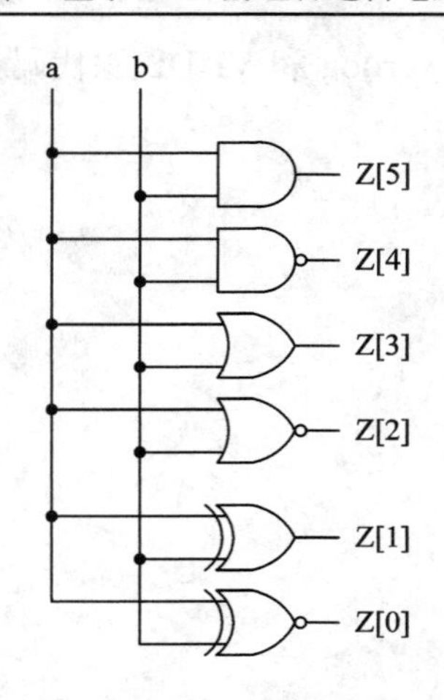

图 4-1　两输入逻辑门电路

(2) 使用 HDL 设计一个新的逻辑功能并验证，比如，$y=\overline{ab+cd}$。进实验室前编写好实现代码、约束文件和仿真文件。

4.1.3　实验步骤

实验详细步骤参考 2.3.1，在此仅简要介绍。建立新工程和新的源文件，源文件的类型(设计输入方式)有很多种选择，最常用的输入方式就是 HDL 输入法(Verilog Module、VHDL Module)和原理图输入法(Schematic)。在此选择 Verilog Module 输入法，输入文件名 gates2。紧接着进行端口的定义，给出该工程中用到的所有输入和输出信号的名称、方向和高低位。端口方向(Direction)可选择为 input、output 或 inout。定义了模块的端口后，单击 Next 按键，再单击 Finish，ISE 就会自动创建一个 Verilog 的模板，如图 4-2 所示，该模板中包含了工程文件说明的注释、模块和端口定义等。

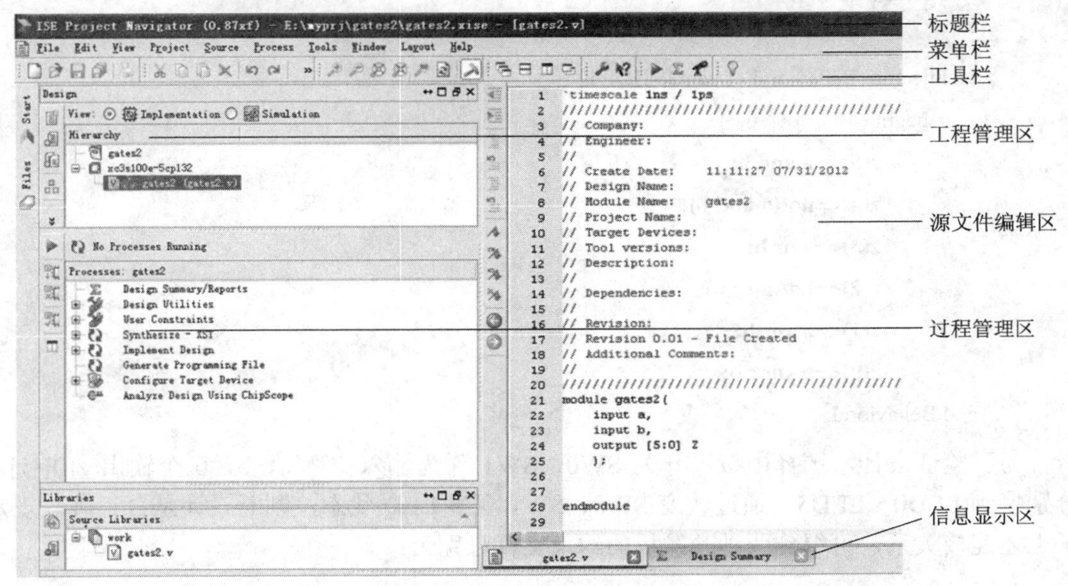

图 4-2　创建 gates2 的 Verilog 源文件后的模板

实验要求的两输入逻辑门的 Verilog 和 VHDL 源代码分别为(其中的加粗部分是用户需要输入的)：

// Verilog 源代码：

```
module gates2(
    input a,
    input b,
    output [5:0]z
     );

    assign z[5] = a&b;
    assign z[4] = ~(a&b);
    assign z[3] = a|b;
    assign z[2] = ~(a|b);
    assign z[1] = a^b;
    assign z[0] = a~^b;
endmodule
```

--VHDL 源代码(VHDL-93)：

```
entity gate2VHDL is
    Port ( a : in   STD_LOGIC;
           b : in   STD_LOGIC;
           z : out  STD_LOGIC_VECTOR (5 downto 0));
end gate2VHDL;

architecture Behavioral of gate2VHDL is
    begin
        z(5)<=a and b;
        z(4)<=not(a and b);
        z(3)<=a or b;
        z(2)<=not(a or b);
        z(1)<=a xor b;
        z(0)<=a xnor b;
end Behavioral;
```

为了验证设计，选择由拨码开关 SW0、SW1 作为输入变量 a、b，6 个输出 z[0]~z[5]分别接到 LED0～LED5，通过改变 SW0、SW1 观察 LED 状态，判断设计是否正确。规定了上述连接关系，可得到两种开发板的约束文件分别为：

```
# Nexys3 用户约束文件:
    NET "a" LOC = T10;          //SW0
    NET "b" LOC = T9;           //SW1
    NET "z[0]" LOC = U16;       //LD0
    NET "z[1]" LOC = V16;       //LD1
    NET "z[2]" LOC = U15;       //LD2
    NET "z[3]" LOC = V15;       //LD3
    NET "z[4]" LOC = M11;       //LD4
    NET "z[5]" LOC = N11;       //LD5
```

```
# Basys2 用户约束文件:
    NET "a" LOC = P11;          //SW0
    NET "b" LOC = L3;           //SW1
    NET "z[0]" LOC = M5;        //LD0
    NET "z[1]" LOC = M11;       //LD1
    NET "z[2]" LOC = P7;        //LD2
    NET "z[3]" LOC = P6;        //LD3
    NET "z[4]" LOC = N5;        //LD4
    NET "z[5]" LOC = N4;        //LD5
```

约束文件是实现过程中需要提供给 Map 的文件。无论是 VHDL 还是 Verilog HDL 工程，UCF 文件的语法格式完全一样。

输入代码后，可以通过仿真器对设计的电路进行仿真测试。在工程管理区将 View 设置为 Simulation，然后单击 Project→New Source，在类型中选择 Verilog Test Fixture，输入测试文件名 gates2test，单击 Next 按钮后，再单击 Finish 按钮，ISE 将在源代码编辑区自动生成测试模块的代码，如图 4-3 所示，图中给出了测试输入 a 和 b 的初值都为 0。点击图 4-3 中 Processes 中的语法检测，如果正确(前面出现绿对勾)，可继续仿真测试，否则需检查源文件的语法问题。

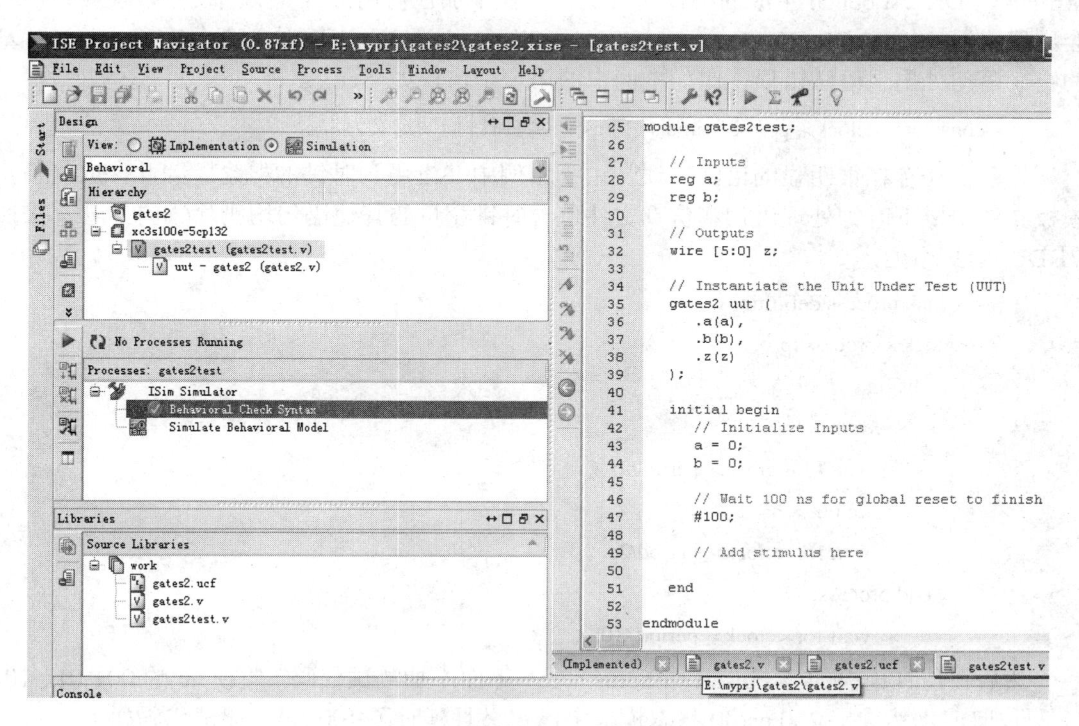

图 4-3　自动生成测试模块代码

右键单击图 4-3 中的 Simulate Behavioral Model 项，选择弹出菜单中的 Process Properties 项，可以设定仿真执行时间，默认值为 1000 ns，本例仿真时间设定为 1000 ns。在图 4-3

中的测试文件的“//Add stimulus here”(倒数第三行)后面添加测试代码，假设使ab的00、01、10、11四种取值维持时间均为200 ns，在模板基础上补充的Verilog测试代码如下(由图4-3可见，00状态模板中已定义且延时了100 ns)：

//Verilog代码的测试代码：

```
#100
a <= 0;
b <= 1;

#200
a <= 1;
b <= 0;

#200
a <= 1;
b <= 1;
```

如果源文件是使用VHDL编写的，那么利用上述类似方法可以生成测试文件模板，但ISE的VHDL test bench生成的模板仿真文件，在不加任何用户程序的情况下，检测语法时会出现错误：“ERROR:HDLCompiler:488-"…Illegal identifier…”，这一般是在constant常量的定义语句处出现语法错误，比如本例中的第一个错误如下：

```
constant  <clock>_period : time := 10 ns;   --将时钟周期定义为常量
```

这条语句存在很明显的语法错误，由于本例中并没用到时钟的概念。因此，应将仿真模板文件中以下时钟处理语句和仿真文件包含时钟变量的其他语句均删除(如果需要，按照VHDL语法更改)：

```
-- Clock process definitions
--<clock>_process :process
--     begin
--          <clock> <= '0';
--          wait for <clock>_period/2;
--          <clock> <= '1';
--          wait for <clock>_period/2;
--     end process;
--          wait for <clock>_period*10;
```

然后在仿真模板的“-- insert stimulus here”下面添加测试代码，假使ab的00、01、10、11四种取值仍然维持200 ns(00状态模板中已定义且延时了100 ns)，测试代码如下：

```
wait for 100ns;
a<='0';
b<='1';
```

```
wait for 200ns;
a<='1';
b<='0';
wait for 200ns;
a<='1';
b<='1';
wait for 200ns;
```

仿真参数和仿真代码编辑好之后，双击工程管理区的 Simulate Behavioral Model，ISE 将启动 ISE Simulator，可以得到仿真结果如图 4-4 所示，如果看不到全部仿真时间的波形，单击 View→Zoom→To Full View 即可得到全部波形。图中显示了 1000 ns 的输入和输出对应关系波形，Value 是显示鼠标所指的仿真时间点(图中 303.142 ns 竖线处)的输入和输出值，图中 Value 由高位到低位对应的内容依次为 ab、$\overline{ab}$、a+b、$\overline{a+b}$、$a \oplus b$ 和 $a \odot b$。由图可见，随着 a、b 取值变化，六种逻辑门输出完全正确。

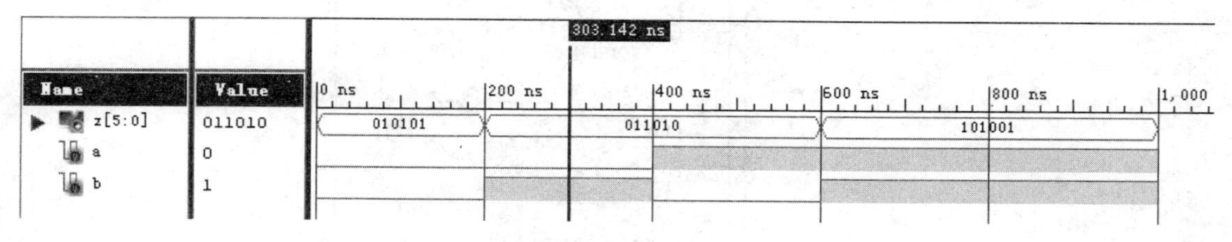

图 4-4　仿真结果

完成输入和仿真后对工程进行综合。所谓综合，就是将 HDL 语言、原理图等设计输入翻译成由与、或、非门和 RAM、触发器等基本逻辑单元组成的逻辑连接(网表)，并根据目标和要求(约束条件)优化所生成的逻辑连接。在工程管理区的 View 中选择 Implementation，然后在过程管理区双击 Synthesize-XST，就可以开始综合过程，这一过程分析设计的电路，检查语法、结构和连接的有效性，论证是否具有综合性。综合可能有 3 种结果，分别是如果综合后完全正确，则在 Synthesize-XST 前面有一个打勾的小圆圈；如果有警告，则出现一个带感叹号的黄色小圆圈；如果有错误，则出现一个带叉的红色小圆圈。如果综合步骤没有语法错误，XST 能够给出初步的设备利用情况，点击 Project→Design Summary/Reports，即可查看结果。

综合正确后，点击综合工具 Synthesize-XST 下的 View Technology Schematic，将出现在界面中的 Top Level Ports 信号全部加入 Selected Elements，然后点击 Create Schematic，将出现顶层原理图，点击原理图可以逐步进入原理图底层，如图 4-5 所示，点击图中的任一查找表，比如，实现“与”的查找表 z_5_and00001 将出现图 4-6 所示界面，由图可查看该逻辑的原理图、逻辑式、真值表和卡诺图。

综合完成后，进行实现(Implementation)。所谓实现，是指将综合输出的逻辑网表翻译成所选器件的底层模块和硬件原语，将设计映射到器件结构上，进行布局布线，达到在选定器件上实现设计的目的。要实现设计，还需要为模块中的输入输出信号添加管脚约束，这就需要在工程中添加 UCF 文件，UCF 编辑前面已经介绍了。

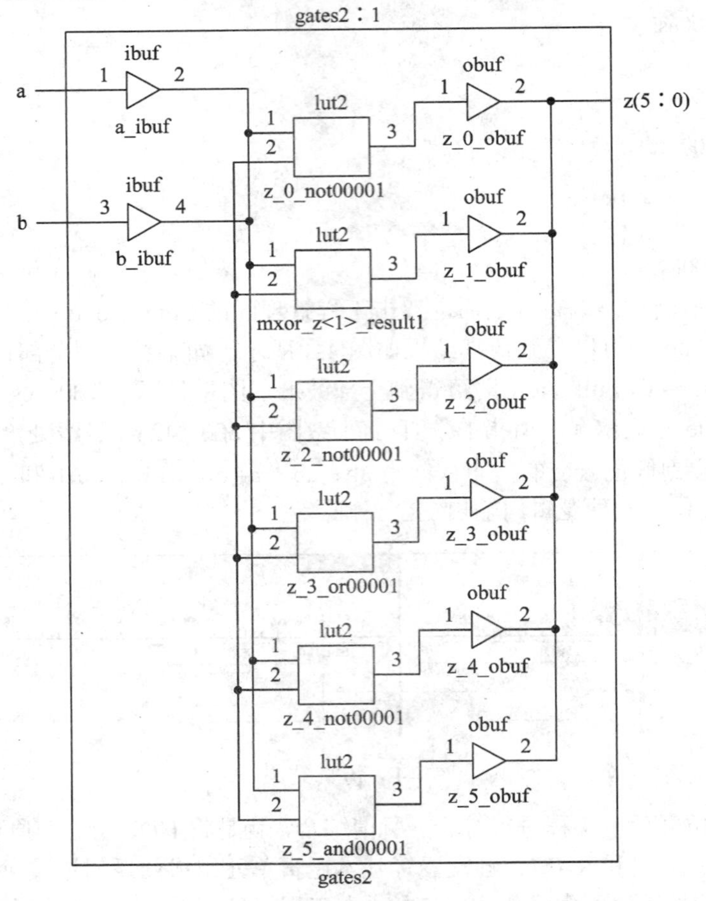

图 4-5　原理图

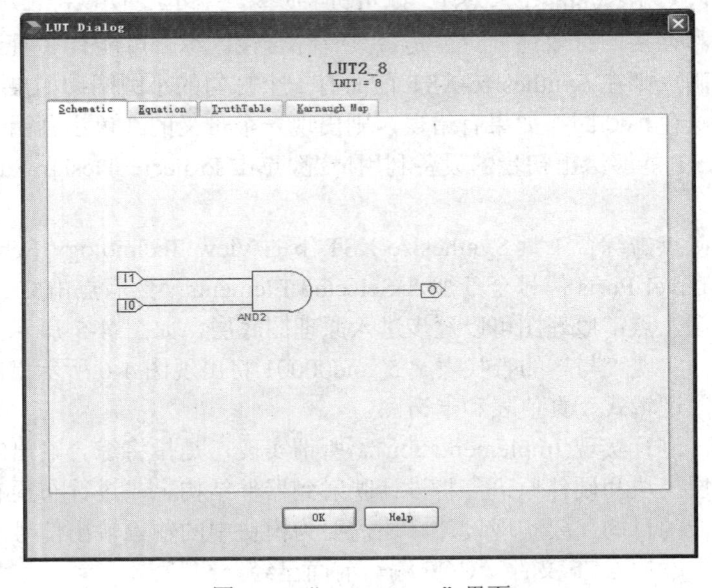

图 4-6　“LUT Dialog”界面

实现主要分为 3 个步骤：翻译(Translate)逻辑网表、映射(Map)到器件单元与布局布线(Place & Route)。在 ISE 中，执行实现过程，会自动执行翻译、映射和布局布线过程。这 3 个步骤也可单独执行。在过程管理区双击 Implementation Design 选项，可以自动完成实现的 3 个步骤。实现后能够得到精确的资源占用情况。点击 Project→Design Summary/Reports 即可看到引脚分配、时序、功耗、资源占用等各种报告。

硬件配置是 FPGA 开发最关键的一步，只有将 HDL 代码下载到 FPGA 芯片中，才能进行调试并最终实现相应的功能。首先，必须生成能下载到硬件中的二进制文件。双击图 4-2 所示过程管理区的 Generate Programming File，ISE 就会为设计生成相应的二进制文件 gates2.bit。

根据 2.3.1 节中的下载方式，将文件下载到 FPGA 中，器件配置成功后，根据约束文件确定的输入输出连接关系来验证设计，改变输入变量 a、b 对应的拨码开关 SW0 和 SW1 的位置(拨上为 1，拨下为 0)，观察分别接到 LED0～LED5 的 6 个输出 z[0]～z[5]，LED 亮对应输出为逻辑 1，灭为逻辑 0，说明了 6 个门输出是满足设计要求的。

需要特别注意的是：如果没有用户约束文件，工程在进行实现、产生配置文件和配置时，也是完全正确的，因为 ISE 自动分配了工程中的输入和输出对应的 FPGA 引脚，可以通过 Project→Design Summary/Reports→Pinout Report 查看对应关系。但是，这种引脚分配存在两个问题，一是不容易使用开发板提供的简单外设来验证实验结果的正确性，即没办法改变输入变量和观察输出；二是很可能造成开发板硬件系统的损坏或者使某些部分不能正常工作，这是由于默认的 I/O 引脚分配和开发板上 FPGA 的引脚分配会有冲突。因此，用户必须根据开发板的引脚分配和自己的需要合理地建立用户约束文件。

最后，根据上述过程重新设计一个新的逻辑门，比如，与或非门。

4.2　比较器实验

比较器是比较两个一位或多位二进制数大小的器件，其输入个数与数据位数有关，输出一般只有 3 个信号，分别是大于、等于或小于。

4.2.1　实验和预习内容

(1) 通过使用 ISE 软件和 FPGA 实现表 4-1 所示的两个两位二进制的比较器。预习 4.2.2 节内容，编辑仿真文件并验证功能，思考如何在开发板上验证设计的正确性，编辑约束文件。

表 4-1　比较器真值表

b[1]	b[0]	a[1]	a[0]	a_eq_b	a_gt_b	a_lt_b
0	0	0	0	1	0	0
0	0	0	1	0	1	0
0	0	1	0	0	1	0
0	0	1	1	0	1	0
0	1	0	0	0	0	1

续表

b[1]	b[0]	a[1]	a[0]	a_eq_b	a_gt_b	a_lt_b
0	1	0	1	1	0	0
0	1	1	0	0	1	0
0	1	1	1	0	1	0
1	0	0	0	0	0	1
1	0	0	1	0	0	1
1	0	1	0	1	0	0
1	0	1	1	0	1	0
1	1	0	0	0	0	1
1	1	0	1	0	0	1
1	1	1	0	0	0	1
1	1	1	1	1	0	0

(2) 分析以下代码语法是否正确。期望实现何种功能，并进行仿真和验证其功能。

```
module compare ( Y,A,B );
    input [3:0] A ;
    wire [3:0] A ;
    input [3:0] B ;
    wire [3:0] B ;
    output [2:0] Y ;
    reg [2:0] Y ;
    always @ ( A or B )
        begin
            if ( A > B )
                Y <= 3'b001;
            else if ( A == B)
                Y <= 3'b010;
            else
                Y <= 3'b100;
        end
endmodule
```

注意：always 块生成的所有输出必须描述成 reg 型而不能是 wire 型，这是由于输出必须被记住。always 块中的语句按它们出现的顺序执行。

```
entity my_comp is
  port (A, B : in std_logic_vector (3 downto 0);
       grt, lt   : inout std_logic;
       eq        : out std_logic);
end my_comp;
```

```
architecture behavioral of my_comp is
Begin
    grt <= '1' when   A > B else '0';
    lt <= '1' when A < B else '0';
    eq <= not grt and not lt;
end behavioral;
```

注意：grt 和 lt 输出信号要定义为 inout 类型，当输出信号要出现在一个结构体中的赋值语句右边时，该信号又是一个输入信号，因此需要定义为 inout，如果 grt 和 lt 被定义为 out 类型，VHDL 分析器会提示有一个错误。

思考：HDL 程序与以往的 C 语言或汇编程序的不同是什么？提示：一般程序是顺序执行的，HDL 有很多语句是并发的，并发的语句是并行执行的。正确理解 HDL 并发语句，自学相关知识。

(3) 思考如何实现图 4-7 的功能。

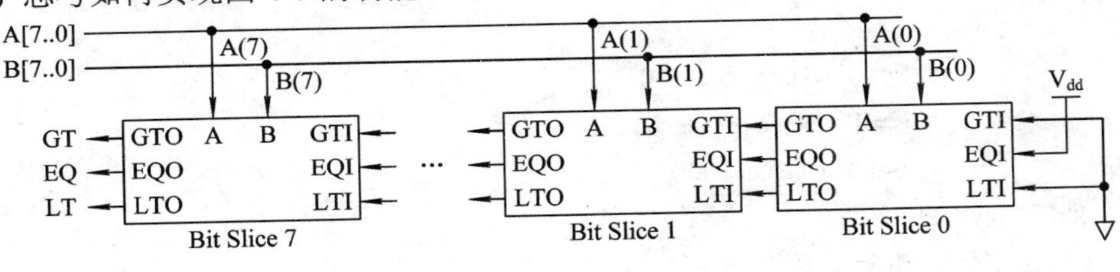

图 4-7

4.2.2 实验步骤

实验步骤参考 4.1 节和 2.3.1 节中的相关内容，这里不再赘述。源代码如下：

//Verilog HDL 源文件：

```
module comp2bit (
    input wire [1:0] a,
    input wire [1:0] b,
    output wire a_eq_b,
    output wire a_gt_b,
    output wire a_lt_b
    );
assign a_eq_b=~b[1]&~b[0]&~a[1]&~a[0]
         | ~b[1] & b[0] & ~a[1] &   a[0]
         |  b[1] & ~b[0] & a[1] & ~a[0]
         |  b[1] & b[0] & a[1] & a[0];
assign a_gt_b = ~b[1] & a[1]
         | ~b[1] & ~b[0] & a[0]
         | ~b[0] & a[1] & a[0];
assign a_lt_b = b[1] & ~a[1]
```

```
            | b[1] &   b[0] & ~a[0]
            | b[0] & ~a[1] & ~a[0];
    endmodule
--VHDL 源代码
    entity comp2bit is
        Port ( a : in STD_LOGIC_VECTOR (1 downto 0);
               b : in STD_LOGIC_VECTOR (1 downto 0);
               a_eq_b : out   STD_LOGIC;
               a_gt_b : out   STD_LOGIC;
               a_lt_b : out   STD_LOGIC);
    end comp2bit;

    architecture Behavioral of comp2bit is
        begin
            a_gt_b<='1' when a>b else '0';
            a_lt_b<='1' when a<b else '0';
            a_eq_b<='1' when a=b else '0';
    end Behavioral;
```

编辑仿真文件，进行功能仿真。

根据开发板资源，定义和分配输入和输出信号，建立约束文件。如果使用开发板上最后边的 4 个 SW 开关作为输入，最右边的 3 个 LED 作为输出显示 3 个输出变量，试根据使用的开发板编辑约束文件。

Nexys3 用户约束文件：

```
NET "a[0]"   LOC = "T5";
NET "a[1]"   LOC = "V8";
NET "b[0]"   LOC = "M8";
NET "b[1]"   LOC = "V9";
NET "a_eq_b"   LOC = "T11";
NET "a_gt_b"   LOC = "R11";
NET "a_lt_b"   LOC = "N11";
```

#Basys2 用户约束文件：

```
NET "a[0]" LOC="P11";
NET "a[1]" LOC="L3";
NET "b[1]" LOC="K3";
NET "b[1]" LOC="B4";
NET "a_eq_b" LOC="M5";
NET "a_gt_b" LOC="M11";
NET "a_lt_b" LOC="P7";
```

综合、实现、配置 FPGA，在开发板上进行验证。

按照上述过程，完成 4.2.1 节中的实验(2)和(3)。

4.3　多路选择器实验

多路选择器(MUX)就是一个多路的数字开关，通过选择控制信号选择其中一路输入送给输出。MUX 应用非常广泛，在可编程逻辑器件中有大量的多路选择器。本实验要求完成以下内容：

(1) 通过使用 ISE 软件和 FPGA 完成图 4-8 所示的多路选择器，并在开发板上验证。

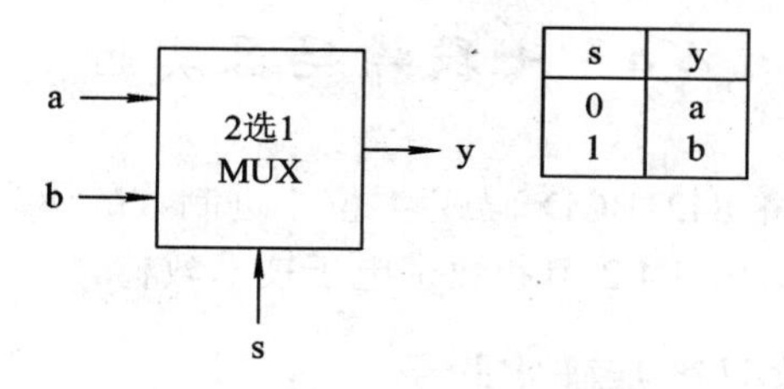

s	y
0	a
1	b

图 4-8　2 选 1 多路选择器

实现 2 选 1 的 Verilog HDL 源文件如下，同时给出了 4 选 1 的 VHDL 代码：

```
//Verilog HDL 源文件：
    module mux24a(
        input wire    a,
        input wire    b,
        input wire s,
        output wire y
        );

    assign y = ~s & a | s & b;
    // assign y = s?b:a;
    endmodule
--实现 4 选 1 的 VHDL：
    entity mux_select is
        port (    a3, a2, a1, a0: in std_logic;
            sel   : in std_logic_vector (1 downto 0);
            y    : out std_logic);
    end mux_select;

    architecture behavioral of mux_select is
        Begin
            with sel select
            y <= a0 when "00",
                a1 when "01",
                a2 when "10",
                a3 when others;
    end behavioral;
```

(2) 设计一个 4 选 1 多路选择器，并在开发板上验证。实验前编写好 HDL 源文件、用户约束文件和仿真文件，实验报告中要给出仿真波形。

4.4　七段译码器实验

七段译码器的功能是将 8421BCD 码或 4 位二进制数翻译为七段数码管的七段信息。七段数码管的结构和原理参见 3.4.2 节和数字电子技术教材。

4.4.1　七段译码器和数码管基础实验

本实验要求采用图 4-9 所示的七段译码器原理，将输入的 4 位二进制数(用开发板上最左边的 SW7～SW4 输入)翻译为七段码信息，由开发板上的 4 个 LED 数码管显示对应数码。由图可见，该译码器功能只能驱动共阳极数码管，因此开发板上数码管需按共阳极接法接入。参考图 1-5、图 1-6 和图 1-22(Basys2)，可得到引脚和信号的对应关系，其后给出了该实验的 Verilog HDL 和 VHDL 源文件代码和约束文件，要求在开发板上展示实验结果。回答和思考：为什么开发板上的 4 个数码管同时亮而且显示同样的数字？请修改程序，使上述实验的输入数字只显示在最后边的一个数码管上，而其他 3 个数码管不显示。

×	a	b	c	d	e	f	g
0	0	0	0	0	0	0	1
1	1	0	0	1	1	1	1
2	0	0	1	0	0	1	0
3	0	0	0	0	1	1	0
4	1	0	0	1	1	0	0
5	0	1	0	0	1	0	0
6	0	1	0	0	0	0	0
7	0	0	0	1	1	1	1
8	0	0	0	0	0	0	0
9	0	0	0	1	1	0	0
A	0	0	0	1	0	0	0
B	1	1	0	0	0	0	0
C	0	1	1	0	0	0	1
D	1	0	0	0	0	1	0
E	0	1	1	0	0	0	0
F	0	1	1	1	0	0	0

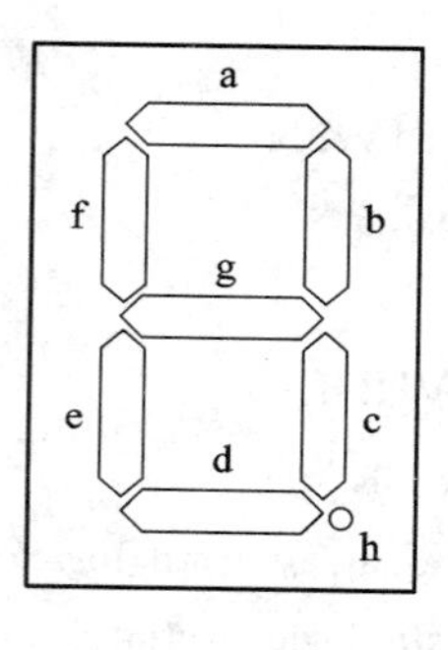

图 4-9　共阳极七段译码器转换关系

1) 七段译码器 Verilog HDL 参考源代码

```
module hex7seg (
    input wire [3:0] x,
    output reg [6:0] a_to_g,
    output wire [3:0] an
    );
    assign an=4'b0000;          //4 个数码管全部使能
always @ ( * )
    case (x)
    0: a_to_g = 7'b0000001;   //x=0 时，0000001 这 7 位二进制数赋给 a_to_g
    1: a_to_g = 7'b1001111;   //a_to_g 的高位对应 A 段，最低位对应 G 段
```

```
        2: a_to_g = 7'b0010010;
        3: a_to_g = 7'b0000110;
        4: a_to_g = 7'b1001100;
        5: a_to_g = 7'b0100100;
        6: a_to_g = 7'b0100000;
        7: a_to_g = 7'b0001111;
        8: a_to_g = 7'b0000000;
        9: a_to_g = 7'b0000100;
        'hA: a_to_g = 7'b0001000;
        'hB: a_to_g = 7'b1100000;
        'hC: a_to_g = 7'b0110001;
        'hD: a_to_g = 7'b1000010;
        'hE: a_to_g = 7'b0110000;
        'hF: a_to_g = 7'b0111000;
        default: a_to_g = 7'b0000001;  // 缺省显示 0
        endcase
endmodule
```

上述七段译码器输出逻辑变量 a～g，也可以由卡诺图化简得到每个输出变量的逻辑函数，由逻辑函数描述转换关系。

2) 七段译码器 VHDL 参考源代码

(注意：七段翻译代码一定要与所使用实验系统的数码管对应)

```
LIBRARY IEEE ;
USE IEEE.STD_LOGIC_1164.ALL ;
ENTITY DecL7S IS
    PORT ( x        : IN   STD_LOGIC_VECTOR(3 DOWNTO 0) ;
           A_To_G: OUT STD_LOGIC_VECTOR(6 DOWNTO 0)   ;
           AN: OUT STD_LOGIC_VECTOR(3 DOWNTO 0));
END ;
ARCHITECTURE one OF DecL7S IS
    BEGIN
      AN<="0000";          --4 个数码管全部使能
        PROCESS( x )
          BEGIN
            CASE   x   IS
            WHEN "0000" =>   A_To_G <= "0000001" ;  --显示 0
            WHEN "0001" =>   A_To_G <= "1011110" ;  --显示 1
            WHEN "0010" =>   A_To_G <= "0010010" ;  --显示 2
            WHEN "0011" =>   A_To_G <= "0000110" ;  --显示 3
            WHEN "0100" =>   A_To_G <= "1001100" ;  --显示 4
```

```
            WHEN "0101" =>   A_To_G <= "0100100" ;  --显示 5
            WHEN "0110" =>   A_To_G <= "0100000" ;  --显示 6
            WHEN "0111" =>   A_To_G <= "0001111" ;  --显示 7
            WHEN "1000" =>   A_To_G <= "0000000" ;  --显示 8
            WHEN "1001" =>   A_To_G <= "0000100" ;  --显示 9
            WHEN "1010" =>   A_To_G <= "0001000" ;
            WHEN "1011" =>   A_To_G <= "1100001" ;
            WHEN "1100" =>   A_To_G <= "0110001" ;
            WHEN "1101" =>   A_To_G <= "1000010" ;
            WHEN "1110" =>   A_To_G <= "0110000" ;
            WHEN "1111" =>   A_To_G <= "0111000" ;
            WHEN OTHERS => A_To_G <= "0000001";  --显示 0 ;
          END CASE ;
      END PROCESS ;
  END ;
```

3) 不同开发板的约束文件

#Nexys3 约束文件(SW7~SW4 输入数据)：

```
NET "x[3]"    LOC = "T5";
NET "x[2]"    LOC = "V8";
NET "x[1]"    LOC = "U8";
NET "x[0]"    LOC = "N8";
NET "a_to_g[0]"    LOC = "L14";
NET "a_to_g[1]"    LOC = "N14";
NET "a_to_g[2]"    LOC = "M14";
NET "a_to_g[3]"    LOC = "U18";
NET "a_to_g[4]"    LOC = "U17";
NET "a_to_g[5]"    LOC = "T18";
NET "a_to_g[6]"    LOC = "T17";
NET "an[0]"    LOC = "N16";
NET "an[1]"    LOC = "N15";
NET "an[2]"    LOC = "P18";
NET "an[3]"    LOC = "P17";
```

#Basys2 约束文件(SW7 输入高位)：

```
NET "x[3]" LOC = N3;
NET "x[2]" LOC = E2;
NET "x[1]" LOC = F3;
NET "x[0]" LOC = G3;
NET "a_to_g[0]" LOC = M12;
NET "a_to_g[1]" LOC = L13;
NET "a_to_g[2]" LOC = P12;
NET "a_to_g[3]" LOC = N11;
NET "a_to_g[4]" LOC = N14;
NET "a_to_g[5]" LOC = H12;
NET "a_to_g[6]" LOC = L14;
NET "an[0]" LOC = F12;
NET "an[1]" LOC = J12;
NET "an[2]" LOC = M13;
NET "an[3]" LOC = K14;
```

4.4.2　数码管显示实验

下面的例程 1 是完成了将开发板 SW7～SW4 输入的一位十六进制数(即四位二进制数)在最右边数码管上静态显示的功能。例程 2 是将 8 个 SW 输入的两位十六进制数在左边两个数码管上动态显示的源代码，试在开发板上验证该 HDL 代码功能。参考例程 1 和例程 2，实现将 8 个 SW 输入的两位十六进制数对应的十进制数在数码管上显示，数码转换关系见

表 4-2 所示。比如，若 8 个 SW 输入 2FH，4 个数码管由左到右应显示 0215。多个数码管动态扫描的原理可参考 1.2.3 节和 3.4.2 节。

表 4-2　4 位二进制数到 8421BCD 码的转换表

四位二进制数					对应的 8421 码和十进制数					
HEX	b3	b2	b1	b0	8421 BCD 码					十进制数
0	0	0	0	0	0	0	0	0	0	00
1	0	0	0	1	0	0	0	0	1	01
2	0	0	1	0	0	0	0	1	0	02
3	0	0	1	1	0	0	0	1	1	03
4	0	1	0	0	0	0	1	0	0	04
5	0	1	0	1	0	0	1	0	1	05
6	0	1	1	0	0	0	1	1	0	06
7	0	1	1	1	0	0	1	1	1	07
8	1	0	0	0	0	1	0	0	0	08
9	1	0	0	1	0	1	0	0	1	09
A	1	0	1	0	1	0	0	0	0	10
B	1	0	1	1	1	0	0	0	1	11
C	1	1	0	0	1	0	0	1	0	12
D	1	1	0	1	1	0	0	1	1	13
E	1	1	1	0	1	0	1	0	0	14
F	1	1	1	1	1	0	1	0	1	15

例程 1：SW7～SW4 输入的一位十六进制数在最右边数码管上显示的参考代码如下：

数码管静态显示的 Verilog 程序如下：

```
module hex7seg (
input wire [3:0] x,
output reg [6:0] a_to_g,
output wire [3:0] an
);
assign an=4'b1110;
always @ ( * )
case (x)
    0: a_to_g = 7'b0000001;
    1: a_to_g = 7'b1001111;
```

```
        2: a_to_g = 7'b0010010;
        3: a_to_g = 7'b0000110;
        4: a_to_g = 7'b1001100;
        5: a_to_g = 7'b0100100;
        6: a_to_g = 7'b0100000;
        7: a_to_g = 7'b0001111;
        8: a_to_g = 7'b0000000;
        9: a_to_g = 7'b0000100;
        'hA: a_to_g = 7'b0001000;
        'hB: a_to_g = 7'b1100000;
        'hC: a_to_g = 7'b0110001;
        'hD: a_to_g = 7'b1000010;
        'hE: a_to_g = 7'b0110000;
        'hF: a_to_g = 7'b0111000;
        default: a_to_g = 7'b0000001;   // 0
    endcase
    endmodule
```

数码管静态显示的 VHDL 程序如下：

```
entity hex7seg is
    Port ( x : in   STD_LOGIC_VECTOR (3 downto 0);
           LED7S : out   STD_LOGIC_VECTOR (6 downto 0);
           AN : out   STD_LOGIC_VECTOR (3 downto 0));
end hex7seg;

architecture Behavioral of hex7seg is
begin
    AN<="1110";
    PROCESS( x )
        BEGIN
            CASE   x(3 DOWNTO 0)   IS
            WHEN "0000" =>   LED7S <= "0000001" ;      --显示 0
            WHEN "0001" =>   LED7S <= "1011110" ;      --显示 1
            WHEN "0010" =>   LED7S <= "0010010" ;      --显示 2
            WHEN "0011" =>   LED7S <= "0000110" ;      --显示 3
            WHEN "0100" =>   LED7S <= "1001100" ;      --显示 4
            WHEN "0101" =>   LED7S <= "0100100" ;      --显示 5
            WHEN "0110" =>   LED7S <= "0100000" ;      --显示 6
            WHEN "0111" =>   LED7S <= "0001111" ;      --显示 7
            WHEN "1000" =>   LED7S <= "0000000" ;      --显示 8
```

```
            WHEN "1001" =>  LED7S <= "0000100" ;      --显示 9
            WHEN "1010" =>  LED7S <= "0001000" ;
            WHEN "1011" =>  LED7S <= "1100001" ;
            WHEN "1100" =>  LED7S <= "0110001" ;
            WHEN "1101" =>  LED7S <= "1000010" ;
            WHEN "1110" =>  LED7S <= "0110000" ;
            WHEN "1111" =>  LED7S <= "0111000" ;
            WHEN OTHERS => LED7S <= "0000001";     --显示 0 ;
            END CASE ;
        END PROCESS ;
end Behavioral;
```

例程 2：将 8 个 SW 输入的两位十六进制数在右边两个数码管上显示的参考代码如下：
数码管动态显示的 Verilog 程序如下：

```
module x7seg (
    input wire [7:0] x,
    input wire clk,
    input wire clr,
    output reg [6:0] a_to_g,
    output reg [3:0] an
);
    wire   s;
    reg   [3:0] digit;
    reg [19:0] clkdiv;
    assign s = clkdiv[19]; //间隔 5.2ms 使能 An
//4 位 2 选 1MUX，选择十六进制数高低位
always @ ( * )
case (s)
    0: digit = x[7:4];
    1: digit = x[3:0];
    default: digit = x[7:4];
endcase
// 7 段译码表
always @ ( * )
case (digit)
    0: a_to_g = 7'b0000001;
    1: a_to_g = 7'b1001111;
    2: a_to_g = 7'b0010010;
    3: a_to_g = 7'b0000110;
    4: a_to_g = 7'b1001100;
```

```
            5: a_to_g = 7'b0100100;
            6: a_to_g = 7'b0100000;
            7: a_to_g = 7'b0001111;
            8: a_to_g = 7'b0000000;
            9: a_to_g = 7'b0000100;
            'hA: a_to_g = 7'b0001000;
            'hB: a_to_g = 7'b1100000;
            'hC: a_to_g = 7'b0110001;
            'hD: a_to_g = 7'b1000010;
            'hE: a_to_g = 7'b0110000;
            'hF: a_to_g = 7'b0111000;
            default: a_to_g = 7'b0000001;   // 0
        endcase
        always @ ( * )
            begin
            an = 4'b1111;          //禁止所有数码管显示
            an[s] = 0;             //使能数码管其中之一
            end
    // 时钟分频器
    always @ (posedge clk or posedge clr)
        begin
        if (clr == 1)
            clkdiv <= 0;
        else
            clkdiv <= clkdiv + 1;
        end
    endmodule
```

数码管动态显示的 VHDL 程序如下：

```
entity x7seg is
    Port ( x : in   STD_LOGIC_VECTOR (7 downto 0);
           clk : in   STD_LOGIC;
           clr : in   STD_LOGIC;
           a_to_g : out   STD_LOGIC_VECTOR (6 downto 0);
           an : out   STD_LOGIC_VECTOR (3 downto 0));
end x7seg;

architecture Behavioral of x7seg is
           signal s:STD_LOGIC;
    signal digit:STD_LOGIC_VECTOR(3 downto 0);
```

```
    signal clkdiv:STD_LOGIC_VECTOR(19 downto 0);
begin

    process(s)
    begin
    an<="1111";
    if (s='1') then
        an<="1101";
    else
        an<="1110";
    end if;
    end process;
        process(clkdiv(19),x)
    begin
        s<=clkdiv(19);
        case s is
         when '0' => digit<=x(7 downto 4);
         when '1' => digit<=x(3 downto 0);
         when others => digit<=x(7 downto 4);
         end case;
    end process;

    process(digit)
    begin
        case digit is
         when "0000"  => a_to_g<="0000001";
         when "0001"  => a_to_g<="1001111";
         when "0010"  => a_to_g<="0010010";
         when "0011"  => a_to_g<="0000110";
         when "0100"  => a_to_g<="1001100";
         when "0101"  => a_to_g<="0100100";
         when "0110"  => a_to_g<="0100000";
         when "0111"  => a_to_g<="0001111";
         when "1000"  => a_to_g<="0000000";
         when "1001"  => a_to_g<="0000100";
         when "1010"  => a_to_g<="0001000";
         when "1011"  => a_to_g<="1100001";
         when "1100"  => a_to_g<="0110001";
         when "1101"  => a_to_g<="1000010";
```

```
            when "1110"   => a_to_g<="0110000";
            when "1111"   => a_to_g<="0111000";
            when others   => a_to_g<="0000001";
            end case;
        end process;
        process(clk)
        begin
            if(clk'event and clk='1') then
                if (clr='1') then
                    clkdiv<= "00000000000000000000";
                else
                    clkdiv<=clkdiv+1;
                end if;
            end if;
        end process;
    end Behavioral;
```

#Nexys3 约束文件 SW 输入 8 位数：

```
NET "a_to_g[0]"   LOC = "L14";
NET "a_to_g[1]"   LOC = "N14";
NET "a_to_g[2]"   LOC = "M14";
NET "a_to_g[3]"   LOC = "U18";
NET "a_to_g[4]"   LOC = "U17";
NET "a_to_g[5]"   LOC = "T18";
NET "a_to_g[6]"   LOC = "T17";
NET "an[0]"   LOC = "N16";
NET "an[1]"   LOC = "N15";
NET "an[2]"   LOC = "P18";
NET "an[3]"   LOC = "P17";
NET "clr"   LOC = "C9";
NET "clk"   LOC = "V10";
NET "x[0]"   LOC = "T5";
NET "x[1]"   LOC = "V8";
NET "x[2]"   LOC = "U8";
NET "x[3]"   LOC = "N8";
NET "x[4]"   LOC = "M8";
NET "x[5]"   LOC = "V9";
NET "x[6]"   LOC = "T9";
NET "x[7]"   LOC = "T10";
```

Basys2 约束文件 SW 输入 8 位二进制数：

```
NET "a_to_g[0]" LOC = M12;
NET "a_to_g[1]" LOC = L13;
NET "a_to_g[2]" LOC = P12;
NET "a_to_g[3]" LOC = N11;
NET "a_to_g[4]" LOC = N14;
NET "a_to_g[5]" LOC = H12;
NET "a_to_g[6]" LOC = L14;
NET "an[3]" LOC = K14;
NET "an[2]" LOC = M13;
NET "an[1]" LOC = J12;
NET "an[0]" LOC = F12;
NET "clk" LOC = B8;
NET "clr" LOC = G12;
NET "x[0]" LOC = P11;
NET "x[1]" LOC = L3;
NET "x[2]" LOC = K3;
NET "x[3]" LOC = B4;
NET "x[4]" LOC = G3;
NET "x[5]" LOC = F3;
NET "x[6]" LOC = E2;
NET "x[7]" LOC = N3;
```

动态扫描显示，需要有动态显示时间的概念，因此，本实验需要分析时钟模块的使用，计算定时时间。

实验要求：将上述两位数码管动态显示改为四位数码管动态显示。

4.5　译码器和编码器实验

译码器是将每一组输入代码转换为一个对应的输出信号，即完成翻译代码工作的逻辑器件。通常，译码器有 n 个输入，2^n 个输出，最多只能有一个输出有效。编码器是实现输入信号编码功能的逻辑器件，与译码器功能相反。

4.5.1　译码器实验和预习内容

使用 ISE 软件和实验开发板，实现表 4-3 所示的 3-8 译码器功能，参考代码附后。在此基础上实现有控制端的 3-8 译码器功能，当控制信号 En 高电平有效时，按表 4-3 译码输出，当 En 低电平无效时，使全部输出为低电平，并在开发板上验证。

表 4-3　3-8 译码器功能表

a2	a1	a0	y0	y1	y2	y3	y4	y5	y6	y7
0	0	0	1	0	0	0	0	0	0	0
0	0	1	0	1	0	0	0	0	0	0
0	1	0	0	0	1	0	0	0	0	0
0	1	1	0	0	0	1	0	0	0	0
1	0	0	0	0	0	0	1	0	0	0
1	0	1	0	0	0	0	0	1	0	0
1	1	0	0	0	0	0	0	0	1	0
1	1	1	0	0	0	0	0	0	0	1

表 4-3 的 3-8 译码器 Verilog 源代码：

```
module decode38(
    input wire [2:0] a,
    output wire [7:0] y
    );

    assign y[0] = ~a[2] & ~a[1] & ~a[0];
    assign y[1] = ~a[2] & ~a[1] &  a[0];
    assign y[2] = ~a[2] &  a[1] & ~a[0];
    assign y[3] = ~a[2] &  a[1] &  a[0];
    assign y[4] =  a[2] & ~a[1] & ~a[0];
    assign y[5] =  a[2] & ~a[1] &  a[0];
    assign y[6] =  a[2] &  a[1] & ~a[0];
    assign y[7] =  a[2] &  a[1] &  a[0];
```

```
    end process;
endmodule
```

表 4-3 的 3-8 译码器 VHDL 代码：

```
entity decode38 is
    Port ( a : in   STD_LOGIC_VECTOR (2 downto 0);
           y : out  STD_LOGIC_VECTOR (7 downto 0));
end decode38;

ARCHITECTURE Behavioral of decode38 is
    BEGIN
    Process(a)
    BEGIN
    case a is
    when "000" => y <="00000001";
    when "001" => y <="00000010";
    when "010" => y <="00000100";
    when "011" => y <="00001000";
    when "100" => y <="00010000";
    when "101" => y <="00100000";
    when "110" => y <="01000000";
    when "111" => y <="10000000";
    when others=>y<="00000000";
    end case;
  end process;
end Behavioral;
```

表 4-3 的 3-8 译码器约束文件：

```
#Nexys3 的约束文件：
    NET "a[0]"   LOC = "U8";
    NET "a[1]"   LOC = "V8";
    NET "a[2]"   LOC = "T5";

    NET "y[0]"   LOC = "T11";
    NET "y[1]"   LOC = "R11";
    NET "y[2]"   LOC = "N11";
    NET "y[3]"   LOC = "M11";
    NET "y[4]"   LOC = "V15";
    NET "y[5]"   LOC = "U15";
    NET "y[6]"   LOC = "V16";
    NET "y[7]"   LOC = "U16";
```

```
#Basys2 的约束文件：
    NET "a[0]" LOC = F3;
    NET "a[1]" LOC = E2;
    NET "a[2]" LOC = N3;

    NET "y[0]" LOC = M5;
    NET "y[1]" LOC = M11;
    NET "y[2]" LOC = P7;
    NET "y[3]" LOC = P6;
    NET "y[4]" LOC = N5;
    NET "y[5]" LOC = N4;
    NET "y[6]" LOC = P4;
    NET "y[7]" LOC = G1;
```

仿真结果如图 4-10 所示。

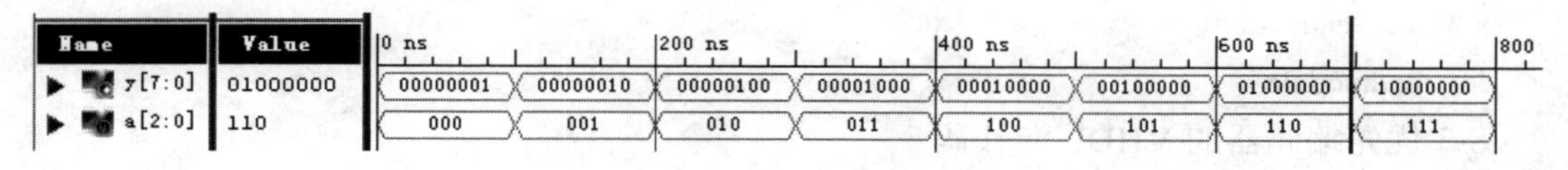

图 4-10　3-8 译码器仿真结果

4.5.2　优先编码器实验和预习内容

使用 ISE 软件和实验开发板，实现表 4-4 所示的优先编码器功能，参考代码附后。分析代码中 valid 的作用。请将参考代码中的 valid 改为一个控制信号，高电平有效时编码输出。分析 valid 低电平无效时，开发板上 FPGA 引脚可否输出高阻。完善优先编码器。

表 4-4　优先编码器功能表

x0	x1	x2	x3	x4	x5	x6	x7	y2	y1	y0
1	0	0	0	0	0	0	0	0	0	0
x	1	0	0	0	0	0	0	0	0	1
x	x	1	0	0	0	0	0	0	1	0
x	x	x	1	0	0	0	0	0	1	1
x	x	x	x	1	0	0	0	1	0	0
x	x	x	x	x	1	0	0	1	0	1
x	x	x	x	x	x	1	0	1	1	0
x	x	x	x	x	x	x	1	1	1	1

8-3 优先编码器的 Verilog 源代码：

```
module pencode83 (
    input wire [7:0] x,
    output reg [2:0] y,
    output reg valid
    );

integer i;

always @ ( * )
    begin
    y = 0;
     valid = 0;
     for (i = 0; i <= 7; i = i+1)
         if (x[i] ==1)
             begin
                 y = i;
                 valid = 1;              //valid=1'bz;
```

```
            end
    end
endmodule
```

8-3 优先编码器的 VHDL 源代码

```
entity pencode83 is
    Port ( x : in    STD_LOGIC_VECTOR (7 downto 0);
           y : out   STD_LOGIC_VECTOR (2 downto 0);
           valid : out   STD_LOGIC);
end pencode83;

architecture Behavioral of pencode83 is
    signal i:integer;
begin
    process(x)
     begin
          y<="000";
           valid<='0';
           for i in 0 to 7 loop
               if(x(i)='1') then
                    y<=conv_std_logic_vector(i,3);
                     valid<='1';
               end if;
           end loop;
    end process;

end Behavioral;
```

#Nexys3 的约束文件：

```
NET "x[0]"   LOC = "T5";
NET "x[1]"   LOC = "V8";
NET "x[2]"   LOC = "U8";
NET "x[3]"   LOC = "N8";
NET "x[4]"   LOC = "M8";
NET "x[5]"   LOC = "V9";
NET "x[6]"   LOC = "T9";
NET "x[7]"   LOC = "T10";
NET "y[0]"   LOC = "T11";
NET "y[1]"   LOC = "R11";
NET "y[2]"   LOC = "N11";
NET "valid"   LOC = "M11";
```

#Basys2 的约束文件：

```
NET "x[0]"   LOC = "N3";
NET "x[1]"   LOC = "E2";
NET "x[2]"   LOC = "F3";
NET "x[3]"   LOC = "G3";
NET "x[4]"   LOC = "B4";
NET "x[5]"   LOC = "K3";
NET "x[6]"   LOC = "L3";
NET "x[7]"   LOC = "P11";
NET "y[0]"   LOC = "G1";
NET "y[1]"   LOC = "P4";
NET "y[2]"   LOC = "N4";
NET "valid"   LOC = "N5";
```

功能仿真如图 4-11 所示，分析是否与程序设计对应。

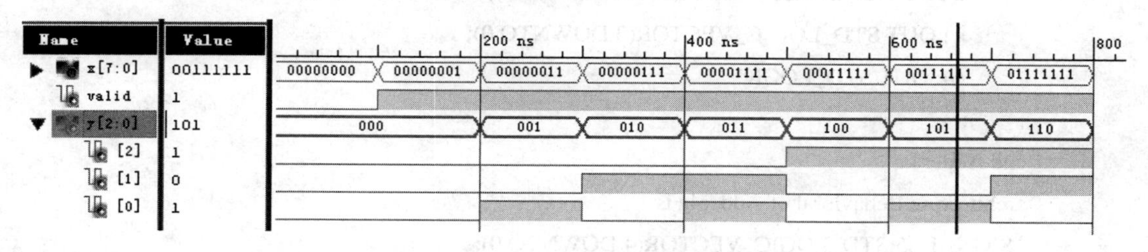

图 4-11　8-3 优先编码器仿真结果

4.6　加法器实验

(1) 实现图 4-12 所示的 4 位二进制加法器。参考代码附后，分析在 ISE 上仿真设计的正确性，并在实验开发板上验证，说明实现的是串行加法器还是超前进位加法器。

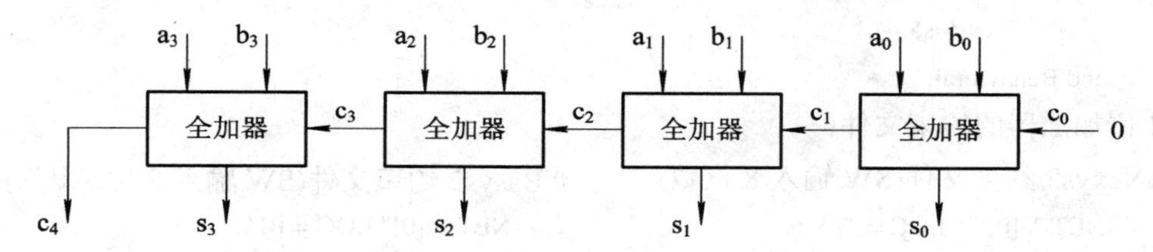

图 4-12　4 位二进制加法器原理图

4 位加法器的 Verilog 源代码：

```
module adder4a(
    input wire [3:0]   a,
    input wire [3:0]   b,
    output wire [3:0]   s,
    output wire    c4
    );
    wire [4:0]   c;
    assign c[0]=0;
    assign s = a ^ b ^ c[3:0];
    assign c[4:1] = a & b | c[3:0] & (a ^ b);
    assign c4 = c[4];
endmodule
```

--VHDL 参考代码：

```
entity Adder4a is
    PORT (
     a : IN STD_LOGIC_VECTOR(3 DOWNTO 0);
```

```
        b : IN STD_LOGIC_VECTOR(3 DOWNTO 0);
        s : OUT STD_LOGIC_VECTOR(3 DOWNTO 0);
        c4: OUT STD_LOGIC
       );
 end Adder4a;
 architecture Behavioral of Adder4a is
  SIGNAL s5:STD_LOGIC_VECTOR(4 DOWNTO 0);
  SIGNAL a5,b5:STD_LOGIC_VECTOR(4 DOWNTO 0);
 begin
          a5<='0'&a;
          b5<='0'&b;
          s5<=a5+b5;
          s<=s5(3 DOWNTO 0);
          c4<=s5(4);
 end Behavioral;
```

4 位加法器的约束文件：

#Nexys3 约束文件(SW 输入 8 位数)：

```
NET "a[0]"   LOC = "T5";
NET "a[1]"   LOC = "V8";
NET "a[2]"   LOC = "U8";
NET "a[3]"   LOC = "N8";
NET "b[0]"   LOC = "M8";
NET "b[1]"   LOC = "V9";
NET "b[2]"   LOC = "T9";
NET "b[3]"   LOC = "T10";

NET "c4"   LOC = " T11";
NET "s[0]"   LOC = "R11";
NET "s[1]"   LOC = "N11";
NET "s[2]"   LOC = "M11";
NET "s[3]"   LOC = "V15";
```

Basys2 约束文件(SW 输入 8 位二进制数)：

```
NET "a[0]" LOC = P11;
NET "a[1]" LOC = L3;
NET "a[2]" LOC = K3;
NET "a[3]" LOC = B4;
NET "b[0]" LOC = G3;
NET "b[1]" LOC = F3;
NET "b[2]" LOC = E2;
NET "b[3]" LOC = N3;

NET "c4" LOC = "G1";
NET "s<0>" LOC = "P4" ;
NET "s<1>" LOC = "N4" ;
NET "s<2>" LOC = "N5" ;
NET "s<3>" LOC = "P6";
```

(2) 分析以下程序实现了什么功能。给出此项设计的仿真波形，测试加法器的延时。

```
LIBRARY IEEE;
USE IEEE.STD_LOGIC_1164.ALL;
USE IEEE.STD_LOGIC_UNSIGNED.ALL;
ENTITY ADDER4 IS
    PORT ( CIN : IN STD_LOGIC;
```

```
        A, B : IN STD_LOGIC_VECTOR(3 DOWNTO 0);
          S : OUT STD_LOGIC_VECTOR(3 DOWNTO 0);
        COUT : OUT STD_LOGIC );
END ADDER4;
ARCHITECTURE behav OF ADDER4 IS
     SIGNAL SINT : STD_LOGIC_VECTOR(4 DOWNTO 0);
BEGIN
     SINT <= ('0'& A) + B + CIN ;
     S <= SINT(3 DOWNTO 0);    COUT <= SINT(4);
END behav;
```

(3) 图 4-13 是多位二进制加法，其中的有底色的一位加法形象地显示了全加器的 3 个不同输入时的八种情况，使用 HDL 描述全加器，然后用原理图方法完成图 4-14。

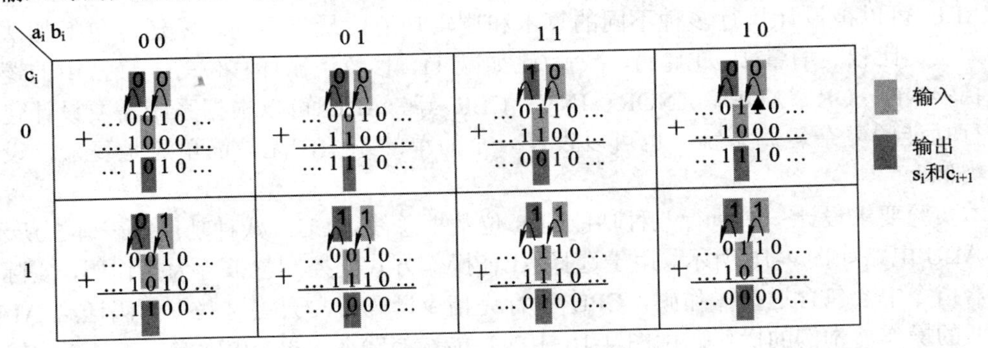

图 4-13　多位二进制加法

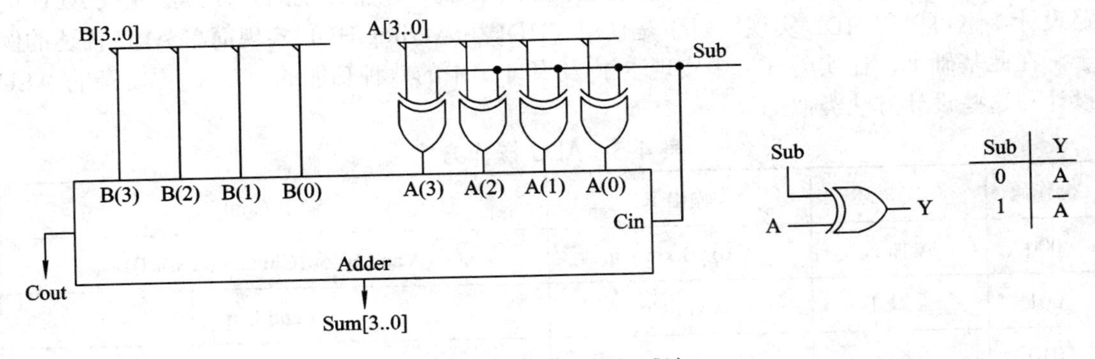

图 4-14　实现四位加减法

4.7　算术逻辑单元(ALU)实验

算术逻辑单元(Arithmetic Logic Unit,ALU)是中央处理器(Central Processing Unit,CPU)的执行单元，是所有 CPU 的核心组成部分，主要功能是进行二进制的算术运算和逻辑运算(如加、减、与、或等)。

ALU是将许多逻辑电路结合在一起，实现加、减及逻辑运算的一个组合逻辑电路。ALU结构框图如图4-15所示，输入由两个N位的数据总线(实现两个N位操作数运算)、一个进位位Cin和M位的操作方式选择(确定了ALU最多有2^M种操作方式)构成。ALU的输出包括了N位输出和一个进位输出Cout。

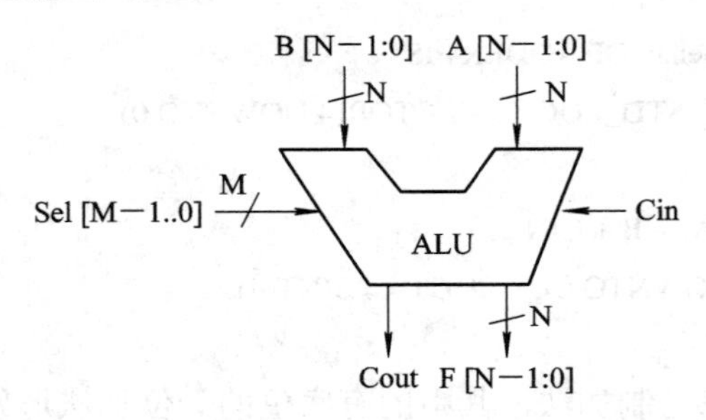

图4-15　ALU结构

ALU可以被设计执行多种不同的算术和逻辑功能，最常用的算术运算包括加法、减法、乘法、比较、增量(比如加1)、减量(比如减1)、移位、循环移位等；最常用的逻辑运算包括AND、OR、XOR、XNOR、INV、CLR等。ALU可以根据系统需要设计包含所有运行功能的复杂运算系统，也可以设计一个简单的系统，无论简单还是复杂，设计方法都类似。

本实验要求设计一个执行八种功能的8位数据总线ALU。八种功能如表4-5所示，8位的ALU电路如图4-16所示。用于选择ALU操作方式的控制位被称为操作码，实际的微处理器指令中会包含这些操作码，CPU执行完指令译码后，会将这些操作码送给ALU进行需要的操作，本例的操作码由图4-16中的功能选择输入Sel[2..0]确定。表4-5中输出变量是按位运算的逻辑式。一旦ALU操作功能确定，就可以用传统的设计方法完成ALU电路设计，也可以用HDL实现。以下是使用VHDL和Verilog HDL实现简单ALU描述的例子，在此基础上，在实验环境中实现8位及表4-5中的八种功能的ALU。更复杂的ALU设计与这些设计方法类似。

表4-5　ALU操作方式

操作码	功能描述	输出F	输出Cout
000	A加B	A xor B xor Cin	(A and B) or (Cin and (A xor B))
001	A减1	A xor Cin	A and Cin
010	A减B	A xor B xor Cin	(not A and B) or (Cin and (A xnor B))
011	清零	0	0
100	A异或B	A xor B	0(Cout为无关项，可设为0)
101	A非	not A	0(Cout为无关项)
110	A或B	A or B	0(Cout为无关项)
111	A与B	A and B	0(Cout为无关项)

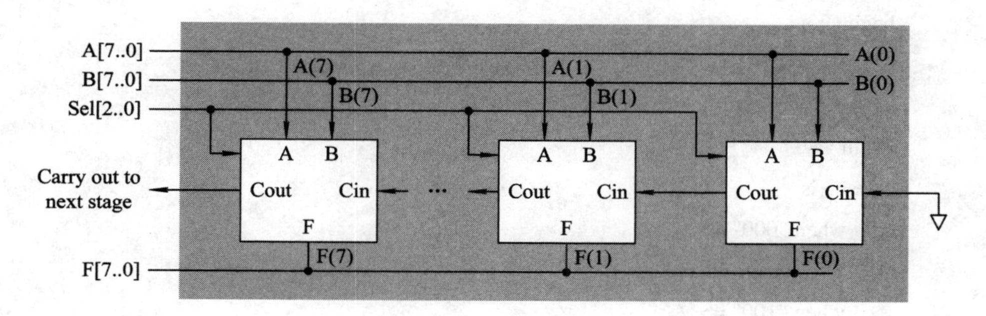

图 4-16　8 位 ALU 电路图

例 1　用 VHDL 描述的 8 位四种功能的 ALU。

```
---一个 8 bit，四种功能的 ALU 描述例子
entity ALU is
    port (   A, B : in std_logic_vector (7 downto 0);
             Sel   : in std_logic_vector (1 downto 0);
             Y          : out std_logic_vector (7 downto 0));
end ALU;

architecture behavioral of ALU is
Begin
    With sel select
      Y <=   (A + B) when "00",
             (A + "00000001") when "01",
             (A or B) when "10",
             (A and B) when others;
end behavioral;
```

例 2　用 VHDL 描述的 8 位八种功能的 ALU。

```
library ieee;
use ieee.std_logic_1164.all;
use ieee.std_logic_unsigned.all;
use ieee.std_logic_arith.all;
ENTITY alu8bit IS
    port(a, b : in std_logic_vector(7 downto 0); -- a and b are busses
    op : in std_logic_vector(2 downto 0);
    zero : out std_logic;
    f : out std_logic_vector(7 downto 0));
END alu8bit;
architecture behavioral of alu8bit is
```

```
begin
process(op,a,b)
variable temp: std_logic_vector(7 downto 0);
begin
case op is
    when "000" =>
        temp := a and b;
    when "100" =>
        temp := a and b;
    when "001" =>
        temp := a or b;
    when "101" =>
        temp := a or b;
    when "010" =>
        temp := a + b;
    when "110" =>
        temp := a - b;
    when "111" =>
        if a < b then
            temp := "11111111";
        else
            temp := "00000000";
        end if;
    when others =>
        temp := a - b;
end case;
if temp="00000000" then
    zero <= '1';
else
    zero <= '0';
end if;
    f <= temp;
    end process;
end behavioral;
```

例 3　用 Verilog HDL 描述 4 位八种功能的 ALU。本例中 ALU 有 4 个输出标志信号，分别是进位标志 of，溢出标志 ovf，零标志 zf 和负数标志 nf。其中，进位标志 cf 和溢出标志 ovf 分别用来标志加/减运算中的进位/借位和溢出；当输出 y 为 0000 时，零标志 zf 为 1；当 y(3)为 1 时，负数标志 nf 为 1。

```
module alu4(
input wire [2:0] alusel,
input wire [3:0] a,
input wire [3:0] b,
output reg nf,
output reg zf,
output reg cf,
output reg ovf,
output reg [3:0] y
);
reg [4:0] temp;
always @(*)
    begin
        cf = 0;
        ovf = 0;
        temp = 5'b00000;
        case(alusel)
        3'b000: y=a;
        3'b001:
            begin
                temp = {1'b0,a} + {1'b0,b};
                y = temp[3:0];
                cf = temp[4];
                ovf = y[3]^a[3]^b[3]^cf;
            end
        3'b010:
            begin
                temp = {1'b0,a} - {1'b0,b};
                y = temp[3:0];
                cf = temp[4];
                ovf = y[3]^a[3]^b[3]^cf;
            end
        3'b011:
            begin
                temp = {1'b0,b} - {1'b0,a};
                y = temp[3:0];
                cf = temp[4];
```

```
                ovf = y[3]^a[3]^b[3]^cf;
            end
        3'b100: y = ~a;
        3'b101: y = a&b;
        3'b110: y = a|b;
        3'b111: y = a^b;
        default: y = a;
    endcase
    nf = y[3];
    if(y==4'b0000)
        zf = 1;
    else
        zf = 0;
    end
endmodule
```

用 VHDL 描述的 4 位八种功能的 ALU：

```
entity alu4 is
    Port ( alusel : in   STD_LOGIC_VECTOR (2 downto 0);
        a : in   STD_LOGIC_VECTOR (3 downto 0);
        b : in   STD_LOGIC_VECTOR (3 downto 0);
        nf : out  STD_LOGIC;
        zf : out  STD_LOGIC;
        cf : inout  STD_LOGIC;
        ovf : out  STD_LOGIC;
        y : inout  STD_LOGIC_VECTOR (3 downto 0));
end alu4;

architecture Behavioral of alu4 is

begin
    process(alusel,a,b)
    variable temp: STD_LOGIC_VECTOR (4 downto 0);
    begin
        cf<='0';
        ovf<='0';
        temp:="00000";
        case alusel is
```

```
                when "000" => y<=a;
                when "001" =>
                            temp:=('0'&a)+('0'&b);
                             y<= temp(3 downto 0);
                             cf<=temp(4);
                             ovf<=y(3) xor a(3) xor b(3) xor cf;
                when "010" =>
                             temp:=('0'&a)-('0'&b);
                             y<= temp(3 downto 0);
                             cf<=temp(4);
                             ovf<=y(3) xor a(3) xor b(3) xor cf;
                when "011" =>
                            temp:=('0'&b)-('0'&a);
                             y<= temp(3 downto 0);
                             cf<=temp(4);
                             ovf<=y(3) xor a(3) xor b(3) xor cf;
                when "100" => y<=not a;
                when "101" => y<=a and b;
                when "110" => y<=a or b;
                when "111" => y<=a xor b;
                when others => y<=a;
            end case;

            nf<=y(3);
            if (y="0000") then
                zf<='1';
            else
                zf<='0';
            end if;
        end process;

    end Behavioral;
```

参考文献和相关网站

[1] Xilinx FPGA 入门教程、开发套件 ISE、和实验资料网站 http://china.xilinx.com/或 http://www.xilinx.com/

[2] Digilent 各种开发板(Nexys3、Basys2 等)的原理图、参考手册、Digilent Plugin 插件、Digilent Adept 工具、各种典型应用工程等等资料网站 http://www.digilentinc.com/，中文网站：http://www.digilentchina.com/

[3] Haskell R E，Hanna D M. 郑利浩，王荃，陈华锋译. FPGA 数字逻辑设计教程——Verilog. 北京：电子工业出版社，2010

第 5 章　基于 HDL 的时序逻辑电路实验

数字电路分为组合逻辑电路和时序逻辑电路。组合逻辑电路任何时刻输出信号的逻辑状态仅取决于该时刻输入信号的逻辑状态，电路中不包含记忆性电路或器件。时序逻辑电路的输出状态不仅与该时刻的输入有关，而且还与电路历史状态有关。时序逻辑电路的基本单元是触发器，具有记忆输入信息的功能。

5.1　边沿 D 触发器实验

通过使用 ISE 软件和 FPGA 实现实验图 5-1 所示的带有置位和清零端的边沿 D 触发器的逻辑图。在 ISE 上仿真并在实验开发板上实现，通过开发板上的 SW7 改变 D 的状态，观察触发器输出变化，说明为什么输出 q 会随着 D 变化，并用 D 触发器设计一个 2 分频计数器，通过两个 LED 显示分频前后的信号。部分实验参考内容见后。

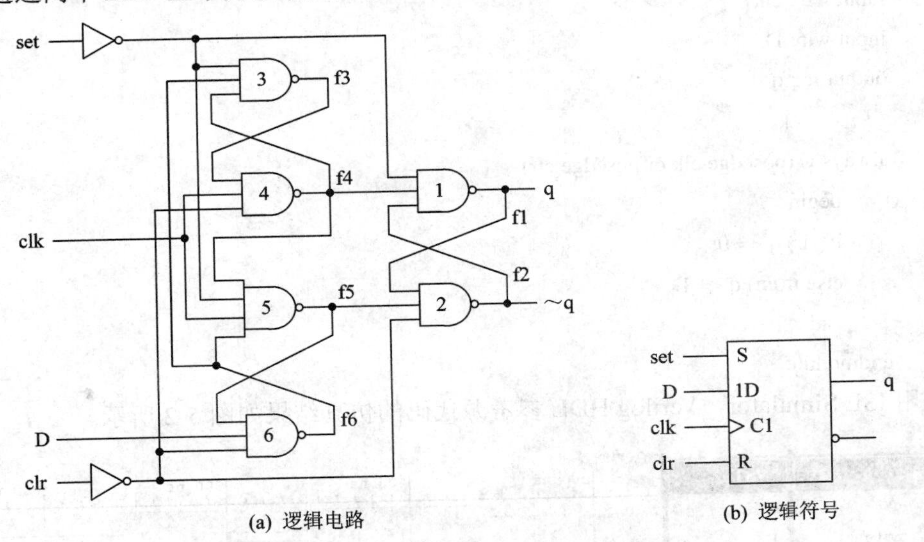

图 5-1　维持阻塞型 D 触发器

(1) 实现图 5-1 所示的边沿 D 触发器的 Verilog HDL 参考源代码如下：

```
module flipflopcs (
        input wire clk,
        input wire D,
        input wire set,
```

```
        input wire clr,
        output q,
        output notq
        );
        wire f1, f2, f3, f4, f5, f6;
        assign #5 f1 = ~ (f4 & f2 & ~set);   //#5 表示与门加 5 个单位时间的传输延时
        assign #5 f2 = ~(f1 & f5 & ~clr);
        assign #5 f3 = ~(f6 & f4 & ~set);
        assign #5 f4 = ~(f3 & clk & ~clr);
        assign #5 f5 = ~(f4 & clk & f6 & ~set);
        assign #5 f6 = ~(f5 & D & ~clr);
        assign q = f1;
        assign notq = f2;
    endmodule

    //以下是带清零端的 DFF
    module Dff (
    input wire clk,
    input wire clr,
    input wire en,
    input wire D,
    output reg q
            );
    always @(posedge clk or posedge clr)
        begin
        if(clr) q <= 0;
        else if(en) q <= D;
        end
    endmodule
```

使用 ISE Simulator，Verilog HDL 参考源代码的仿真结果如图 5-2 所示。

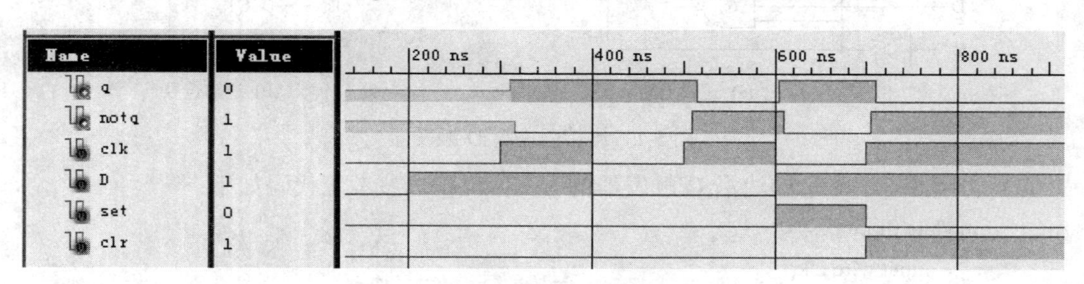

图 5-2　边沿 D 触发器的仿真结果

由图 5-2 可见，电路开始工作时，如果 set 和 clr 信号为低电平无效，且 clk 无有效上沿时，触发器的输出 q 和 notq 是不确定的 x(图中的非 0 非 1 线)，当第一个 clk 上沿到来时，D 触发器的输出状态变化(D 为 1，则输出 q 为 1)。同时，由图可见门电路的延时。

(2) 边沿 D 触发器的 VHDL 源代码如下：

```
--Behavioral D Flip-Flop with Clock Enable and Asynchronous Reset
entity Dflipflop is
        Port (D,clk,rst,ce : in STD_LOGIC;
                                Q : out STD_LOGIC);
end Dflipflop;

architecture Behavioral of Dflipflop is
begin
        process(clk, rst,D,ce)
        begin
                if rst ='1' then Q <= '0';
                   elseif (clk'event and clk='1')
                           then if ce = '1' then Q <= D;
                                end if;
                end if;
        end process;
end Behavioral;

--Behavioral D Flip-Flop,   Synchronous Reset
entity DFF is
        Port (D, clk, rst : in STD_LOGIC;
                    Q : out STD_LOGIC);
end DFF;
architecture Behavioral of DFF is
begin
        process(clk, rst,D)
        begin
                if (CLK'event and CLK='1') then
                        if rst ='1' then Q <= '0';
                        else Q<=D;
                        end if;
                end if;
        end process;
```

```
end Behavioral;

--Behavioral 8bit D Register with Asynchronous Reset
entity Reg8 is
        port (D : in STD_LOGIC_VECTOR(7 downto 0);
                clk, rst : in STD_LOGIC;
                Q : out STD_LOGIC_VECTOR (7 downto 0));
end Reg8;
architecture Behavioral of Reg8 is
begin
        process(clk,rst)
        begin
              if rst ='1' then Q <= "0000 0000";
                      elsif (CLK'event and CLK='1') then Q <= D;
              end if;
        end process;
end Behavioral;
```

(3) 带有置位和清零端的边沿 D 触发器的约束文件规定如下：

#Nexys3 约束文件：

```
NET "clk" LOC ="V10";
NET "D" LOC ="T5";
NET "set" LOC ="T9";
NET "clr" LOC ="T10";
NET "q" LOC ="T11";
NET "notq" LOC ="R11";
```

#Basys2 约束文件：

```
NET "clk" LOC ="B8";      //时钟
NET "D" LOC ="N3";        //SW7
NET "set" LOC ="L3";      //SW1
NET "clr" LOC ="P11";     //SW0
NET "q" LOC ="G1";        //LD7
NET "notq" LOC ="P4";     //LD6
```

5.2　计数器实验

5.2.1　计数器简介

计数器是一种最常用的时序逻辑电路，通常有加、减和可逆三种计数方式，计数器的模多数为 2^n 进制或十进制。一般都有使能控制端，当控制信号有效时，一个 N 进制计数器在有效时钟 Clk 边沿作用下，按照计数方式改变次态。当计数到最后一个状态 S_{n-1} 时，一般会产生进位或/和借位信号，如图 5-3 中的 TC(Terminal Count)，表示最后一个计数状态，在下一个有效时钟边沿，状态回到初始状态 S_0。2^n 进制的计数器每个输出都是时钟信号 Clk 的分频，且占空比为 50%，如图 5-3 和图 5-4 所示。

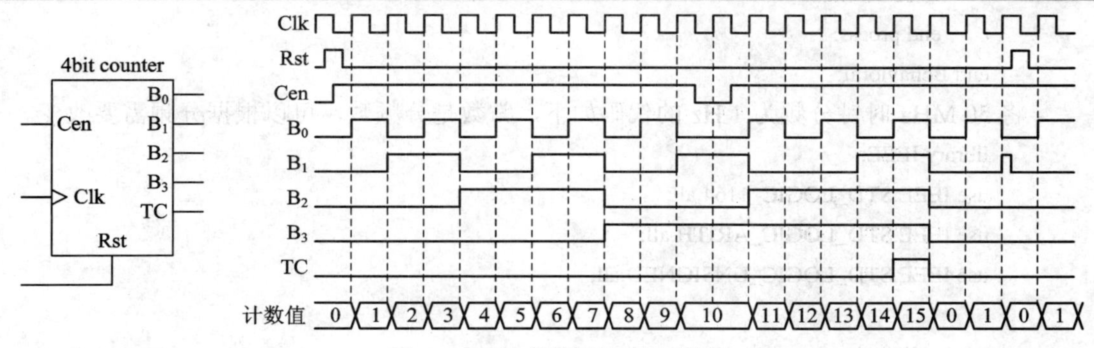

图 5-3 二进制计数器及波形图

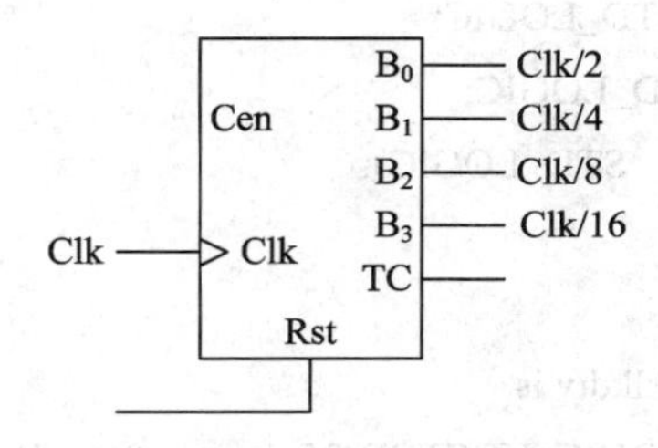

图 5-4 2^n 进制计数器

5.2.2 计数器实验和预习内容

(1) 学习 VHDL 的读者分析以下代码功能。

```
library IEEE;
use IEEE.STD_LOGIC_1164.all;
use IEEE.STD_LOGIC_ARITH.all;
use IEEE.STD_LOGIC_UNSIGNED.all;

entity counter is
        Port ( clk : in    STD_LOGIC;
            rst : in   STD_LOGIC;
            B : inout    STD_LOGIC_VECTOR (3 downto 0));
end counter;
architecture Behavioral of counter is
    begin
    process (clk, rst)
    begin
        if(rst='1')then
                B<="0000";
        elseif(clk 'event and clk='1')then
                B<=B+1;
        end if;
```

```
end proess;
end Behavioral;
```

--将 50 MHz 时钟分频为 1 Hz 的代码如下，常数是分频数，可以根据分频需要改变。

```
library IEEE;
use IEEE.STD_LOGIC_1164.all;
use IEEE.STD_LOGIC_ARITH.all;
use IEEE.STD_LOGIC_UNSIGNED.all;

entity clkdiv is
        Port ( clk : in    STD_LOGIC;
               rst : in    STD_LOGIC;
               clkout : out    STD_LOGIC);
end clkdiv;

architecture Behavioral of clkdiv is
constant cntendval:STD_LOGIC_VECTOR(25 downto 0) := "10111110101111000010000000";
signal cntval : STD_LOGIC_VECTOR (25 downto 0);

begin
process (clk, rst)
    begin
        if (rst = '1') then
          cntval <= "00000000000000000000000000";
        elsif (clk'event and clk='1') then
            if (cntval = cntendval) then
              cntval <="00000000000000000000000000";
        else cntval <= cntval + 1;
        end if;
    end if;
 end process;
clkout <= cntval(25);
end Behavioral;
```

仿真并在开发板上验证以下设计(用 1 s 的时钟接 clk 可以看到结果，BASYS2 板上 clk 接 C8)。

```
LIBRARY IEEE;
USE IEEE.STD_LOGIC_1164.ALL;
USE IEEE.STD_LOGIC_UNSIGNED.ALL;
ENTITY CNT4B IS
    PORT (CLK : IN STD_LOGIC;
```

```
            RST : IN STD_LOGIC;
            ENA : IN STD_LOGIC;
            OUTY : OUT STD_LOGIC_VECTOR(3 DOWNTO 0);
            COUT : OUT STD_LOGIC );
      END CNT4B;
  ARCHITECTURE behav OF CNT4B IS
      SIGNAL CQI : STD_LOGIC_VECTOR(3 DOWNTO 0);
      BEGIN
      P_REG: PROCESS(CLK, RST, ENA, CQI)
            BEGIN
            IF RST = '1' THEN      CQI <= "0000";
                ELSIF CLK'EVENT AND CLK = '1' THEN
                 IF ENA = '1' THEN    CQI <= CQI + 1;
                END IF;
            END IF;
          OUTY <= CQI ;
      END PROCESS P_REG ; --进位输出
      COUT<=CQI(0) AND CQI(1) AND CQI(2) AND CQI(3);
  END    behav;
```

(2) 使用 ISE 软件和 FPGA 实现模 6 计数器，即计数状态从 000 依次加 1 到 101 状态，下一次有效触发沿到来时再回到 000 状态。仿真并在开发板上验证其计数功能。

```
module mod6cnt (
    input wire clr,
    input wire clk,
    output reg [2:0] q
);
reg [24:0] q1;
//25 位计数器，对 50MHz 时钟进行 2^25 分频
always @ (posedge clk or posedge clr)
    begin
    if (clr == 1)
        q1 <= 0;
    else
        q1 <= q1 + 1;
    end
assign mclk = q1[24];   // 1.5Hz
// 模 6 计数器
always @ (posedge mclk or posedge clr)
    begin
```

```
        if (clr == 1)
            q <= 0;
        else if (q == 5)
            q <= 0;
        else
            q <= q + 1;
        end
    endmodule
```

建立上述代码的 Verilog Test Fixture 仿真文件，在文件模板中添加以下激励代码：

```
// Add stimulus here
#100; clr<=1; clk<=0;
#100; clr<=1; clk<=1;
#100; clr<=0; clk<=0;
#100; clr<=0; clk<=1;
#100; clr<=0; clk<=0;
#100; clr<=0; clk<=1;
#100; clr<=0; clk<=0;
#100; clr<=0; clk<=1;
#100; clr<=0; clk<=0;
#100; clr<=0; clk<=1;
#100; clr<=0; clk<=0;
#100; clr<=0; clk<=1;
#100; clr<=0; clk<=0;
#100; clr<=0; clk<=1;
#100; clr<=1; clk<=0;
#100; clr<=1; clk<=1;
```

仿真结果如图 5-5 所示，由图可见 clr 清 0 无效，而且在出现 clk 有效上沿后计数器的计数值 q[2:0]始终为 000，分析原因。

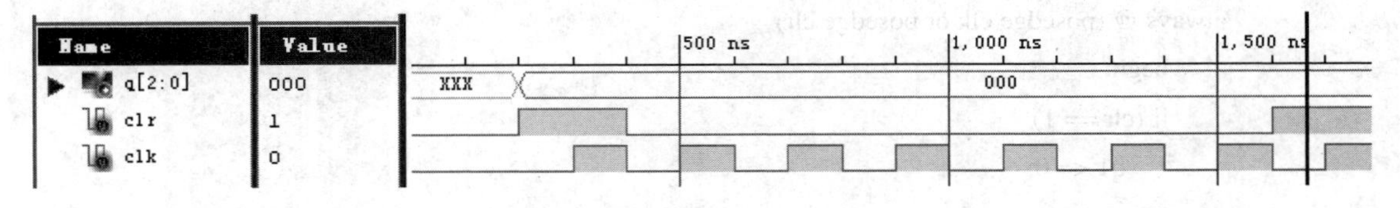

图 5-5　模 6 计数器仿真结果

模 6 计数器的 VHDL 程序：

```
entity mod6cnt is
    Port ( clr : in    STD_LOGIC;
        clk : in    STD_LOGIC;
        q : inout    STD_LOGIC_VECTOR (2 downto 0));
```

```
end mod6cnt;

architecture Behavioral of mod6cnt is
    signal q1:std_logic_vector(24 downto 0);
     signal mclk:std_logic;
begin
    process(clr,clk)
     begin
          if(clr='1')then
               q1<="0000000000000000000000000";
           elsif(clk'event and clk='1')then
               q1<=q1+1;
          end if;
     end process;

     mclk<=q1(24);

     process(mclk,clr,q)
     begin
          if(clr='1')then
               q<="000";
           elsif(q="110")then
               q<="000";
          elsif(mclk'event and mclk='1')then
               q<=q+1;
          end if;
     end process;

end Behavioral;
```

在开发板上验证模 6 计数器的约束文件规定如下，观察结果是否正确。

#Nexys3 约束文件：

```
NET "clk" LOC ="V10";
NET "clr" LOC ="T10";
NET "q[2]" LOC ="T11";
NET "q[1]" LOC ="R11";
NET "q[0]" LOC =" N11";
```

#Basys2 约束文件：

```
NET "clk" LOC ="B8";       //时钟
NET "clr" LOC ="P11";      //SW0
NET "q[2]" LOC ="G1";      //LD7
NET "q[1]" LOC ="P4";      //LD6
NET "q[0]" LOC ="N4";      //LD5
```

在实现上述工程文件之后，Place&Route 中出现以下 WARNING 信息，查找资料说明是什么问题。

```
WARNING:Route:455 - CLK Net:q1<24> may have excessive skew because
```

但 WARNING 并不影响设计文件的功能，将上述工程产生的代码下载到开发板，在开发板的 LD7～LD5 可以看到计数循环是由 000B 依次加 1 到 101B 的 6 进制计数状态。

(3) 在上述实验基础上，设计一个秒脉冲发生器，用 LED 指示秒脉冲的发生。

5.3　寄存器和移位寄存器实验

寄存器是数字系统中用来存储二进制数据的逻辑器件，在数字系统中广泛使用。当然，每个触发器都可以寄存一位二进制数，但寄存器一般是指可以存储多位二进制数的逻辑电路或器件。寄存器内部包含多个触发器，待保存的数据在外部时钟脉冲统一控制下存入触发器中。如果触发器的输出经三态门接到寄存器的引脚，则寄存器为三态输出。寄存器电路按逻辑功能可分为并行寄存器、串行寄存器和串并行寄存器。并行寄存器是指其输入输出都是并行的，没有移位功能，通常简称为寄存器。串行寄存器具有移位功能，因此也称为移位寄存器。

5.3.1　寄存器实验和预习内容

(1) 根据所学的 HDL 语言，分析下面的程序代码中各个参数含义以及实现的逻辑功能，并对代码进行仿真验证。

```
module register
    # (parameter N = 8)
    ( input wire load,
    input wire clk,
    input wire clr,
    input wire [N-1:0] d,
    output reg [N-1:0] q
    );
always @ (posedge clk or posedge clr)
    if (clr == 1)
        q <= 0;
    else if (load == 1)
        q <= d;
endmodule


Library IEEE
use IEEE.std_logic_1164.all
entity reg12 is
PORT(
    d : IN STD LOGIC VECTOR(11 DOWNTO 0);
```

```
        clk : IN STD LOGIC;
        q : OUT STD LOGIC_VECTOR(11 DOWNTO 0));
    end reg12;
    architecture Behavioral of reg12 is
        begin
        if clk'event and clk='1' then
        q <= d;
        end if;
        END PROCESS;
    end Behavioral;
```

(2) 试设计一个带有异步清零和置数信号(置数为全逻辑 1)的 4 位寄存器，并在开发板上验证。

5.3.2 移位寄存器实验和预习内容

(1) 使用 ISE 软件和 FPGA 分别实现图 5-6 所示的 4 位移位寄存器功能。

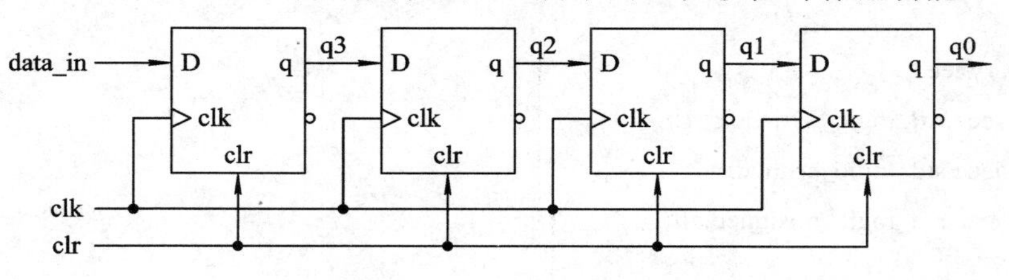

图 5-6　4 位移位寄存器

图 5-6 的 Verilog 设计参考源代码如下，在开发板上验证该功能。学习 VHDL 的读者分析下面的 VHDL 代码完成什么功能。修改代码完成图 5-6 的功能。

```
module ShiftReg (
    input wire clk,
    input wire clr,
    input wire data_in,
    output reg [3:0] q
    );
reg [24:0] q1;

//25 位计数器进行分频
always @ (posedge clk or posedge clr)
    begin
    if (clr == 1)
        q1 <= 0;
    else
        q1 <= q1 + 1;
```

```
    end
assign mclk = q1[24];   // 1.5 Hz

// 4 位移位寄存器
always @ (posedge mclk or posedge clr)
    begin
    if (clr == 1)
        q <= 0;
    else
        begin
        q[3] <= data_in;
        q[2:0] <= q[3:1];
        end
    end
endmodule

library ieee;
use ieee.std_logic_1164.all;
use ieee.std_logic_arith.all;
use ieee.std_logic_unsigned.all;

entity ShiftReg is
port ( data : in std_logic_vector(3 downto 0);
        left_da,right_da,reset,clk : in std_logic;
        mode : in std_logic_vector(1 downto 0);
        qout : buffer std_logic_vector(3 downto 0));
end ShiftReg;

architecture behave of ShiftReg is
begin
    process
    begin
    wait until rising_edge(clk);
      if(reset = '1') then
        qout <= "0000";
      else
        case mode is
        when "01" = qout <= right_da&qout(3 downto 1);
        when "10" => qout <= qout(2 downto 0) & left_da;
```

```
            when "11" => qout <= data;
            when others => null;
            end case;
        end if;
    end process;
end behave;
```

建立 Verilog 代码的仿真文件，在文件模板中加入以下激励代码：

```
// Add stimulus here
#100; clr<=1; data_in<=1; clk<=0;
#100; clr<=1; data_in<=1; clk<=1;
#100; clr<=0; data_in<=1; clk<=0;
#100; clr<=0; data_in<=1; clk<=1;
#100; clr<=0; data_in<=1; clk<=0;
#100; clr<=0; data_in<=1; clk<=1;
#100; clr<=0; data_in<=1; clk<=0;
#100; clr<=0; data_in<=1; clk<=1;
#100; clr<=0; data_in<=1; clk<=0;
#100; clr<=0; data_in<=1; clk<=1;
#100; clr<=1; data_in<=1; clk<=0;
```

图 5-7 是 Verilog 代码实现的图 5-6 的功能仿真图，由图可见 clr 的高电平异步清 0 作用和数据移位功能。

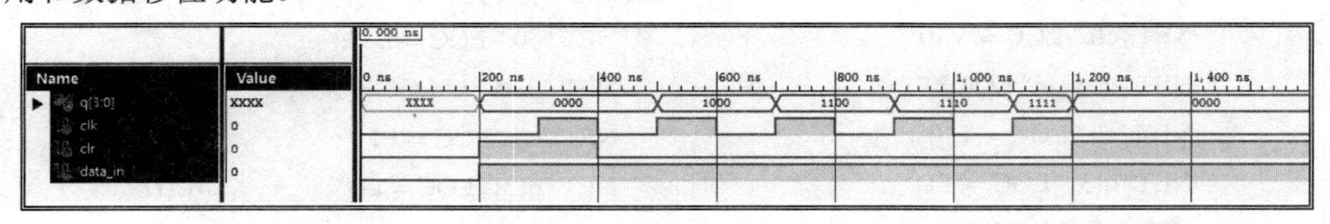

图 5-7　图 5-6 所示移位寄存器仿真图

移位寄存器的 VHDL 设计参考源代码如下：

```
library ieee;
use ieee.std_logic_1164.all;
use ieee.std_logic_arith.all;
use ieee.std_logic_unsigned.all;
entity ShiftReg is
port (      data : in std_logic_vector(3 downto 0);
            left_da,right_da,reset,clk : in std_logic;
            mode : in std_logic_vector(1 downto 0);
            qout : buffer std_logic_vector(3 downto 0));
end ShiftReg;
```

```
architecture behave of ShiftReg is
begin
      process
      begin
      wait until rising_edge(clk);
         if(reset = '1') then
            qout <= "0000";
         else
            case mode is
            when "01" => qout <= right_da&qout(3 downto 1);
            when "10" => qout <= qout(2 downto 0) & left_da;
            when "11" => qout <= data;
            when others => null;
            end case;
         end if;
      end process;
end behave;
```

如果约束文件规定如下，程序下载到开发板。当 clr 为高电平寄存器清 0，LD7~LD4 熄灭，当 clr 为低电平，SW7 拨上为高电平，则可见 LD7 到 LD4 依次点亮，SW7 为 0，则依次熄灭。说明移位的正确性。

```
#Nexys3 约束文件：
NET "clk" LOC ="V10";
NET "data_in" LOC ="T5";
NET "clr" LOC ="T10";
NET "q[3]" LOC ="T11";
NET "q[2]" LOC ="R11";
NET "q[1]" LOC ="N11";
NET "q[0]" LOC ="M11";
```

```
#Basys2 约束文件：
NET "clk" LOC ="B8";
NET "data_in" LOC ="N3";      //SW7
NET "clr" LOC ="P11";         //SW0
NET "q[3]" LOC ="G1";         //LD7
NET "q[2]" LOC ="P4";         //LD6
NET "q[1]" LOC ="N4";         //LD5
NET "q[0]" LOC ="N5";         //LD4
```

(2) 图 5-8 所示的 4 位移位器是在算术运算单元(ALU)中用到的多种逻辑或算术移位。用 HDL 描述电路功能，给出仿真波形，并在开发板上验证。

图 5-8 的 Verilog HDL 参考代码如下：

```
module shift4(
      input wire [3:0] d,
      input wire [2:0] s,
      output reg [3:0] y
);
always@(*)
   case(s)
         0: y = d;                         // noshift
```

```
        1: y= {1'b0,d[3:1]};            // shr
        2: y= {d[2:0],1'b0};            // shl
        3: y= {d[0],d[3:1]};            // ror
        4: y= {d[2:0],d[3]};            // rol
        5: y= {d[3],d[3:1]};            // asr
        6: y= {d[1:0],d[3:2]};          // ror2
        7: y= d;                        // noshift
        default: y = d;
    endcase
endmodule
```

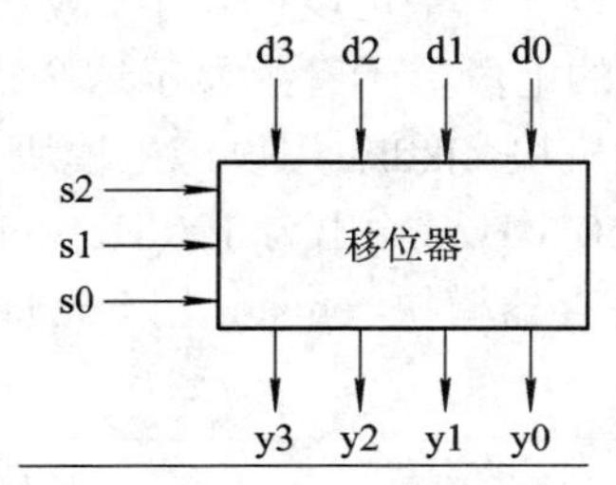

s2	s1	s0					
0	0	0	noshift	d3	d2	d1	d0
0	0	1	shr	0	d3	d2	d1
0	1	0	shl	d2	d1	d0	0
0	1	1	ror	d0	d3	d2	d1
1	0	0	rol	d2	d1	d0	d3
1	0	1	asr	d3	d3	d2	d1
1	1	0	ror2	d1	d0	d3	d2
1	1	1	noshift	d3	d2	d1	d0

图 5-8　多种逻辑或算术移位

图 5-8 的 VHDL 程序如下：

```
entity shift4 is
    Port ( d : in   STD_LOGIC_VECTOR (3 downto 0);
         s : in   STD_LOGIC_VECTOR (2 downto 0);
         y : out   STD_LOGIC_VECTOR (3 downto 0));
end shift4;
architecture Behavioral of shift4 is
begin
    process(d,s)
     begin
         case s is
          when "000" => y<=d;
          when "001" => y<='0' & d(3 downto 1);
          when "010" => y<=d(2 downto 0) & '0';
          when "011" => y<=d(0) & d(3 downto 1);
          when "100" => y<=d(2 downto 0) & d(3);
```

```
            when "101" => y<=d(3) & d(3 downto 1);
            when "110" => y<=d(1 downto 0) & d(3 downto 2);
            when others => null;
            end case;
        end process;

    end Behavioral;
```

5.3.3　寄存器和简单外设综合实验

使用 ISE 软件和 FPGA 设计一个可以把 4 个 SW 开关的内容存储到一个 4 位寄存器的电路，并在开发板的最右边的七段显示管上显示这个寄存器中的十六进制数字。设计顶层原理图如图 5-9 所示。分频模块 clkdiv 用以产生模块 clock_pulse 和 x7segbc 的时钟信号 clk190(该模块输入 mclk 为 50 MHz，输出为 190 Hz)；clock_pulse 为按键去抖动模块，btn[0]是 clock_pulse 输入信号；寄存器模块 register 用 btn[1]作为加载信号 load；x7segbc 为七段数码管的译码和控制模块。

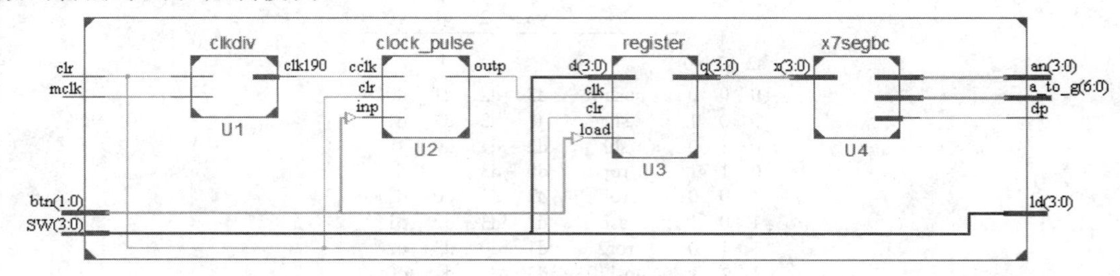

图 5-9　设计顶层原理图

图 5-9 的 Verilog HDL 参考设计源代码如下：

```
    //顶层设计：
    module sw2regtop (
        input wire mclk,
        input wire clr,
        input wire [1:0] btn,
        input wire [3:0] sw,
        output wire [3:0] ld,
        output wire [6:0] a_to_g,
        output wire [3:0] an,
        output wire dp
        );

    wire [3:0] q;
    wire clk190, clkp;
    wire [3:0] x;
```

```
assign x =    q;
assign ld = sw;

clkdiv U1 ( .mclk(mclk),
            .clr(clr),
            .clk190(clk190)
);

clock_pulse U2 ( .inp(btn[0]),
            .cclk(clk190),
            .clr(clr),
            .outp(clkp)
);

register # ( .N(4))
U3 ( .load(btn[1]),
            .clk(clkp),
            .clr(clr),
            .d(sw),
            .q(q)
);

x7segbc U4 (.x(x),
            .a_to_g(a_to_g),
            .an(an),
            .dp(dp)
);
endmodule

//分频模块：
module clkdiv (
input wire mclk,
input wire clr,
output wire clk190
);
reg [17:0] q;
// 18 位计数器
always @ (posedge mclk or posedge clr)
    begin
```

```
        if (clr == 1)
            q <= 0;
        else
            q <= q + 1;
        end
        assign clk190 = q[17];    // 190 Hz
endmodule

// 去抖动模块：
module clock_pulse (
    input wire inp,
    input wire cclk,
    input wire clr,
    output wire outp
    );
reg delay1;
reg delay2;
reg delay3;

always @ (posedge cclk or posedge clr)
    begin
    if (clr == 1)
      begin
        delay1 <= 0;
        delay2 <= 0;
        delay3 <= 0;
      end
    else
      begin
        delay1 <= inp;
        delay2 <= delay1;
        delay3 <= delay2;
      end
    end
    assign outp = delay1 & delay2 & ~delay3;
endmodule

// 寄存器模块：
module register
```

```
# (parameter N =4)
( input wire load,
input wire clk,
input wire clr,
input wire [N-1:0] d,
output reg [N-1:0] q
);

always @ (posedge clk or posedge clr)
if (clr == 1)
      q <= 0;
else if (load == 1)
      q <= d;
endmodule

//七段数码管译码和控制模块(输入时钟信号 cclk 应为 190 Hz):
module x7segbc (
input wire [3:0] x,
output reg [6:0] a_to_g,
output wire [3:0] an,
output wire dp
);
assign dp = 1;                // 小数点不显示
assign an =4'b1110;           // 使能最右边的数码管

//七段解码器：hex7seg
always @ ( * )
case (x)
      0: a_to_g = 7'b0000001;
      1: a_to_g = 7'b1001111;
      2: a_to_g = 7'b0010010;
      3: a_to_g = 7'b0000110;
      4: a_to_g = 7'b1001100;
      5: a_to_g = 7'b0100100;
      6: a_to_g = 7'b0100000;
      7: a_to_g = 7'b0001111;
      8: a_to_g = 7'b0000000;
      9: a_to_g = 7'b0000100;
      'hA: a_to_g = 7'b0001000;
```

```
'hB: a_to_g = 7'b1100000;
'hC: a_to_g = 7'b0110001;
'hD: a_to_g = 7'b1000010;
'hE: a_to_g = 7'b0110000;
'hF: a_to_g = 7'b0111000;
default: a_to_g = 7'b0000001;   // 0
endcase
endmodule
```

图 5-9 的 VHDL 参考设计源代码如下：

顶层程序如下：

```
entity sw2regtop is
    Port(mclk: in std_logic;
         clr:   in std_logic;
         btn:   in std_logic_vector(1 downto 0);
         sw:    in std_logic_vector(3 downto 0);
         ld1:   out std_logic_vector(3 downto 0);
         a_to_g: out std_logic_vector(6 downto 0);
         an:    out std_logic_vector(3 downto 0);
         dp:    out std_logic
    );
end sw2regtop;
architecture Behavioral of sw2regtop is
    component clkdiv is
    Port ( mclk : in   STD_LOGIC;
           clr : in   STD_LOGIC;
           clk190 : out   STD_LOGIC);
    end component;
    component clock_pulse is
    Port ( inp : in   STD_LOGIC;
           cclk : in   STD_LOGIC;
           clr : in   STD_LOGIC;
           outp : out   STD_LOGIC);
    end component;
    component x7segbc is
    Port ( x : in   STD_LOGIC_VECTOR (3 downto 0);
           a_to_g : out   STD_LOGIC_VECTOR (6 downto 0);
           an : out   STD_LOGIC_VECTOR (3 downto 0);
           dp : out   STD_LOGIC);
    end component;
```

```
    component reg is
    Port ( load : in    STD_LOGIC;
           clk : in    STD_LOGIC;
           clr : in    STD_LOGIC;
           d : in    STD_LOGIC_VECTOR (3 downto 0);
           q : out    STD_LOGIC_VECTOR (3 downto 0));
     end component;
     signal clk190,clkp: STD_LOGIC;
     --signal x: std_logic_vector(3 downto 0);
     signal q: std_logic_vector(3 downto 0);

begin
     --x<=q;
     ld1<=sw;
     c_div:clkdiv
     port map(mclk,clr,clk190);
     c_pulse:clock_pulse
     port map(btn(0),clk190,clr,clkp);
     c_reg:reg
     port map(btn(1),clkp,clr,sw,q);
     c_dis:x7segbc
     port map(q,a_to_g,an,dp);
end Behavioral;
//分频模块：
entity clkdiv is
     Port ( mclk : in    STD_LOGIC;
            clr : in    STD_LOGIC;
            clk190 : out    STD_LOGIC);
end clkdiv;
architecture Behavioral of clkdiv is
     signal q:std_logic_vector(17 downto 0);
begin
     process(mclk,clr)
       begin
          if(clr='1')then
               q<="000000000000000000";
          elsif(mclk'event and mclk='1')then
               q<=q+1;
          end if;
```

```
        end process;
        clk190<=q(17);
end Behavioral;

// 去抖动模块：
entity clock_pulse is
    Port ( inp : in   STD_LOGIC;
           cclk : in   STD_LOGIC;
           clr : in   STD_LOGIC;
           outp : out   STD_LOGIC);
end clock_pulse;
architecture Behavioral of clock_pulse is
    signal delay1:std_logic;
    signal delay2:std_logic;
    signal delay3:std_logic;
begin
    process(clr,cclk,inp)
     begin
          if(clr='1')then
                    delay1<='0';
                     delay2<='0';
                     delay3<='0';
            elsif(cclk'event and cclk='1')then
                    delay1<=inp;
                     delay2<=delay1;
                     delay3<=delay2;
           end if;
     end process;
     outp<=delay1 and delay2 and (not delay3);
end Behavioral;

// 寄存器模块：
entity reg is
    Port ( load : in   STD_LOGIC;
             clk : in   STD_LOGIC;
             clr : in   STD_LOGIC;
             d : in   STD_LOGIC_VECTOR (3 downto 0);
             q : out   STD_LOGIC_VECTOR (3 downto 0));
end reg;
```

```
architecture Behavioral of reg is
begin
    process(clk,load,clr,d)
     begin
         if(clr='1')then
             q<="0000";
          elsif(clk'event and clk='1')then
             if(load='1')then
                 q<=d;
              end if;
          end if;
     end process;
end Behavioral;
```

//7 段数码管译码和控制模块(输入时钟信号 cclk 应为 190 Hz):

```
library IEEE;
use IEEE.STD_LOGIC_1164.ALL;
-- Uncomment the following library declaration if using
-- arithmetic functions with Signed or Unsigned values
--use IEEE.NUMERIC_STD.ALL;
-- Uncomment the following library declaration if instantiating
-- any Xilinx primitives in this code.
--library UNISIM;
--use UNISIM.VComponents.all;
entity x7segbc is
    Port ( x : in   STD_LOGIC_VECTOR (3 downto 0);
           a_to_g : out   STD_LOGIC_VECTOR (6 downto 0);
           an : out   STD_LOGIC_VECTOR (3 downto 0);
           dp : out   STD_LOGIC);
end x7segbc;
architecture Behavioral of x7segbc is
begin
    an<="1110";
     dp<='1';
     process(x)
     begin
       case x is
         when "0000"   => a_to_g<="0000001";
        when "0001"   => a_to_g<="1001111";
```

```
            when "0010"   => a_to_g<="0010010";
            when "0011"   => a_to_g<="0000110";
            when "0100"   => a_to_g<="1001100";
            when "0101"   => a_to_g<="0100100";
            when "0110"   => a_to_g<="0100000";
            when "0111"   => a_to_g<="0001111";
            when "1000"   => a_to_g<="0000000";
            when "1001"   => a_to_g<="0000100";
            when "1010"   => a_to_g<="0001000";
            when "1011"   => a_to_g<="1100001";
            when "1100"   => a_to_g<="0110001";
            when "1101"   => a_to_g<="1000010";
            when "1110"   => a_to_g<="0110000";
            when "1111"   => a_to_g<="0111000";
            when others  => a_to_g<="0000001";
            end case;
        end process;
    end Behavioral;
```

约束文件规定如下：

#Nexys3 约束文件：

```
NET "mclk" LOC="V10";
NET "clr"   LOC="T10";
NET "btn[1]"   LOC="V9";
NET "btn[0]" LOC="M8";
NET "sw[3]"   LOC="T5";
NET "sw[2]" LOC="V8";
NET "sw[1]"   LOC="U8";
NET "sw[0]" LOC="N8";
NET "ld[3]"   LOC="T11";
NET "ld[2]"   LOC="R11";
NET "ld[1]"   LOC="N11";
NET "ld[0]"   LOC="M11";
NET "a_to_g[0]"   LOC = "L14";       //G
NET "a_to_g[1]"   LOC = "N14";       //F
NET "a_to_g[2]"   LOC = "M14";
NET "a_to_g[3]"   LOC = "U18";
NET "a_to_g[4]"   LOC = "U17";
NET "a_to_g[5]"   LOC = "T18";       //B
NET "a_to_g[6]"   LOC = "T17";       //A
```

#Basys2 约束文件：

```
NET "mclk" LOC="B8";                  //时钟引脚
NET "clr"   LOC="P11";                //SW0
NET "btn[1]" LOC="K3";                //SW2
NET "btn[0]" LOC="B4";                //SW3
NET "sw[3]" LOC="N3";                 //SW7
NET "sw[2]" LOC="E2";                 //SW6
NET "sw[1]" LOC="F3";                 //SW5
NET "sw[0]" LOC="G3";                 //SW4
NET "ld[3]" LOC="G1";                 //LD7
NET "ld[2]" LOC="P1";                 //LD6
NET "ld[1]" LOC="N4";                 //LD5
NET "ld[0]" LOC="N5";                 //LD4
NET "a_to_g[0]"   LOC = "M12";        //G
NET "a_to_g[1]"   LOC = "L13";        //F
NET "a_to_g[2]"   LOC = "P12";        //E
NET "a_to_g[3]"   LOC = "N11";        //D
NET "a_to_g[4]"   LOC = "N14";        //C
NET "a_to_g[5]"   LOC = "H12";        //B
NET "a_to_g[6]"   LOC = "L14";        //A
```

```
NET "an[0]"   LOC = "N16";
NET "an[1]"   LOC = "N15";
NET "an[2]"   LOC = "P18";
NET "an[3]"   LOC = "P17";
NET "dp"   LOC = "M13";
```

```
NET "an[0]"   LOC = "F12";
NET "an[1]"   LOC = "J12";
NET "an[2]"   LOC = "M13";
NET "an[3]"   LOC = "K14";
NET "dp"   LOC = "N13";
```

请在实验系统上实现上述设计。如果在生成二进制文件时，出现如下警告，分析是什么原因，并根据提示修正设计。

WARNING:PhysDesignRules:372 - Gated clock. Clock net clkp is sourced by a combinatorial pin. This is not good design practice. Use the CE pin to control the loading of data into the flip-flop.

5.4　串行序列检测器设计

序列检测器可用于检测一组或多组由二进制码组成的脉冲序列信号，要求检测器必须记住前一次的正确码及正确序列，直到在连续的检测中收到的每一位码都与预置数的对应码相同，检测 N 位串行序列，需要 N+1(初始状态)个状态记忆。在检测过程中，任何一位不相同都将回到初始状态重新开始检测。下面例子描述的电路完成对序列数“11100101”的检测。当这一串序列数高位在前(左移)串行进入检测器后，若此数与预置的密码数相同，则输出“A”，否则输出“B”。

```
LIBRARY IEEE ;
USE IEEE.STD_LOGIC_1164.ALL;
ENTITY sequence IS
  PORT( DIN，CLK，CLR   : IN STD_LOGIC ; --串行输入数据位/工作时钟/复位信号
              AorB : OUT STD_LOGIC_VECTOR(3 DOWNTO 0)); --检测结果输出
END sequence;
ARCHITECTURE behav OF sequence IS
    SIGNAL Q : INTEGER RANGE 0 TO 8 ;
    SIGNAL D : STD_LOGIC_VECTOR(7 DOWNTO 0);
BEGIN
    D <= "11100101 " ;                      --8 位待检测预置数
  PROCESS( CLK, CLR )
  BEGIN
  IF CLR = '1' THEN       Q <= 0 ;
  ELSIF   CLK'EVENT AND CLK='1' THEN   --时钟到来时，判断并处理当前输入的位
  CASE Q IS
  WHEN 0=>   IF DIN = D(7) THEN Q <= 1 ; ELSE Q <= 0 ; END IF ;
  WHEN 1=>   IF DIN = D(6) THEN Q <= 2 ; ELSE Q <= 0 ; END IF ;
  WHEN 2=>   IF DIN = D(5) THEN Q <= 3 ; ELSE Q <= 0 ; END IF ;
```

```
WHEN 3=>   IF DIN = D(4) THEN Q <= 4 ; ELSE Q <= 0 ; END IF ;
WHEN 4=>   IF DIN = D(3) THEN Q <= 5 ; ELSE Q <= 0 ; END IF ;
WHEN 5=>   IF DIN = D(2) THEN Q <= 6 ; ELSE Q <= 0 ; END IF ;
WHEN 6=>   IF DIN = D(1) THEN Q <= 7 ; ELSE Q <= 0 ; END IF ;
WHEN 7=>   IF DIN = D(0) THEN Q <= 8 ; ELSE Q <= 0 ; END IF ;
WHEN OTHERS =>   Q <= 0 ;
        END CASE ;
   END IF ;
 END PROCESS ;
 PROCESS( Q )                                           --检测结果判断输出
 BEGIN
     IF Q = 8   THEN   AorB <= "1010" ;                 --序列数检测正确，输出“A”
     ELSE                AorB <= "1011" ;               --序列数检测错误，输出“B”
     END IF ;
 END PROCESS ;
END behav ;
```

参考上述实例，用状态机实现序列检测器的设计，并对其进行仿真和硬件测试。当序列检测器连续收到一组串行二进制码后，如果这组码与检测器中预先设置的码(比如，10110)相同，在实验开发板的低三位 LED 上显示“YES”，否则最右端 LED 一直显示“0”。

参考文献和相关网站

[1] Xilinx FPGA 入门教程、开发套件 ISE 和实验资料网站 http://china.xilinx.com/或 http://www.xilinx.com/

[2] Digilent 各种开发板(Nexys3、Basys2 等)的原理图、参考手册、Digilent Plugin 插件、Digilent Adept 工具、各种典型应用工程等等资料网站 http://www.digilentinc.com/，中文网站：http://www.digilentchina.com/

[3] Haskell R E，Hanna D M. 郑利浩，王荃，陈华锋译. FPGA 数字逻辑设计教程——Verilog. 北京：电子工业出版社，2010

第四部分　综合实验和接口实验

“宽口径、厚基础、重个性、强能力、求创新”是各高校共同的教育理念。这一部分实验内容以电子技术基本理论为基础，基本技能为桥梁，综合创新为目的，通过综合实验和接口实验，来培养学生的自主学习能力、动手能力、分析问题和解决问题的实践能力，激发学生的创新意识。

第 6 章　数字钟和频率计设计

6.1　数字钟设计

数字钟设计的关键在于产生秒脉冲、对秒脉冲计数并产生分和小时以及动态显示时、分、秒信息。

实验要求：

(1) 在开发板上运行有关程序。

(2) 设计一个完整的数字钟，小时和分钟用数码管显示，秒用发光二极管闪烁显示，每秒闪烁一次。如有可能，请增加校时功能。

Basys2 板上只有 4 个数码管，因此这里只设计了一个秒和分计时时钟。

6.1.1　采用 8421BCD 码计数的 Verilog 时钟程序

下面是采用 8421BCD 计数，并在一个模块中实现时钟功能的 Verilog 程序。时钟程序比较简单，可以用一个模块直接实现。由主时钟(50 MHz)分频得到秒信号，计秒到 60 时分加 1，秒清零，计分到 60 时，分清零。请读者分析，为什么程序从表面上看秒和分都是计到 59 时就清零了，而不是计到 60 再清零。

```
module Clock_Sec_Min_disp(
        input wire clk,
        input wire clr,
        output Second_Flash,
        output reg [6:0] a_to_g,
        output reg [3:0] an
    );

//中间变量定义
    reg [3:0] LED0_num,LED1_num,LED2_num,LED3_num;
    reg [1:0] s;
    reg [3:0] digit;
    reg [16:0] clkdiv;              //(1FFFF)*20 ns=2.6 ms
    reg [26:0] q1;                  //设一足够长的计数器
```

```
        reg sec;
    reg [3:0] Second_L;
    reg [3:0] Second_H;
    reg [3:0] Minute_L;
    reg [3:0] Minute_H;
//初始化
    initial begin
        Second_L=5;
        Second_H=5;
        Minute_L=8;
        Minute_H=5;
        LED3_num=Second_L;
        LED2_num=Second_H;
        LED1_num=Minute_L;
        LED0_num=Minute_H;
    end
    //动态数码管扫描显示
    always @ ( * )
        begin
            an = 4'b1111;                   //禁止所有数码管显示
            s <= clkdiv[16:15];             //间隔 2.6 ms 使能 An
            an[s] = 0;                      //根据 s 使能数码管其中之一
            case (s)                        //根据 s 取对应的数码管上要显示的数据
                0: digit <= LED0_num[3:0];
                1: digit <= LED1_num[3:0];
                2: digit <= LED2_num[3:0];
                3: digit <= LED3_num[3:0];
                default: digit <= LED3_num[3:0];
            endcase
            case (digit)                    //七段译码表
                0: a_to_g = 7'b0000001;
                1: a_to_g = 7'b1001111;
                2: a_to_g = 7'b0010010;
                3: a_to_g = 7'b0000110;
                4: a_to_g = 7'b1001100;
                5: a_to_g = 7'b0100100;
                6: a_to_g = 7'b0100000;
                7: a_to_g = 7'b0001111;
                8: a_to_g = 7'b0000000;
```

```
                9: a_to_g = 7'b0000100;
                'hA: a_to_g = 7'b0001000;
                'hB: a_to_g = 7'b1100000;
                'hC: a_to_g = 7'b0110001;
                'hD: a_to_g = 7'b1000010;
                'hE: a_to_g = 7'b0110000;
                'hF: a_to_g = 7'b0111000;
                default: a_to_g = 7'b0000001;   // 0
            endcase
        end
//主时钟计数: 50 MHz 时钟，周期 20 ns，计数到 1FFFFh 时长 2621420 ns，约 2.6 ms
    always @ (posedge clk)
    begin
        clkdiv <= clkdiv + 1;
    end
// 时钟程序：计数到 50000000 为 1s，计秒得分
    always @ (posedge clk or posedge clr)
        begin
            if (clr == 1)
                begin
                    q1 <= 0;
                    LED0_num=0;
                    LED1_num=0;
                    LED2_num=0;
                    LED3_num=0;
                    Second_L<=0;
                    Second_H<=0;
                    Minute_L<=0;
                    Minute_H<=0;
                end
            else if (q1 == 50000000)
                begin
                    q1<=0;
                    sec=~sec;
                    LED3_num[3:0]=Second_L[3:0];
                    LED2_num[3:0]=Second_H[3:0];
                    LED1_num[3:0]=Minute_L[3:0];
                    LED0_num[3:0]=Minute_H[3:0];
                    Second_L<=Second_L+1;
```

```
                if (Second_L==9)
                    begin
                        Second_L<=0;
                        Second_H<=Second_H+1;
                    end
                if(Second_H==5&&Second_L==9)
                    begin
                        Second_L<=0;
                        Second_H<=0;
                        Minute_L<=Minute_L+1;
                        if (Minute_L==9)
                            begin
                                Minute_L<=0;
                                Minute_H<=Minute_H+1;
                            end
                        if(Minute_H==5&&Minute_L==9)
                            begin
                                Minute_L<=0;
                                Minute_H<=0;
                          end
                    end
            end
        else
                q1 <= q1 + 1;
    end
  assign Second_Flash = sec;          // 1 Hz
endmodule
```

约束文件如下：

```
# Basys2 约束文件：
NET "a_to_g[0]" LOC = M12;
NET "a_to_g[1]" LOC = L13;
NET "a_to_g[2]" LOC = P12;
NET "a_to_g[3]" LOC = N11;
NET "a_to_g[4]" LOC = N14;
NET "a_to_g[5]" LOC = H12;
NET "a_to_g[6]" LOC = L14;
NET "an[0]" LOC = K14;
NET "an[1]" LOC = M13;
NET "an[2]" LOC = J12;
```

```
NET "an[3]" LOC = F12;
NET "clk" LOC ="B8";                    //50 MHz 时钟
NET "clr" LOC ="P11";                   //SW0
NET "Second_Flash" LOC ="M5";           //LD0
```

6.1.2　采用模块化设计 Verilog 时钟程序

在数字系统中一般采用自上而下的设计方法，将系统分成若干个功能模块，模块还可继续向下划分成子模块，直至分成许多最基本的功能模块。

下面将时钟程序分为秒脉冲发生模块、秒 60 进制模块、分 60 进制模块以及动态数码管显示模块。秒 60 进制模块和分 60 进制模块的程序是一样的。一个模块设计好后，可以在顶层模块中多次使用，只要改变该模块例化后的模块名称，并给出其相应的输入输出连接即可。

```
// 顶层设计：
module Clock_top(
      input wire clk,
      input wire clr,
      output Second_Flash,
      output [6:0] a_to_g,
      output [3:0] an
     );

//模块间连接定义(注意必须是 wire)
    wire [3:0] Second_L;
    wire [3:0] Second_H;
    wire [3:0] Minute_L;
    wire [3:0] Minute_H;
    wire jinwei;

 SecondPulse U0 (
     .clk(clk),
     .clr(clr),
     .sec(Second_Flash)
     );

cnt60 U1 (
    .clk(Second_Flash),
    .clr(clr),
    .cnt60_L(Second_L),
```

```
        .cnt60_H(Second_H),
        .carry(jinwei)
        );

    cnt60 U2 (
        .clk(jinwei),
        .clr(clr),
        .cnt60_L(Minute_L),
        .cnt60_H(Minute_H),
        .carry(carry)
        );

    disp U3 (
        .clk(clk),
        .LED0_num(Second_L),
        .LED1_num(Second_H),
        .LED2_num(Minute_L),
        .LED3_num(Minute_H),
        .a_to_g(a_to_g),
        .an(an)
        );
    endmodule
    // 秒脉冲发生模块：
    module SecondPulse(
         input wire clk,
         input wire clr,
         output reg sec
        );
    //中间变量定义
        reg [26:0] q1;              //设一足够长的计数器
    // 时钟程序：计数到 25000000 输出 sec 翻转一次，翻转两次为 1s
        always @ (posedge clk or posedge clr)
            begin
                if (clr == 1)
                    q1 <= 0;
                else if (q1 == 25000000)
                    begin
                        q1<=0;
                        sec=~sec;
```

```
                end
            else
                    q1 <= q1 + 1;
        end
endmodule
// 60 进制计数模块：
module cnt60(
      input wire clk,
      input wire clr,
      output reg [3:0] cnt60_L,
     output reg [3:0] cnt60_H,
      output reg carry
     );
//初始化
     initial begin
         cnt60_L=8;
         cnt60_H=5;
     end
// 60 进制计数器
     always @ (posedge clk or posedge clr)
         begin
             if (clr == 1)
                 begin
                     cnt60_L <= 0;
                     cnt60_H <= 0;
                 end
             else
                 begin
                     carry<=0;
                     cnt60_L<=cnt60_L+1;
                     if (cnt60_L==9)
                         begin
                             cnt60_L<=0;
                             cnt60_H<=cnt60_H+1;
                         end
                     if(cnt60_H==5&&cnt60_L==9)
                         begin
                             cnt60_L<=0;
```

```
                    cnt60_H<=0;
                    carry<=1;
                end
            end
        end
endmodule
// 数码管动态显示模块：
module disp(
    input wire clk,
    input [3:0] LED0_num,
    input [3:0] LED1_num,
    input [3:0] LED2_num,
    input [3:0] LED3_num,
    output reg [6:0] a_to_g,
    output reg [3:0] an
    );
//中间变量定义
    reg [1:0] s;
    reg [3:0] digit;
    reg [16:0] clkdiv; //(1FFFF)*20ns=2.6ms
//动态数码管扫描显示
    always @ ( * )
        begin
            an = 4'b1111;                  //禁止所有数码管显示
            s <= clkdiv[16:15];            //间隔 2.6 ms 使能 An
            an[s] = 0;                     //根据 s 使能数码管其中之一
            case (s)                       //根据 s 取对应的数码管上要显示的数据
                0: digit <= LED0_num[3:0];
                1: digit <= LED1_num[3:0];
                2: digit <= LED2_num[3:0];
                3: digit <= LED3_num[3:0];
                default: digit <= LED3_num[3:0];
            endcase
            case (digit)                   //七段译码表
                0: a_to_g = 7'b0000001;
                1: a_to_g = 7'b1001111;
                2: a_to_g = 7'b0010010;
                3: a_to_g = 7'b0000110;
```

```
                4: a_to_g = 7'b1001100;
                5: a_to_g = 7'b0100100;
                6: a_to_g = 7'b0100000;
                7: a_to_g = 7'b0001111;
                8: a_to_g = 7'b0000000;
                9: a_to_g = 7'b0000100;
                'hA: a_to_g = 7'b0001000;
                'hB: a_to_g = 7'b1100000;
                'hC: a_to_g = 7'b0110001;
                'hD: a_to_g = 7'b1000010;
                'hE: a_to_g = 7'b0110000;
                'hF: a_to_g = 7'b0111000;
                default: a_to_g = 7'b0000001;   // 0
            endcase
        end
//主时钟计数: 50 MHz 时钟，周期 20 ns，计数到 1FFFFh 时长 2621420 ns，约 2.6 ms
    always @ (posedge clk)
    begin
        clkdiv <= clkdiv + 1;
    end
endmodule
```

```
# Basys2 约束文件：
    NET "a_to_g[0]" LOC = M12;
    NET "a_to_g[1]" LOC = L13;
    NET "a_to_g[2]" LOC = P12;
    NET "a_to_g[3]" LOC = N11;
    NET "a_to_g[4]" LOC = N14;
    NET "a_to_g[5]" LOC = H12;
    NET "a_to_g[6]" LOC = L14;
    NET "an[3]" LOC = K14;
    NET "an[2]" LOC = M13;
    NET "an[1]" LOC = J12;
    NET "an[0]" LOC = F12;
    NET "clk" LOC ="B8";                    // 50 MHz 时钟
    NET "clr" LOC ="P11";                   // SW0
    NET "Second_Flash" LOC ="M5";           // LD0
```

图 6-1 为 Verilog HDL 设计的数字钟的顶层原理图。

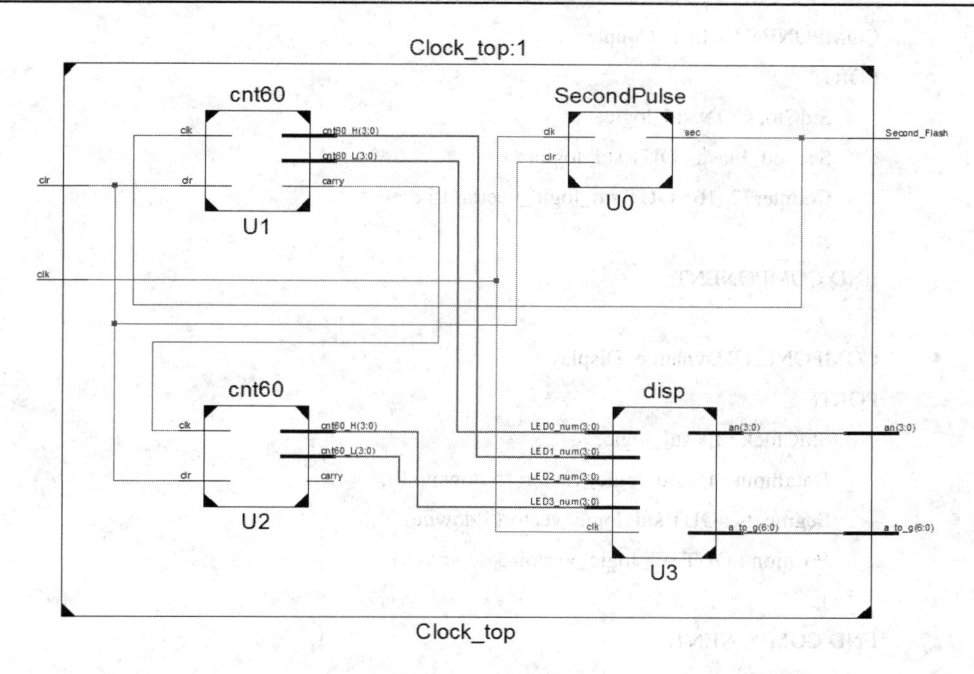

图 6-1　用 Verilog HDL 设计的数字钟的顶层原理图

6.1.3　采用状态机设计动态数码管显示的时钟 VHDL 程序

下面的时钟 VHDL 程序分为 BCD 码计时模块和动态数码管显示模块。采用状态机法设计动态数码管显示。显示模块先将输入的十进制数的个位译码，加在七段数码管的段控制线上，在显示扫描时钟的作用下，选通个位上的数码管，个位上的数码管亮，其他数码管灭。然后输出十位上数码管要显示的内容，选通十位上的数码管。这样依次输出各位的译码值，逐个选通数码管。由于扫描频率为 1 kHz，看起来不会有闪烁的感觉。

```
-- 顶层设计：
library IEEE;
use IEEE.STD_LOGIC_1164.ALL;
use IEEE.STD_LOGIC_ARITH.ALL;
use IEEE.STD_LOGIC_unsigned.all;

entity Clock_top is
    Port ( StdClock : in   STD_LOGIC;
           Second_Flash : out   STD_LOGIC;
           Segments : out   STD_LOGIC_VECTOR (7 downto 0);
           Position : out   STD_LOGIC_VECTOR (3 downto 0));
end Clock_top;

architecture Behavioral of Clock_top is
```

```
    COMPONENT Clock_Counter
    PORT(
        StdClock : IN std_logic;
        Second_Flash : OUT std_logic;
        Counter32_16 : OUT std_logic_vector(15 downto 0)
        );
    END COMPONENT;

    COMPONENT Dynamic_Display
    PORT(
        StdClock : IN std_logic;
        DataInput : IN std_logic_vector(15 downto 0);
        Segments : OUT std_logic_vector(7 downto 0);
        Position : OUT std_logic_vector(3 downto 0)
        );
    END COMPONENT;

   signal Counter32_tmp        : STD_LOGIC_VECTOR(15 downto 0);
begin
    Inst_Clock_Counter: Clock_Counter PORT MAP(
        StdClock => StdClock,
        Second_Flash => Second_Flash,
        Counter32_16 => Counter32_tmp
    );
    Inst_Dynamic_Display: Dynamic_Display PORT MAP(
        StdClock => StdClock,
        DataInput => Counter32_tmp,
        Segments => Segments,
        Position => Position
    );
end Behavioral;
-- 计时模块：
library IEEE;
use IEEE.STD_LOGIC_1164.ALL;
use IEEE.STD_LOGIC_ARITH.ALL;
use IEEE.STD_LOGIC_unsigned.all;

entity Clock_Counter is
    Port ( StdClock : in    STD_LOGIC;
```

```
            Second_Flash : out    STD_LOGIC;
            Counter32_16 : out    STD_LOGIC_VECTOR (15 downto 0));
end Clock_Counter;

architecture Behavioral of Clock_Counter is
    ---信号定义
    signal counter25_reg : STD_LOGIC_VECTOR (25 downto 0);
    signal Second_L: STD_LOGIC_VECTOR (3 downto 0):="0101";
    signal Second_H: STD_LOGIC_VECTOR (3 downto 0):="0101";
    signal Mintue_L: STD_LOGIC_VECTOR (3 downto 0):="1000";
    signal Mintue_H: STD_LOGIC_VECTOR (3 downto 0):="0101";
begin
    process(StdClock)
    begin
        if rising_edge(StdClock) then
            if counter25_reg<50000000 then        --f = 50 MHz, T = 20 ns, 50 000 000×20 ns = 1 s
                counter25_reg<=counter25_reg+1;
            else
                counter25_reg<="00000000000000000000000000";
                Second_L<=Second_L+1;
                if Second_L=9 then
                    Second_L<="0000";
                    Second_H<=Second_H+1;
                end if;
                if Second_H=5 and Second_L=9 then
                    Second_L<="0000";
                    Second_H<="0000";
                    Mintue_L<=Mintue_L+1;
                    if Mintue_L=9 then
                        Mintue_L<="0000";
                        Mintue_H<=Mintue_H+1;
                    end if;
                    if Mintue_H=5 and Mintue_L=9 then
                        Mintue_L<="0000";
                        Mintue_H<="0000";
                    end if;
                end if;
            end if;
        end if;
```

```
    end process;
    Counter32_16(3 downto 0)<=Second_L;
    Counter32_16(7 downto 4)<=Second_H;
    Counter32_16(11 downto 8)<=Mintue_L;
    Counter32_16(15 downto 12)<=Mintue_H;
     Second_Flash<=counter25_reg(25);                    --50 000 000 = 2FAF080H
end Behavioral;
-- 采用状态机设计的动态数码管显示模块：
library IEEE;
use IEEE.STD_LOGIC_1164.ALL;
use IEEE.STD_LOGIC_ARITH.ALL;
use IEEE.STD_LOGIC_UNSIGNED.ALL;

entity Dynamic_Display is
    Port ( StdClock : in   STD_LOGIC;
            DataInput : in   STD_LOGIC_VECTOR (15 downto 0);
            Segments : out   STD_LOGIC_VECTOR (7 downto 0);
            Position : out   STD_LOGIC_VECTOR (3 downto 0));
end Dynamic_Display;

architecture Behavioral of Dynamic_Display is
    ---状态机定义
    type state_type is(led1,led2,led3,led4);
    signal next_state : state_type;
    ---信号定义
    signal clk1KHz_reg : STD_LOGIC;
    signal ScanClock_reg : STD_LOGIC;
   signal datacut_reg    : STD_LOGIC_VECTOR(3 downto 0):= "0000";
    signal datacut_reg2 : STD_LOGIC_VECTOR(3 downto 0):= "0000";
    signal datacut_reg3 : STD_LOGIC_VECTOR(3 downto 0):= "0000";
    signal datacut_reg4 : STD_LOGIC_VECTOR(3 downto 0):= "0000";
    signal position_reg : STD_LOGIC_VECTOR(3 downto 0):= "1110";
    signal segments_reg : STD_LOGIC_VECTOR(7 downto 0):= "00000000";
---     signal  DataInput          : STD_LOGIC_VECTOR  (15  downto  0):=  "0101011001111000";
---显示 5678
    ----------------------------------------
begin
---由 50 MHz 标准时钟信号分频得到 1 kHz 显示扫描信号
    Clk1KHz_Proc: process(StdClock)
```

```
    variable cnt1: integer range 0 to 24999;
    begin
        if rising_edge(StdClock) then
            if cnt1=24999 then
                cnt1:=0;
                clk1KHz_reg<=not clk1KHz_reg;
            else
                cnt1:=cnt1+1;
            end if;
        end if;
    end process;
    ScanClock_reg<=clk1KHz_reg;
---数码管选择处理
    Position_Process: process(ScanClock_reg)
    begin
        if rising_edge(ScanClock_reg) then
            case next_state is
                ---第一个数码管亮
                when led1=>
                    position_reg<="1110";
                    datacut_reg<=DataInput(3 downto 0);
                    next_state<=led2;
                ---第二个数码管亮
                when led2=>
                    position_reg<="1101";
                    datacut_reg2<=DataInput(7 downto 4);
                    datacut_reg<=datacut_reg2;
                    next_state<=led3;
                ---第三个数码管亮
                when led3=>
                    position_reg<="1011";
                    datacut_reg3<=DataInput(11 downto 8);
                    datacut_reg<=datacut_reg3;
                    next_state<=led4;
                ---第四个数码管亮
                when led4=>
                    position_reg<="0111";
                    datacut_reg4<=DataInput(15 downto 12);
                    datacut_reg<=datacut_reg4;
```

```
                    next_state<=led1;
                ---所有数码管全灭
                when others=>
                    position_reg<="0000";
                    datacut_reg<="1100";
                    next_state<=led1;
            end case;
        end if;
    end process;
        with datacut_reg select
        segments_reg <= "10000001" when "0000",---0
                        "11001111" when "0001",     ---1
                        "10010010" when "0010",     ---2
                        "10000110" when "0011",     ---3
                        "11001100" when "0100",     ---4
                        "10100100" when "0101",     ---5
                        "10100000" when "0110",     ---6
                        "10001111" when "0111",     ---7
                        "10000000" when "1000",     ---8
                        "10000100" when "1001",     ---9
                        "10001000" when "1010",     ---A
                        "11100000" when "1011",     ---B
                        "10110001" when "1100",     ---C
                        "11000010" when "1101",     ---D
                        "10110000" when "1110",     ---E
                        "10111000" when "1111",     ---F
                        "11111111" when others;     ---F.
    segments <= segments_reg;
    position <= position_reg;
end Behavioral;
```

#Basys2 约束文件：

```
NET "StdClock" LOC="B8";                //50 MHz 系统标准时钟引脚
NET "Segments[0]"   LOC = "M12";        //G
NET "Segments[1]"   LOC = "L13";        //F
NET "Segments[2]"   LOC = "P12";        //E
NET "Segments[3]"   LOC = "N11";        //D
NET "Segments[4]"   LOC = "N14";        //C
NET "Segments[5]"   LOC = "H12";        //B
```

```
NET "Segments[6]"   LOC = "L14";          //A
NET "Segments[7]"   LOC = "N13";          //dp
NET "Position[0]"   LOC = "F12";          //AN0
NET "Position[1]"   LOC = "J12";          //AN1
NET "Position[2]"   LOC = "M13";          //AN2
NET "Position[3]"   LOC = "K14";          //AN3
NET "Second_Flash" LOC = "M5";            //LD0
```

用状态机设计的数字钟的顶层原理图如图 6-2 所示。

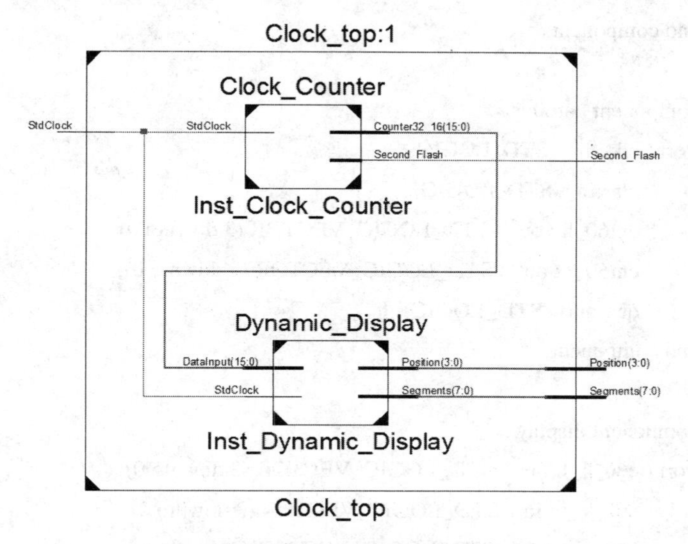

图 6-2　用状态机设计的数字钟的顶层图

6.1.4　采用六十进制计时模块设计的 VHDL 时钟程序

下面的时钟 VHDL 程序由顶层设计、时钟分频模块、六十进制计数器、以及显示模块组成。六十进制模块程序例化后，可在顶层设计中多次使用。这里的秒计数器和分计数器都采用的是六十进制计数器的程序。一个 VHDL 模块例化后，在其模板中有两部分，一部分是 COMPONENT(元件)描述部分，另一部分是 PORT MAP(端口映射)描述部分。将这两部分拷贝到顶层模块中，只要根据需要进行端口映射(也就是端口连接)即可。

```
--顶层设计：
library IEEE;
use IEEE.STD_LOGIC_1164.ALL;

entity clock_sec_min_disp is
    Port ( clk : in   STD_LOGIC;
          clr : in   STD_LOGIC;
          second_flash : inout   STD_LOGIC;
          a_to_g : out   STD_LOGIC_VECTOR (6 downto 0);
```

```
        an : out    STD_LOGIC_VECTOR (3 downto 0));
end clock_sec_min_disp;

architecture Behavioral of clock_sec_min_disp is
    component clkdiv is
     Port ( clk : in    STD_LOGIC;
          clr : in    STD_LOGIC;
          clkout : out    STD_LOGIC);
     end component;

     component cnt60 is
     Port ( clk : in    STD_LOGIC;
          clr : in    STD_LOGIC;
          cnt60_h : out    STD_LOGIC_VECTOR (3 downto 0);
          cnt60_l : out    STD_LOGIC_VECTOR (3 downto 0);
          qc : out    STD_LOGIC);
     end component;

     component display is
     Port ( c60_1_h : in    STD_LOGIC_VECTOR (3 downto 0);
          c60_1_l : in    STD_LOGIC_VECTOR (3 downto 0);
          c60_2_h : in    STD_LOGIC_VECTOR (3 downto 0);
          c60_2_l : in    STD_LOGIC_VECTOR (3 downto 0);
          clk : in    STD_LOGIC;
          clr : in    STD_LOGIC;
          a_to_g : out    STD_LOGIC_VECTOR (6 downto 0);
          an : out    STD_LOGIC_VECTOR (3 downto 0));
     end component;

     signal mclk,qc1,qc2:std_logic;
     signal c6011,c6012,c6021,c6022:std_logic_vector(3 downto 0);
begin
    c_div:clkdiv
     port map(clk,clr,mclk);

     process(mclk,clr)
     begin
         if(clr='1')then
              second_flash<='0';
```

```
            elsif(mclk'event and mclk='1')then
                second_flash<= not second_flash;
            end if;
        end process;

        c_601:cnt60
        port map(mclk,clr,c6011,c6012,qc1);

        c_602:cnt60
        port map(qc1,clr,c6021,c6022,qc2);

        c_display:display
        port map(c6011,c6012,c6021,c6022,clk,clr,a_to_g,an);
end Behavioral;
--时钟分频模块：
library IEEE;
use IEEE.STD_LOGIC_1164.ALL;
use IEEE.STD_LOGIC_arith.ALL;
use IEEE.STD_LOGIC_unsigned.ALL;

entity clkdiv is
    Port ( clk : in    STD_LOGIC;
           clr : in    STD_LOGIC;
           clkout : out    STD_LOGIC);
end clkdiv;

architecture Behavioral of clkdiv is
    signal q1:std_logic_vector(24 downto 0);
begin
    process(clk,clr)
     begin
         if(clr='1')then
             q1<="0000000000000000000000000";
          elsif(clk'event and clk='1')then
             q1<=q1+1;
          end if;
     end process;
     clkout<=q1(24);
end Behavioral;
```

```
--60进制计数模块：
library IEEE;
use IEEE.STD_LOGIC_1164.ALL;
use IEEE.STD_LOGIC_arith.ALL;
use IEEE.STD_LOGIC_unsigned.ALL;

entity cnt60 is
    Port ( clk : in   STD_LOGIC;
           clr : in   STD_LOGIC;
           cnt60_h : inout   STD_LOGIC_VECTOR (3 downto 0);
           cnt60_l : inout   STD_LOGIC_VECTOR (3 downto 0);
           qc : out   STD_LOGIC);
end cnt60;

architecture Behavioral of cnt60 is

begin
    process(clr,clk)
     begin
        if(clr='1')then
            cnt60_h<="0000";
              cnt60_l<="0000";
         elsif(clk'event and clk='1')then
            qc<='0';
              if(cnt60_l="1001")then
                  cnt60_l<="0000";
                   cnt60_h<=cnt60_h+1;
              else
                  cnt60_l<=cnt60_l+1;
              end if;

              if(cnt60_l="1001" and cnt60_h="0101")then
                  cnt60_l<="0000";
                   cnt60_h<="0000";
                   qc<='1';
              end if;
         end if;
     end process;
end Behavioral;
```

```
--显示模块:
library IEEE;
use IEEE.STD_LOGIC_1164.ALL;
use IEEE.STD_LOGIC_arith.ALL;
use IEEE.STD_LOGIC_unsigned.ALL;

entity display is
    Port ( c60_1_h : in   STD_LOGIC_VECTOR (3 downto 0);
           c60_1_l : in   STD_LOGIC_VECTOR (3 downto 0);
           c60_2_h : in   STD_LOGIC_VECTOR (3 downto 0);
           c60_2_l : in   STD_LOGIC_VECTOR (3 downto 0);
           clk : in   STD_LOGIC;
           clr : in   STD_LOGIC;
           a_to_g : out   STD_LOGIC_VECTOR (6 downto 0);
           an : out   STD_LOGIC_VECTOR (3 downto 0));
end display;

architecture Behavioral of display is
    signal clksweep: std_logic_vector(19 downto 0);
     signal s: std_logic_vector(1 downto 0);
     signal digit: std_logic_vector(3 downto 0);
begin
    process(clk,clr)
     begin
         if(clr='1')then
             clksweep<="00000000000000000000";
          elsif(clk'event and clk='1')then
             clksweep<=clksweep+1;
          end if;
     end process;
     s<=clksweep(19 downto 18);
     process(s,c60_1_h,c60_1_l,c60_2_h,c60_2_l)
     begin
         case s is
          when "00" => an<="1110"; digit<=c60_2_h;
          when "01" => an<="1101"; digit<=c60_2_l;
          when "10" => an<="1011"; digit<=c60_1_h;
          when "11" => an<="0111"; digit<=c60_1_l;
          when others => null;
```

```
            end case;
        end process;
        process(digit)
        begin
            case digit is
                when "0000"   => a_to_g<="0000001";
              when "0001"   => a_to_g<="1001111";
                when "0010"   => a_to_g<="0010010";
                when "0011"   => a_to_g<="0000110";
                when "0100"   => a_to_g<="1001100";
                when "0101"   => a_to_g<="0100100";
                when "0110"   => a_to_g<="0100000";
                when "0111"   => a_to_g<="0001111";
                when "1000"   => a_to_g<="0000000";
                when "1001"   => a_to_g<="0000100";
                when "1010"   => a_to_g<="0001000";
                when "1011"   => a_to_g<="1100001";
                when "1100"   => a_to_g<="0110001";
                when "1101"   => a_to_g<="1000010";
                when "1110"   => a_to_g<="0110000";
                when "1111"   => a_to_g<="0111000";
                when others   => a_to_g<="0000001";
            end case;
        end process;
    end Behavioral;
```

#Basys2 约束文件：

```
    NET "a_to_g[0]" LOC = M12;
    NET "a_to_g[1]" LOC = L13;
    NET "a_to_g[2]" LOC = P12;
    NET "a_to_g[3]" LOC = N11;
    NET "a_to_g[4]" LOC = N14;
    NET "a_to_g[5]" LOC = H12;
    NET "a_to_g[6]" LOC = L14;
    NET "an[0]" LOC = K14;
    NET "an[1]" LOC = M13;
    NET "an[2]" LOC = J12;
    NET "an[3]" LOC = F12;
    NET "clk" LOC ="B8";                          //50 MHz 时钟
```

```
NET "clr" LOC ="P11";                    //SW0
NET "Second_Flash" LOC ="M5";            //LD0
```

用 VHDL 设计的数字钟顶层原理图如图 6-3 所示。

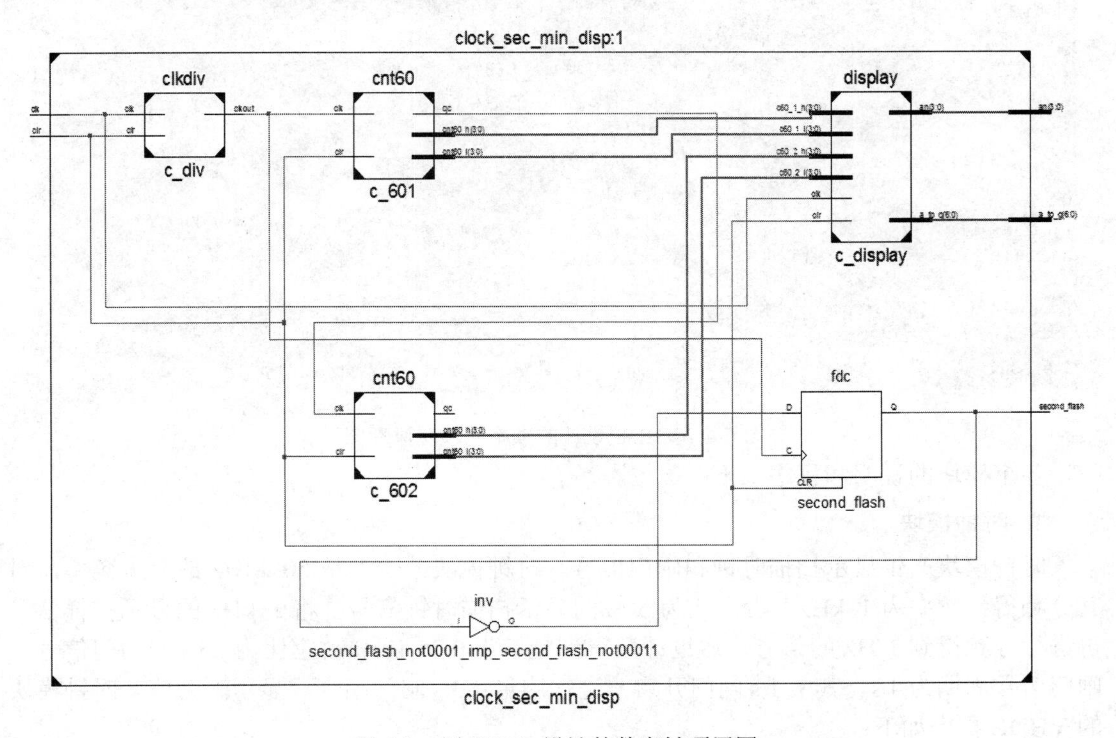

图 6-3　用 VHDL 设计的数字钟顶层图

6.2　数字频率计

数字频率计是测试信号频率的仪器。有多种测频率方法，其中的直接测频法原理是把被测信号加到频率计的测量输入端，在闸门开通时间 T(1 秒)内，待测脉冲被送到十进制计数器进行计数，所得的计数值 N 即为被测信号的频率 fx。由于计数器只能进行整数计数，因此会引起 ±1 Hz 的测量误差。

频率计设计任务：

(1) 测频范围：1 Hz～9999 Hz，采用 4 个数码管显示。

(2) 测量时，读数不随计数变化；测量结束后，结果显示 3 s，之后重新测量。

(3) 当被测频率大于 9999 Hz 时，显示“————”。

(4) 自动清零，每 4 s 测量一次，其中 1 s 用于测量，3 s 用于显示，每次测量无需复位。

6.2.1　VHDL 语言设计的频率计

用 VHDL 语言设计的频率计的顶层原理图如图 6-4 所示，图中包含时钟模块(Divider)、计数模块(CounterBCD)、锁存模块(Lock)和显示模块(Display)。

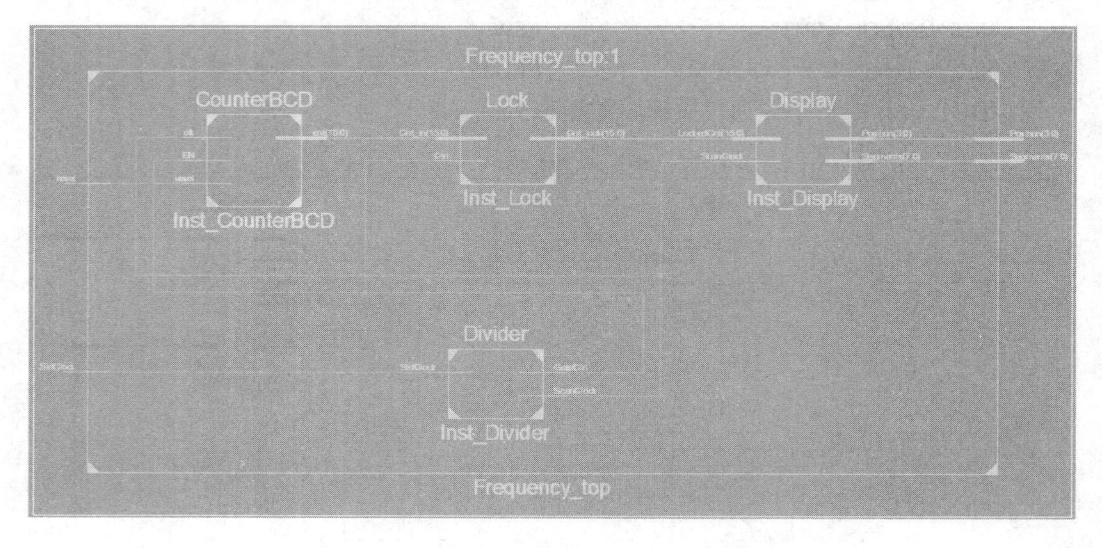

图 6-4　VHDL 设计的频率计顶层原理图

各个模块的说明和程序如下：

1. 时钟模块

时钟模块产生显示扫描时钟和闸门信号。时钟模块的输入是 50 MHz 的晶振频率，对其分频得到频率为 1 kHz、占空比为 50%的显示扫描时钟信号。将 1 kHz 的显示扫描信号再进行分频得到 1 Hz 的信号，通过计数得到频率为 0.25 Hz、占空比为 25%的闸门信号，闸门信号周期为 4 s，其中 1 s 闸门开启，进行测量，3 s 闸门闭合，显示测量值。时钟模块的 VHDL 程序如下：

```
library IEEE;
use IEEE.STD_LOGIC_1164.ALL;
use IEEE.STD_LOGIC_ARITH.ALL;
use IEEE.STD_LOGIC_UNSIGNED.ALL;

entity Divider is
    Port ( StdClock : in    STD_LOGIC;
           GateCtrl : out    STD_LOGIC;
           ScanClock : out    STD_LOGIC);
end Divider;

architecture Behavioral of Divider is
---------------------------------------
    signal clk1KHz_reg : STD_LOGIC;
    signal clk1Hz_reg    : STD_LOGIC;
    signal gate_reg        : STD_LOGIC;
---------------------------------------
```

```
begin
    ---由 50 MHz 标准时钟信号分频得到 1 kHz 显示扫描信号
    Clk1KHz_Proc: process(StdClock)
    variable cnt1: integer range 0 to 24999;
    begin
        if rising_edge(StdClock) then
            if cnt1=24999 then
                cnt1:=0;
                clk1KHz_reg<=not clk1KHz_reg;
            else
                cnt1:=cnt1+1;
            end if;
        end if;
    end process;
    ScanClock<=clk1KHz_reg;
    ---由 1 kHz 信号分频得到 1Hz 信号
    Clk1Hz_Proc: process(clk1KHz_reg)
    variable cnt2: integer range 0 to 499;
    begin
        if rising_edge(clk1KHz_reg) then
            if cnt2=499 then
                cnt2:=0;
                clk1Hz_reg<=not clk1Hz_reg;
            else
                cnt2:=cnt2+1;
            end if;
        end if;
    end process;
    ---由 1Hz 信号分频得到 0.25 Hz、占空比为 1/4 的闸门信号
    Gate_Proc: process(clk1Hz_reg)
    variable cnt3: integer range 0 to 3;
    begin
        if rising_edge(clk1Hz_reg) then
            if cnt3=2 then
                gate_reg<='1';
                cnt3:=3;
            else if cnt3=3 then
                gate_reg<='0';
```

```
                cnt3:=0;
            else
                cnt3:=cnt3+1;
            end if;
            end if;
        end if;
    end process;
    GateCtrl<=gate_reg;
end Behavioral;
```

2. 计数模块

在闸门信号开启时对被测信号计数，闸门信号开启时间为 1s，所以计数值即为被测信号的频率，计数模块为 4 位十进制计数器，计数值从 0～9999。计数模块的复位信号与闸门信号相同，闸门信号为低电平时，闸门闭合并复位计数器，为下一次测频计数做准备。当计数超过 9999 时，使溢出标志 overflow 置 1，且将计数变量 cnt 设置为 "1111111111111111"。计数模块的 VHDL 程序如下：

```
library IEEE;
use IEEE.STD_LOGIC_1164.ALL;
use IEEE.STD_LOGIC_ARITH.ALL;
use IEEE.STD_LOGIC_UNSIGNED.ALL;

entity CounterBCD is
    Port ( clk          : in   STD_LOGIC;
           reset        : in   STD_LOGIC;
           EN           : in   STD_LOGIC;
           cnt          : out  STD_LOGIC_VECTOR (15 downto 0));
end CounterBCD;

architecture Behavioral of CounterBCD is
--信号说明
    signal c1           : STD_LOGIC_VECTOR(3 downto 0);
    signal c2           : STD_LOGIC_VECTOR(3 downto 0);
    signal c3           : STD_LOGIC_VECTOR(3 downto 0);
    signal c4           : STD_LOGIC_VECTOR(3 downto 0);
    signal overflow     : STD_LOGIC;
----------------------------------------
begin
    ---从 0 开始计数，计数到 9999 时输出溢出标志
```

```
CounterBCD_Proc: process(EN,reset,clk,c1,c2,c3,c4,overflow)
begin
    if reset='0' then
        c1<="0000";
        c2<="0000";
        c3<="0000";
        c4<="0000";
        overflow<='0';
    else if rising_edge(clk) then
        if EN='1' then
            if c1<"1001" then
                c1<=c1+'1';
        else
                c1<="0000";
                if c2<"1001" then
                    c2<=c2+'1';
                else
                    c2<="0000";
                    if c3<"1001" then
                        c3<=c3+'1';
                    else
                        c3<="0000";
                        if c4<"1001" then
                            c4<=c4+'1';
                        else
                            overflow<='1';          ---计数溢出
                        end if;
                    end if;
                end if;
            end if;
        else
            c1<="0000";
            c2<="0000";
            c3<="0000";
            c4<="0000";
            overflow<='0';
        end if;
    end if;
```

```
            end if;
            if overflow='1' then
                cnt<="1111111111111111";
            else
                cnt<=c4&c3&c2&c1;
            end if;
        end process;
    end Behavioral;
```

3. 锁存模块

锁存模块的作用是在闸门信号的下降沿，将计数模块的输出锁存，交给显示模块显示。锁存计数值有两个作用：一是确保测试结果不丢失；二是避免在测量时计数值的不断改变造成数码管显示不断变化。锁存模块的 VHDL 程序如下：

```
library IEEE;
use IEEE.STD_LOGIC_1164.ALL;
use IEEE.STD_LOGIC_ARITH.ALL;
use IEEE.STD_LOGIC_UNSIGNED.ALL;

entity Lock is
    Port ( Ctrl : in   STD_LOGIC;
           Cnt_in : in   STD_LOGIC_VECTOR (15 downto 0);
           Cnt_lock : out   STD_LOGIC_VECTOR (15 downto 0));
end Lock;

architecture Behavioral of Lock is
begin
    ---在闸门信号的下降沿锁存计数值
    Lock_Proc: process(Ctrl)
    begin
        if falling_edge(Ctrl) then
            Cnt_lock<=Cnt_in;
        end if;
    end process;
end Behavioral;
```

4. 显示模块

显示模块首先将输入的 4 位十进制数的个位 BCD 翻译为七段码，输出到七段数码管的段控制线上，在显示扫描时钟的作用下，选通个位对应的数码管，个位的数码管则显示个位数据，其他数码管灭。然后输出十位数码管上要显示的七段信息，选通十位对应的数码管，使用类似方法，依次输出百位和千位数的七段码，并逐个选通其对应的数码管，则可以动态显示 4 位频率测量值，动态显示扫描频率为 1 kHz。显示模块的 VHDL 程序如下：

```
library IEEE;
use IEEE.STD_LOGIC_1164.ALL;
use IEEE.STD_LOGIC_ARITH.ALL;
use IEEE.STD_LOGIC_UNSIGNED.ALL;

entity Display is
    Port ( ScanClock : in   STD_LOGIC;
           LockedCnt : in   STD_LOGIC_VECTOR (15 downto 0);
           Segments      : out   STD_LOGIC_VECTOR (7 downto 0);
           Position : out   STD_LOGIC_VECTOR (3 downto 0));
end Display;

architecture Behavioral of Display is
    ---状态机定义
    type state_type is(led1,led2,led3,led4);
    --signal pre_state,next_state : state_type;
    signal next_state: state_type
    ---信号定义
    signal datacut_reg    : STD_LOGIC_VECTOR(3 downto 0);
    signal datacut_reg2 : STD_LOGIC_VECTOR(3 downto 0);
    signal datacut_reg3 : STD_LOGIC_VECTOR(3 downto 0);
    signal datacut_reg4 : STD_LOGIC_VECTOR(3 downto 0);
    signal position_reg : STD_LOGIC_VECTOR(3 downto 0);
    signal segments_reg : STD_LOGIC_VECTOR(7 downto 0);
----------------------------------------
begin
    ---数码管选择处理
    Position_Process: process(ScanClock)
    begin
        if rising_edge(ScanClock) then
            case next_state is
                ---第一个数码管亮
                when led1=>
                    position_reg<="1110";
                    datacut_reg<=LockedCnt(3 downto 0);
```

```
        if (datacut_reg="0000" and datacut_reg2="0000" and
          datacut_reg3="0000" and datacut_reg4="0000")then
            datacut_reg<="1100";
        end if;
        next_state<=led2;
---第二个数码管亮
when led2=>
        position_reg<="1101";
        datacut_reg2<=LockedCnt(7 downto 4);
        if (datacut_reg2="0000" and datacut_reg3="0000"
            and datacut_reg4="0000")then
            datacut_reg<="1100";
        else
            datacut_reg<=datacut_reg2;
        end if;
        next_state<=led3;
---第三个数码管亮
when led3=>
        position_reg<="1011";
        datacut_reg3<=LockedCnt(11 downto 8);
        if (datacut_reg3="0000" and datacut_reg4="0000")then
            datacut_reg<="1100";
        else
            datacut_reg<=datacut_reg3;
        end if;
        next_state<=led4;
---第四个数码管亮
when led4=>
        position_reg<="0111";
        datacut_reg4<=LockedCnt(15 downto 12);
        if (datacut_reg4="0000")then
            datacut_reg<="1100";
        else
            datacut_reg<=datacut_reg4;
        end if;
        next_state<=led1;
---所有数码管全灭
when others=>
```

```
                position_reg<="1111";
                datacut_reg<="1100";
                next_state<=led1;
            end case;
        end if;
    end process;

    with datacut_reg select
        segments_reg <= "10000001" when "0000",---0
                        "11001111" when "0001",     ---1
                        "10010010" when "0010",     ---2
                        "10000110" when "0011",     ---3
                        "11001100" when "0100",     ---4
                        "10100100" when "0101",     ---5
                        "10100000" when "0110",     ---6
                        "10001111" when "0111",     ---7
                        "10000000" when "1000",     ---8
                        "10000100" when "1001",     ---9
                        "10001000" when "1010",     ---A
                        "11100000" when "1011",     ---B
                        "10110001" when "1100",     ---C
                        "11111111" when "1100",     ---用C代表Clear，即熄灭
                        "11000010" when "1101",     ---D
                        "10110000" when "1110",     ---E
                        "10111000" when "1111",     ---F
                        "10000001" when others;     ---0
segments <= segments_reg;
    position <= position_reg;
end Behavioral;
```

5. 顶层设计

```
library IEEE;
use IEEE.STD_LOGIC_1164.ALL;
use IEEE.STD_LOGIC_ARITH.ALL;
use IEEE.STD_LOGIC_UNSIGNED.ALL;

entity Frequency_top is
    Port ( StdClock : in    STD_LOGIC;
```

```
            reset : in STD_LOGIC;
        clk : in    STD_LOGIC;
        Segments : out    STD_LOGIC_VECTOR (7 downto 0);
        Position : out    STD_LOGIC_VECTOR (3 downto 0));
end Frequency_top;

architecture Behavioral of Frequency_top is
    COMPONENT Divider                          ---Divider 元件声明
    PORT(
        StdClock : IN std_logic;
        GateCtrl : OUT std_logic;
        ScanClock : OUT std_logic
        );
    END COMPONENT;
    COMPONENT CounterBCD                       ---CounterBCD 元件声明
    PORT(
        clk : IN std_logic;
        reset : IN std_logic;
        EN : IN std_logic;
        cnt : OUT std_logic_vector(15 downto 0)
        );
    END COMPONENT;
    COMPONENT Lock                             ---Lock 元件声明
    PORT(
        Ctrl : IN std_logic;
        Cnt_in : IN std_logic_vector(15 downto 0);
        Cnt_lock : OUT std_logic_vector(15 downto 0)
        );
    END COMPONENT;
    COMPONENT Display                          ---Display 元件声明
    PORT(
        ScanClock : IN std_logic;
        LockedCnt : IN std_logic_vector(15 downto 0);
        Segments : OUT std_logic_vector(7 downto 0);
        Position : OUT std_logic_vector(3 downto 0)
        );
    END COMPONENT;
    signal GateCtrl_tmp    :    std_logic;        ---内部信号声明
```

```
    signal ScanClock_tmp   :  std_logic;
    signal cnt_tmp         :  std_logic_vector(15 downto 0);
    signal Cnt_lock_tmp    :  std_logic_vector(15 downto 0);

    begin
    Inst_Divider: Divider PORT MAP(
        StdClock => StdClock,
        GateCtrl => GateCtrl_tmp,
        ScanClock => ScanClock_tmp
    );

    Inst_CounterBCD: CounterBCD PORT MAP(
        clk => clk,
        reset => reset,
        EN => GateCtrl_tmp,
        cnt => cnt_tmp
    );
    Inst_Lock: Lock PORT MAP(
        Ctrl => GateCtrl_tmp,
        Cnt_in => cnt_tmp,
        Cnt_lock => Cnt_lock_tmp
    );
    Inst_Display: Display PORT MAP(
        ScanClock => ScanClock_tmp,
        LockedCnt => Cnt_lock_tmp,
        Segments => Segments,
        Position => Position
    );
end Behavioral;
```

6. 约束文件

#Basys2 约束文件：

```
NET "StdClock" LOC="B8";                    //50 MHz 系统标准时钟引脚
NET "clk"   LOC="C12";                      //JD1---C12，待测信号
NET "reset" LOC="P11";                      //SW0
NET "Segments[0]"   LOC = "M12";            //G
NET "Segments[1]"   LOC = "L13";            //F
```

```
NET "Segments[2]"   LOC = "P12";          //E
NET "Segments[3]"   LOC = "N11";          //D
NET "Segments[4]"   LOC = "N14";          //C
NET "Segments[5]"   LOC = "H12";          //B
NET "Segments[6]"   LOC = "L14";          //A
NET "Segments[7]"   LOC = "N13";          //dp
NET "Position[0]"  LOC = "F12";
NET "Position[1]"  LOC = "J12";
NET "Position[2]"  LOC = "M13";
NET "Position[3]"  LOC = "K14";
NET "clk" CLOCK_DEDICATED_ROUTE=FALSE
```

6.2.2　用 Verilog 语言设计的频率计

用 Verilog 语言设计的频率计的顶层原理图如图 6-5 所示。

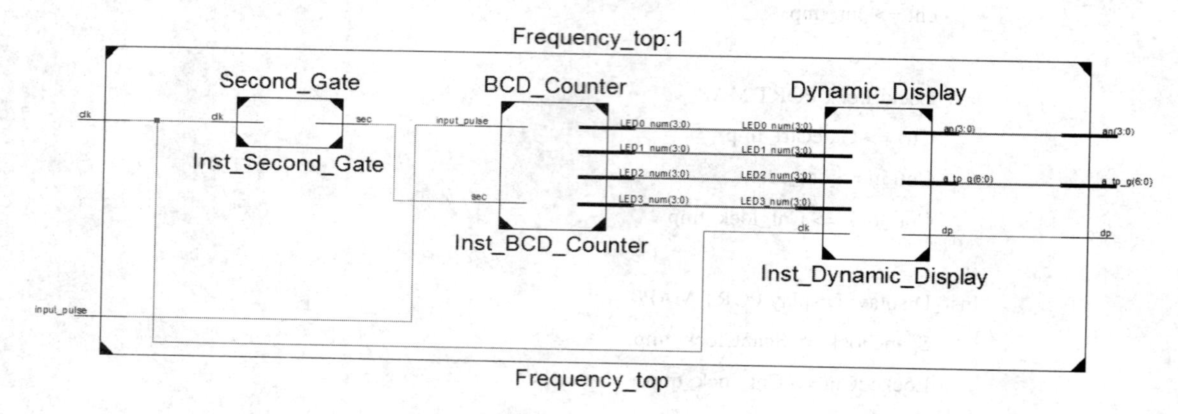

图 6-5　Verilog 设计的频率计顶层原理图

各个模块的说明和程序如下：

1. 顶层设计

```
module Frequency_top(
    input wire clk,
    input wire input_pulse,
    output wire [6:0] a_to_g,         //以下三句不能是 reg。模块互联要用 wire 型变量。
    output wire dp,
    output wire [3:0] an
);
    wire [3:0] LED0_num,LED1_num,LED2_num,LED3_num;
```

```
//顶层模块中的例化模块信号，如果不用 wire 声明的话默认是 1 位的。
BCD_Counter Inst_BCD_Counter(
    .input_pulse(input_pulse),
    .sec(sec),
    .LED3_num(LED3_num),
    .LED2_num(LED2_num),
    .LED1_num(LED1_num),
    .LED0_num(LED0_num)
    );
Second_Gate Inst_Second_Gate(
    .clk(clk),
     .sec(sec)
    );
Dynamic_Display Inst_Dynamic_Display(
    .clk(clk),
    .LED0_num(LED0_num),
    .LED1_num(LED1_num),
    .LED2_num(LED2_num),
    .LED3_num(LED3_num),
    .a_to_g(a_to_g),
    .dp(dp),
    .an(an)
    );
endmodule
```

2. BCD 码计数模块

```
module BCD_Counter(
     input wire input_pulse,
     input wire sec,
     output reg [3:0] LED0_num,LED1_num,LED2_num,LED3_num
    );
//中间变量定义
    reg state;
   reg [3:0] GeWei;          //个位
   reg [3:0] ShiWei;         //十位
   reg [3:0] BaiWei;         //百位
   reg [3:0] QianWei;        //千位
// 初始化
```

```
    initial begin
        GeWei='h0;
        BaiWei='hC;
        ShiWei='hC;
        QianWei='hC;
        LED3_num=GeWei;
        LED2_num=ShiWei;
        LED1_num=BaiWei;
        LED0_num=QianWei;
    end
// 在 1s 的闸门信号时间内对被测信号进行计数
    always @ (posedge input_pulse)
        begin     //(1)
            if (sec==1)     //sec 为高电平（1s），对待测信号的脉冲个数进行计数
                begin     //(2)
                    state<=0;
                    GeWei<=GeWei+1;
                        if (GeWei==9)
                            begin     //(3)
                                GeWei<=0;
                                ShiWei<=ShiWei+1;
                                if(ShiWei==9)
                                    begin     //(4)
                                        ShiWei<=0;
                                        BaiWei<=BaiWei+1;
                                        if(BaiWei==9)
                                            begin     //(5)
                                                BaiWei<=0;
                                                QianWei<=QianWei+1;
                                                if(QianWei==10)
                                                    begin     //(6)
                                                        GeWei[3:0]<='hF;
//显示 FFFF 表示溢出，说明被测信号的频率大于 9999 Hz
                                                        BaiWei[3:0]<='hF;
                                                        ShiWei[3:0]<='hF;
                                                        QianWei[3:0]<='hF;
                                                    end     //(6)
                                            end     //(5)
```

```
                        end     //(4)
                    end     //(3)
            end     //(2)
        else
//sec 为低电平(1s)，读取高电平期间(1s)记录的待测信号的脉冲数
        case(state)
            0: begin  // 读取脉冲数(由于 LEDx_num 为 reg 型，所以在下一次 sec
// 低电平到来之前，会一直保持当前值不变)
                    state<=1;
                    if(QianWei==0)
                        LED0_num<='hC;          //显示灭
                    else
                        LED0_num<=QianWei;
                    if(BaiWei==0&&QianWei==0)
                        LED1_num<='hC;          //显示灭
                    else
                        LED1_num<=BaiWei;
                    if(ShiWei==0&&BaiWei==0&&QianWei==0)
                        LED2_num<='hC;          //显示灭
                    else
                        LED2_num<=ShiWei;
                    LED3_num<=GeWei;
                end
              1: begin     // 将 GeWei,BaiWei,ShiWei,QianWei 清零，为下一个 sec
//高电平期间脉冲数的计数做准备
                    GeWei<=0;
                    ShiWei<=0;
                    BaiWei<=0;
                    QianWei<=0;
                end
            endcase
    end     //(1)
endmodule
```

3. 秒脉冲闸门信号

```
module Second_Gate(
    input wire clk,
    output reg sec
```

```
    );
//中间变量定义
    reg [26:0] q1;          //设一足够长的计数器
// 产生 1s 的闸门信号 sec
    always @ (posedge clk)
        begin
            q1 <= q1 + 1;
            if (q1 == 50000000)
                begin
                    q1<=0;
                    sec=~sec;
                end
        end
endmodule
```

4. 动态显示模块

```
module Dynamic_Display(
    input wire clk,
    input wire [3:0] LED0_num,LED1_num,LED2_num,LED3_num,
    output reg [6:0] a_to_g,
    output wire dp,
    output reg [3:0] an
    );
//中间变量定义
    reg [1:0] s;
    reg [3:0] digit;
    reg [16:0] clkdiv;
    assign dp=1'b1;                         //dp 不显示
//动态数码管扫描显示
    always @ ( * )
        begin
            an = 4'b1111;                   //禁止所有数码管显示
            s <= clkdiv[16:15];             //间隔 2.5 ms 使能 An
            an[s] = 0;                      //根据 s 使能数码管其中之一
            case (s)                        //根据 s 取对应的数码管上要显示的数据
                0: digit <= LED0_num[3:0];
                1: digit <= LED1_num[3:0];
                2: digit <= LED2_num[3:0];
```

```
            3: digit <= LED3_num[3:0];
            default: digit <= LED3_num[3:0];
        endcase
        case (digit)                        //七段译码表
            0: a_to_g <= 7'b0000001;
            1: a_to_g <= 7'b1001111;
            2: a_to_g <= 7'b0010010;
            3: a_to_g <= 7'b0000110;
            4: a_to_g <= 7'b1001100;
            5: a_to_g <= 7'b0100100;
            6: a_to_g <= 7'b0100000;
            7: a_to_g <= 7'b0001111;
            8: a_to_g <= 7'b0000000;
            9: a_to_g <= 7'b0000100;
            'hA: a_to_g <= 7'b0001000;
            'hB: a_to_g <= 7'b1100000;
            'hC: a_to_g <= 7'b1111111;              //熄灭
            'hD: a_to_g <= 7'b1000010;
            'hE: a_to_g <= 7'b0110000;
            'hF: a_to_g <= 7'b0111000;
            default: a_to_g <= 7'b0000001;          // 0
        endcase
    end
//主时钟计数: 50 MHz 时钟，周期 20 ns，计数到 1FFFFh 时长 2621420 ns，约 2.6 ms
  always @ (posedge clk)
    begin
        clkdiv <= clkdiv + 1;
    end
endmodule
```

5. 约束文件

```
# Basys2 约束文件:
    NET "a_to_g[0]" LOC = M12;
    NET "a_to_g[1]" LOC = L13;
    NET "a_to_g[2]" LOC = P12;
    NET "a_to_g[3]" LOC = N11;
    NET "a_to_g[4]" LOC = N14;
    NET "a_to_g[5]" LOC = H12;
```

```
NET "a_to_g[6]" LOC = L14;
NET "dp"        LOC = N13;
NET "an[0]" LOC = K14;
NET "an[1]" LOC = M13;
NET "an[2]" LOC = J12;
NET "an[3]" LOC = F12;
NET "clk" LOC ="B8";                        //50 MHz 时钟
NET "input_pulse"   LOC="C12";              //JD1---C12, 待测信号从 JD1 进入
NET "input_pulse" CLOCK_DEDICATED_ROUTE = FALSE;
```

实验要求：

(1) 输入并调试以上程序，观察实验结果。

(2) 将 50 MHz 的系统时钟信号分频得到一个脉冲信号，并用所设计的频率计测量所产生的脉冲信号的频率。

第 7 章 键盘和鼠标接口实验

鼠标和键盘是计算机最常用的输入设备。这些设备可作为实验系统的输入设备，用来开发复杂的应用系统。实验系统所使用的开发板也提供了对应的接口及电路。下面分别介绍鼠标和键盘接口及其控制原理，最后介绍基于 FPGA 实验系统的控制方案。

7.1 PS/2 接口

7.1.1 PS/2 接口基本概念

PS/2 接口是一种 6 针的圆形接口，信号定义如表 7-1 所示。命名来自于 1987 年 IBM 所推出的个人电脑 Personal System/2 系列。PS/2 接口主要用于主机和键盘及鼠标的连接。PS/2 鼠标接口取代了旧式的串行鼠标接口(DB-9 RS-232)；PS/2 键盘接口取代了为 IBM PC/AT 所设计的大型 5 针的 DIN 连接器(DIN 标准是由德国标准化组织 Deutsches Institut für Normung 建立的，网站为 http://www.din.de/)。PS/2 的键盘及鼠标接口在工作原理、电气特性和外形上完全一样。PS/2 鼠标和键盘可以发送数据到主机，而主机也可以发送数据到设备。但主机总是在总线上有优先权，它可以在任何时候抑制来自于键盘和鼠标的通信，只要把时钟拉低即可。通常采用不同颜色区分鼠标和键盘接口(主机内部信号定义不同)，鼠标接口是绿色、键盘接口为紫色。因此，以下介绍不再区分。

表 7-1 PS/2 接口及信号定义

Male(针型)	Female(孔型)	6 脚信号定义
5 6 3 4 1 2 (Plug)插头	6 5 4 3 2 1 (Socket)插座	1——数据线 2——保留 3——电源地线 4——电源+5 V 5——时钟 6——保留

目前 PS/2 接口已经慢慢地被 USB 所取代，但大部分的台式电脑仍然提供 PS/2 接口。也可以使用转换器将 USB 接口转换成 PS/2 接口，图 7-1 为 USB 转换成 PS/2 键盘/鼠标接口的转接线。和 USB 接口相比，PS/2 接口是不可以热插拔的，即进入系统后再接 PS/2 键盘或鼠标，键盘或鼠标将不起作用，必须重启计算机，在开机检测中才能检测 PS/2 键盘和鼠标。如果带电插拔 PS/2 设备则非常容易损坏设备或主板的对应接口。USB 支持热插拔，

有即插即用的优点，所以USB接口应用越来越广泛，USB有两个规范，即USB1.1和USB2.0。但是计算机底层硬件对PS/2接口兼容性更好一些。

图 7-1　USB 转换成 PS/2 键盘/鼠标接口的转接线

PS/2 通信协议是一种同步串行通信协议，同步时钟信号的最大时钟频率是 33 kHz，大多数 PS/2 设备工作在 10 kHz～20 kHz。通信的数据帧格式如表 7-2 所示，每帧包含 11 位数据。表中，奇校验是指数据位和校验位中 1 的个数总为奇数，该位由发送器产生。如果数据位中 1 的个数为偶数，校验位就为 1；如果数据位中 1 的个数为奇数，校验位就为 0。

表 7-2　数据帧格式

(START)	(DATA0～DATA7)	(PARITY)	(STOP)
1 个起始位，总是为 0	8 个数据位，低位在前	1 个校验位，奇校验	1 个停止位，总是为 1

PS/2 协议的键盘和鼠标都采用两条线(数据和时钟)与主机(计算机或 PC)通信，电源和地由主机提供。主机对总线有主控权。时钟和数据引脚都是集电极开路的，外部需要通过上拉电阻接到电源。仅在通信时驱动数据和时钟线，不通信时它们都处于空闲状态(Idle)，为高电平。

7.1.2　PS/2 设备发送数据到 PC 的通信时序

当 PS/2 设备(是指键盘/鼠标)要发送数据时，需要发送的数据事先要写入数据缓冲区，一般 PS/2 键盘有 16 个字节的缓冲区，而 PS/2 鼠标的缓冲区只存储最后一个要发送的数据包。之后，检查时钟脚 Clock，判断其逻辑电平的高低。如果 Clock 是低电平，则说明 PC 禁止通信，PS/2 设备需要等待重新获得总线的控制权。如果 Clock 为高电平，PS/2 设备便开始将数据发送到 PC 上。发送时一般都是按照数据帧格式顺序发送的。其中数据位在 Clock 为高电平时准备好，在 Clock 的下降沿被 PC 读入。PS/2 设备到 PC 的通信时序如图 7-2 所示，图中 P 为奇校验位。

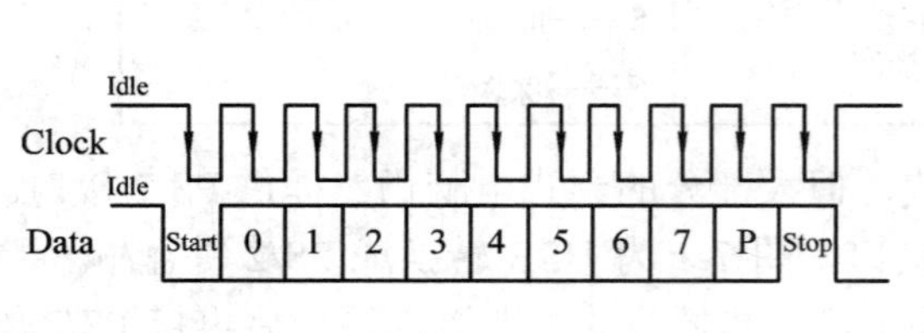

(a) 一帧数据时序

Edge 0
'0' start bit
T_{CK}
T_{CK}
Edge 10
T_{HLD}
'1' stop bit
T_{SU}

Symbol	Parameter	Min	Max
T_{CK}	Clock time	30 μs	50 μs
T_{SU}	Data-to-clock setup time	5 μs	25 μs
T_{HLD}	Clock-to-data hold time	5 μs	25 μs

(b) PS/2信号时序参数

图 7-2　PS/2 设备发送数据到 PC 的通信时序图

从 PS/2 设备向 PC 发送一个字节可按照下面的步骤进行：

(1) 检测时钟线电平，如果时钟线为低电平，则延时 50 μs 转到步骤(2)；

(2) 检测判断时钟信号是否为高平，为高电平，则向下执行，为低电平，则转到步骤(1)；

(3) 检测数据线是否为高电平，如果为高电平则继续执行，如果为低电平，则放弃发送(此时 PC 在向 PS/2 设备发送数据，所以 PS/2 设备要转移到接收程序处接收数据)；

(4) 延时 20 μs(如果此时正在发送起始位，则应延时 40 μs)；

(5) 输出起始位逻辑 0 到数据线上。这里要注意的是：在送出每一位后都要检测时钟线，以确保 PC 没有抑制 PS/2 设备，如果有则中止发送；

(6) 输出 8 个数据位到数据线上；

(7) 输出校验位；

(8) 输出停止位逻辑 1；

(9) 延时 30 μs(如果在发送停止位时，释放时钟信号则应延时 50 μs)。

通过以下步骤可发送单个位：

(1) 准备数据位(将需要发送的数据位放到数据线上)；

(2) 延时 20 μs；

(3) 把时钟线拉低；

(4) 延时 40 μs；

(5) 释放时钟线；

(6) 延时 20 μs。

7.1.3　PC 发送数据到 PS/2 设备的通信时序

PS/2 通信总是由 PS/2 设备产生时钟信号。如果 PC 或 FPGA 要发送数据到 PS/2 设备，它必须把时钟和数据线设置为“请求发送”状态，如图 7-3 所示。即首先下拉时钟线至少 100 μs 来抑制通信，并且通过下拉数据线发出请求发送数据的信号，然后释放时钟。当 PS/2 设备检测到这个状态时，将开始产生时钟信号，PC 在时钟线变低时准备数据到数据线，并在时钟上升沿锁存数据，PS/2 设备依次读入 8 个数据位和 1 个停止位。这和设备到主机的通信过程中下降沿锁存数据正好相反。在停止位发送后，设备要应答接收到了字节，把数据线拉低并产生最后一个时钟脉冲。主机可以在第 11 个时钟脉冲(应答位)前中止数据传输，只要下拉时钟线达到 100 μs 即可。主机发送数据的具体步骤如下：

(1) 把时钟线拉低 100 μs；

(2) 把数据线拉低；

(3) 释放数据线；

(4) 等待设备把时钟线拉低；

(5) 设置/复位数据线发送第一个数据位；

(6) 等待设备把时钟线拉高；

(7) 等待设备把时钟线拉低；

(8) 重复(5)～(7)步发送剩下的 7 个数据位和校验位；

(9) 释放数据线；

(10) 等待设备把数据线拉低；

(11) 等待设备把时钟线拉低；

(12) 等待设备释放数据线和时钟线；

PS/2 设备从主机读取一个字节的步骤如下：

(1) 等待时钟线为高电平；

(2) 判断数据线是否为低电平，为高电平则错误退出，否则继续执行；

(3) 读数据线上的数据内容，共 8 个 bit，每读完一个位，都应检测时钟线是否被 PC 拉低，如果被拉低则要中止接收。

(4) 读数据线上的校验位内容，1 个 bit。

(5) 读停止位，如果数据线上为 0(即还是低电平)，PS/2 设备继续产生时钟，直到接收到 1 且产生出错信号为止(因为停止位是 1，如果 PS/2 设备没有读到停止位，则表明此次传输出错)；

(6) 输出应答位(即输出 1 bit 逻辑 0)；

(7) 检测奇偶校验位，如果校验失败，则产生错误信号以表明此次传输出现错误；

(8) 延时 45 μs，以便 PC 进行下一次传输。

读每位数据的步骤如下：

(1) 延时 20 μs；

(2) 把时钟线拉低；

(3) 延时 40 μs；

(4) 释放时钟线(即逻辑 1)；

(5) 延时 20 μs；

(6) 读数据线。

下面的步骤可用于发出应答位：

(1) 延时 15 μs；

(2) 把数据线拉低；

(3) 延时 5 μs；

(4) 把时钟线拉低；

(5) 延时 40 μs；

(6) 释放时钟线；

(7) 延时 5 μs；

(8) 释放数据线。

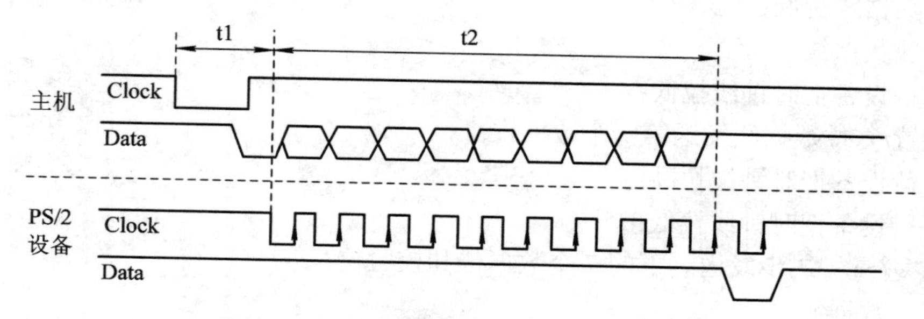

图 7-3　PC 发送数据到 PS/2 设备的通信时序

此外，在上述过程中，包含了如下两个重要的定时条件：

(1) 在主机把数据线拉低后，设备开始产生时钟脉冲的时间不能大于 15 ms。

(2) 数据发送的时间不能大于 2 ms，如图中 t2。

如果上述两个条件不满足，主机将产生一个错误。在收到数据包后主机为了处理数据立刻把时钟线拉低来抑制通信。如果主机发送的命令要求有一个回应，这个回应必须在主机释放时钟线后 20 ms 内收到。如果没有收到，则主机将产生一个错误。

7.2 PS/2 键盘

1981 年 IBM 推出了 IBM PC/XT 键盘及其接口标准。该标准定义了 83 键，采用 5 脚连接器和简单的串行协议，这套键盘扫描码集没有主机到键盘的命令。1984 年 IBM 推出了 IBM AT 键盘接口标准，该标准定义了 84～101 键，采用 5 脚 DIN 连接器和双向串行通信协议，此协议的键盘扫描码集设有 8 个主机到键盘的命令。到 1987 年，IBM 又推出了 PS/2 键盘接口标准。该标准仍旧定义了 84～101 键，但是采用 6 脚 mini-DIN 连接器，该连接器在封装上更小巧，仍然用双向串行通信协议并且提供可选择的第三套键盘扫描码集(很少使用)，同时支持 17 个主机到键盘的命令。键盘与电脑主机之间相连接的接口类型有三种：老式 AT 接口、PS/2 接口以及 USB 接口。老式 AT 接口，俗称大口，目前已经基本淘汰。市面上的键盘都和 PS/2 及 AT 键盘兼容，只是功能不同而已。下面介绍 PS/2 键盘。

7.2.1 PS/2 键盘的编码

键盘上包含了一个大型的按键矩阵，它们是由安装在键盘电路板上的处理器，也叫“键盘编码器”来监视的。不同键盘其键盘编码器是不同的，但是它们的作用都是监视哪些按键被按下或释放，并传送按键的扫描码数据到主机。如果有必要，处理器处理按键抖动并在它的 16 字节缓冲区里缓冲数据。主机一般有一个键盘控制器，负责解码所有来自键盘的数据。最初 IBM 使用 Intel 的 8042 微控制器作为它的键盘控制器，现在已经被兼容设备取代并整合到主板的芯片组中。本书使用 FPGA 实现键盘控制器功能。

按键扫描码分为通码(Make Code)和断码(Break Code)，当一个按键被按下时，键盘会将该键的通码发送给主机，当持续按住该按键，键盘将持续发送该键的通码；当一个按键释放时，键盘将该键的断码发送给主机。每个按键被分配了唯一的通码和断码，这样主机通过查找唯一的扫描码就可以测定是哪个按键。每个键一整套的通断码组成了“扫描码集”。有三套标准的扫描码集，分别是第一套、第二套和第三套。现在常用的键盘默认使用第二套扫描码集。图 7-4 和图 7-5 给出了主键盘和扩展键盘各个按键的第二套扫描码集的通码。根据扫描码的不同，将按键分为以下三类(扫描码用十六进制数表示)：

(1) 第一类按键，通码为 1 个字节，其断码为 0xF0＋通码，比如，A 键通码为 0x1C，断码为 0xF01C；

(2) 第二类按键，通码为 2 个字节 0xE0＋0xXX，其断码为 0xE0＋0xF0＋0xXX，比如右边的 Ctrl 键；

(3) 第三类是两个特殊按键，Prt Scr 键的通码为 0xE0 0x12 0xE0 0x7C，断码为 0xE0

0xF0 0x7C 0xE0 0xF0 0x12；Pause 键的通码为 0xE1 0x14 0x77 0xE1 0xF0 0x14 0xF0 0x77，没有断码。

键盘的每一个键都有一个特定的键码(该键码与按键的 ASCII 码不同)。当某键按下或释放时，无论 Shift、Num Lock、Caps Lock、Scroll Lock 键是否被按下，键盘总是发送该键特定的通码或断码，主机的键盘 BIOS 负责区分 Shift、Num Lock、Caps Lock、Scroll Lock 键的状态，然后形成按键的 ASCII 码。

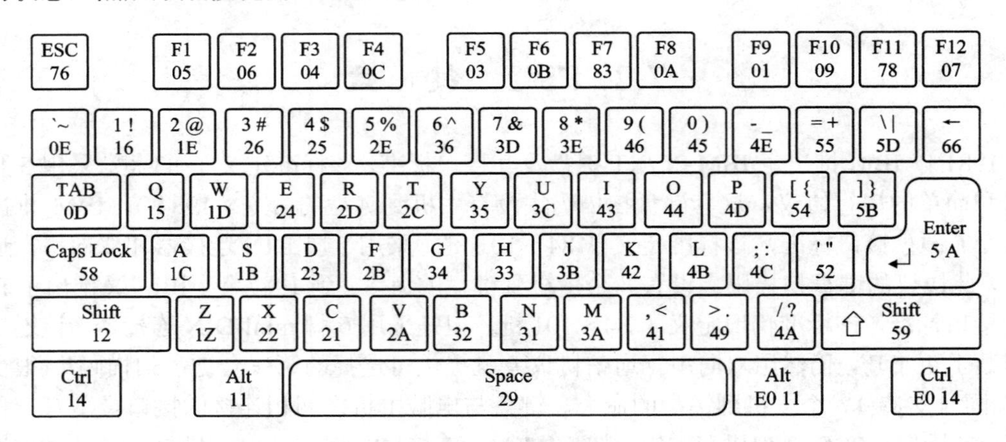

图 7-4　主键盘通码(图中编码为十六进制数)

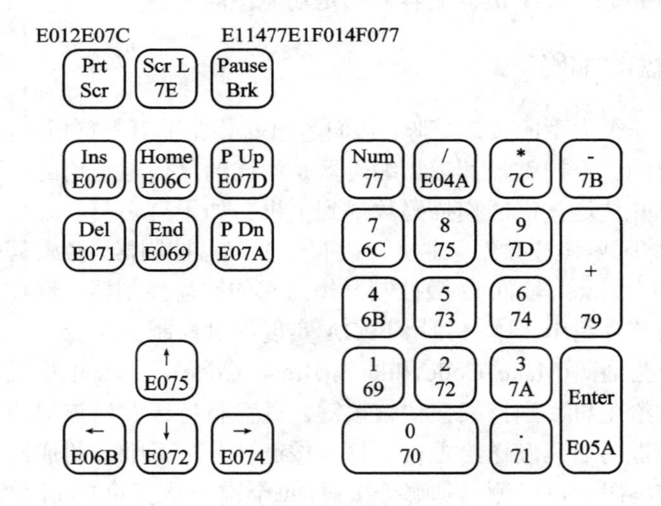

图 7-5　扩展键盘通码

7.2.2　PS/2 键盘的命令集

主机可以向键盘发送命令用来设置键盘或者获得键盘的状态等，下面简要介绍主机到键盘的一些主要命令：

- 0xED(Set/Reset LEDs)设置键盘 LED 的状态。包括 Caps Lock、Num Lock 和 Scroll Lock LED 的状态。接下来主机向键盘发送一个字节的数据，低三位分别控制上述三个 LED，1 表示开，0 表示关。

● 0xEE(Echo) 键盘回应命令。

● 0xF0(Set Scan Code Set)设置扫描码集。键盘收到该命令之后主机向键盘发送一个字节的数据，如果该数据为 0x01、0x02 和 0x03，则分别选择扫描码集为第一套、第二套或第三套，确定使用的扫描码集；如果数据为 0x00，则向主机返回当前使用的键盘扫描码集的编号。

● 0xF3(Typematic Repeat Rate/Delay)设置打字重复率和延时。键盘收到该命令之后主机向键盘发送一个字节的数据，表示具体的打字重复率值和延时。如果按下一个键，这个键的通码被发送到计算机，当按下并持续按住这个键时，这个键就变成了机打，键盘将每隔 100 ms 发送一次这个键的通码，直到它被释放或者其他键被按下。要想证实这点，只要打开一个文本编辑器并按下 A 键且持续按住，在编辑界面会立刻出现字符 a(如果是小写的)，一个短暂的延迟后接着出现一串的 a，直到释放 A 键或按下其他键。第一个 a 和第二个 a 之间的延迟时间称为机打延时。机打速率是指在机打延时后每秒有多少字符出现屏幕上。机打延时的范围可以从 0.25 s～1.00 s，机打速率的范围可以从 2.0 cps(字符每秒)到 30.0 cps。机打速率和延时具体如表 7-3 和表 7-4 所示。

表 7-3　机打速率(Repeat Rate)

Bits 0～4	Rate(cps)	Bits 0～4	Rate(cps)	Bits 0～4	Rate(cps)	Bits 0～4	Rate(cps)
00h	2.0	08h	4.0	10h	8.0	18h	16.0
01h	2.1	09h	4.3	11h	8.6	19h	17.1
02h	2.3	0Ah	4.6	12h	9.2	1Ah	18.5
03h	2.5	0Bh	5.0	13h	10.0	1Bh	20.0
04h	2.7	0Ch	5.5	14h	10.9	1Ch	21.8
05h	3.0	0Dh	6.0	15h	12.0	1Dh	24.0
06h	3.3	0Eh	6.7	16h	13.3	1Eh	26.7
07h	3.7	0Fh	7.5	17h	15.0	1Fh	30.0

表 7-4　机打延时(Delay)

Bits 5～6	Delay(seconds)
00b	0.25
01b	0.50
10b	0.75
11b	1.00

● 0xF4(Enable)键盘使能，清除键盘输出缓存，使能键盘扫描。

● 0xF5(Disable)设置键盘关闭，清除键盘输出缓存，停止键盘扫描。

● 0xF6 (Set Default) 载入缺省的机打速率/延时 10.9 cps/500 ms，按键类型(所有按键都使能机打/通码/断码)以及第二套扫描码集。

- 0xF9 (Set All Keys Make) 所有键都只发送通码，断码和机打重复被禁止。
- 0xFA(Set All Keys Typematic/Make/Break)缺省设置。所有键的通码、断码和机打重复都使能(除了 Print Screen 键它在第一套和第二套中没有断码)。
- 0xFE(Resend)请求重传。键盘接收到该命令后，重新发送刚刚发送的字节；主机接收到该命令后，重新发送刚刚发送的字节给键盘。
- 0xFF(Reset) 复位键盘。
- 0xAA 键盘发送给主机的加电自检完成指示(Power On Self Test Passed)。
- 0x00/0xFF 键盘发送给主机，表示错误或缓存溢出。

7.2.3 FPGA 实现键盘控制器

本节介绍由实验系统中的 FPGA 实现键盘的 PS/2 接口电路，即键盘控制器。Nexys3 和 Basys2 与键盘及鼠标接口如图 7-6 所示。

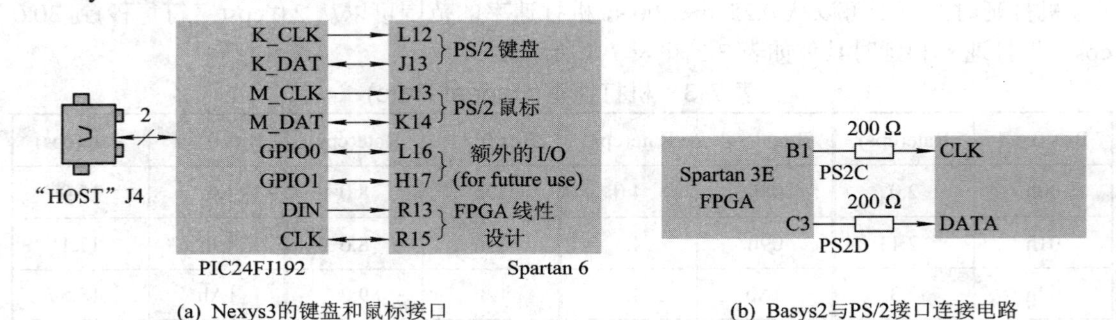

(a) Nexys3的键盘和鼠标接口　　　　(b) Basys2与PS/2接口连接电路

图 7-6　开发板的键盘和鼠标接口

Nexys3 实验板背面的 PIC24FJ192 是 16 位的微控制器，能够驱动连接到 J4(USB HID)的 A 型 USB 接口的鼠标或者键盘。目前还不支持 Hub，因此只能使用一个设备，鼠标或键盘。FPGA 有 4 个与鼠标键盘相关的连线，分别为 PS/2 协议的鼠标和键盘的数据线和时钟线，如图 7-6(a)所示。图中两个 PIC24 I/O 引脚通过标准 A 型 USB-HID 接口(J4)与 FPGA 的两个串行编程接口引脚 R13、R15 相连， USB 接口的存储卡(配置文件存储在存储卡根目录下)可以配置 FPGA。若 J8 处于第 1 章介绍的 FPGA 配置的第四种方式，上电后 PIC24 将驱动编程引脚为配置时序，自动配置 FPGA，此时不正确的配置文件被拒绝。

Basys2 开发板可以连接 PS/2 接口的鼠标或者键盘，FPGA 与 PS/2 接口的连接电路如图 7-6(b)所示。

基于 EDK 的设计可以使用标准的 PS/2 核，非 EDK 设计可以使用简单的状态机，通过 Nexys3 USB 接口从 USB 键盘读字符的参考设计在 Digilent 网站可以得到。

为了简化设计，控制器只接收键盘数据而不发送任何命令给键盘，将接收到的按键扫描码在七段数码管上显示。以下是 Basys2 开发板上实现键盘控制器的顶层模块和键盘接口的代码。执行该工程文件，则被按下按键的扫描编码会显示在右边的两个七段数码管上。

键盘的 Verilog 程序如下：

```
module Basys2_Keyboard(
    input ck,
```

```
output [7:0] led,
output reg[6:0] seg,
output reg dp,
output reg [3:0] an,
input PS2C,                    //PS2 serial clock
input PS2D                     //PS2 serial data
);

reg [16:0] cntDiv;             //general clock div/cnt
wire clkDisp;                  //is cntDiv[16]  divided clock 50MHz/2^17=381Hz
wire ck1;                      //is cntDiv[9]      dividec clock 50MHz/2^10=48828Hz
reg [9:0] s_buf;               //buffer   for PS2 receiver
reg [7:0] key_code;            //scan code from keyboard
reg par;                       //parity bit for PS2 receiver
reg [25:0] wdg;                //watch dog counter(1 sec at 50MHz)
reg [3:0] digit;               //current displayed digit
reg PS2Cold;                   //stored PS2C for edge d

  assign clkDisp=cntDiv[16];
  assign ck1=cntDiv[9];
  assign led=key_code;

  always @(posedge ck)
     begin
          cntDiv<=cntDiv+1;
     end

  //selecting the content of the seven segment display
  always @(*)
     begin
          dp=1;                    //all decimal points OFF
          case (clkDisp)
               0: begin
                         digit=key_code[3:0];
                         an=4'b1110;
                    end
               default: begin
                         digit=key_code[7:4];
```

```
                    an=4'b1101;
                end
            endcase
        end

//Receive keyboard data
    always @(posedge ck1)
    begin                                          //(0)
        PS2Cold <= PS2C;                           //storing old value of PS2C for edge detection
      if ((PS2Cold == 1'b0) && (PS2C ==1'b1))     //rising egde of PS2C
            begin                                  //(1)
            if (s_buf[0]==1'b0)                    //11 bits received ("start bit" reached S_buf(0))
                begin                              //(2)
                if ((par==1'b1) && (PS2D==1'b1))          //correct byte: parity OK, stop bit OK.
                    begin                          //(3)
                        key_code<=s_buf[8:1];             //the received byte is delivered
                        s_buf<=10'b1111111111;            //a new reception is prepared
                        par<=1'b0;
                    end                            //(3)
                else                               //incorrect byte
                    begin                          //(4)
                        s_buf<=10'b1111111111;
                        par<=1'b0;
                        key_code<=8'b00000000;            //no valid byte available
                    end                            //(4)
                end                                //(2)
            else                                   //not yet 11 bits
                begin                              //(5)
                  s_buf<={PS2D,s_buf[9:1]};        //shift bits to right, adding the new received one
                    par<=par ^ PS2D;               //parity check. Includes the received parity bit.
                end                                //(5)
            end                                    //(1)
     end                                           //(0)

     always @(*)
     case(digit)
         1:seg=7'b1111001;
         2:seg=7'b0100100;
```

```
        3:seg=7'b0110000;
        4:seg=7'b0011001;
        5:seg=7'b0010010;
        6:seg=7'b0000010;
        7:seg=7'b1111000;
        8:seg=7'b0000000;
        9:seg=7'b0010000;
        'hA:seg=7'b0001000;
        'hB:seg=7'b0000011;
        'hC:seg=7'b1000110;
        'hD:seg=7'b0100001;
        'hE:seg=7'b0000110;
        'hF:seg=7'b0001110;
        default:seg=7'b1000000;          //0
    endcase
endmodule
```

约束文件如下：

```
# clock pin for Basys2 Board
NET "ck" LOC = "B8";        # Bank = 0, Signal name = ck
NET "ck" CLOCK_DEDICATED_ROUTE = FALSE;

# Pin assignment for DispCtl
# Connected to Basys2 onBoard 7seg display
NET "seg<0>" LOC = "L14"; # Bank = 1, Signal name = CA
NET "seg<1>" LOC = "H12"; # Bank = 1, Signal name = CB
NET "seg<2>" LOC = "N14"; # Bank = 1, Signal name = CC
NET "seg<3>" LOC = "N11"; # Bank = 2, Signal name = CD
NET "seg<4>" LOC = "P12"; # Bank = 2, Signal name = CE
NET "seg<5>" LOC = "L13"; # Bank = 1, Signal name = CF
NET "seg<6>" LOC = "M12"; # Bank = 1, Signal name = CG
NET "dp" LOC = "N13"; # Bank = 1, Signal name = DP

NET "an<3>" LOC = "K14"; # Bank = 1, Signal name = AN3
NET "an<2>" LOC = "M13"; # Bank = 1, Signal name = AN2
NET "an<1>" LOC = "J12"; # Bank = 1, Signal name = AN1
NET "an<0>" LOC = "F12"; # Bank = 1, Signal name = AN0
```

```
# Pin assignment for LEDs
NET "Led<7>" LOC = "G1" ; # Bank = 3, Signal name = LD7
NET "Led<6>" LOC = "P4" ; # Bank = 2, Signal name = LD6
NET "Led<5>" LOC = "N4" ;   # Bank = 2, Signal name = LD5
NET "Led<4>" LOC = "N5" ;   # Bank = 2, Signal name = LD4
NET "Led<3>" LOC = "P6" ; # Bank = 2, Signal name = LD3
NET "Led<2>" LOC = "P7" ; # Bank = 3, Signal name = LD2
NET "Led<1>" LOC = "M11" ; # Bank = 2, Signal name = LD1
NET "Led<0>" LOC = "M5" ;   # Bank = 2, Signal name = LD0
# Loop back/demo signals
# Pin assignment for PS2
NET "PS2C" LOC = "B1" | DRIVE = 2 | PULLUP ; # Bank = 3, Signal name = PS2C
NET "PS2D" LOC = "C3" | DRIVE = 2 | PULLUP ; # Bank = 3, Signal name = PS2D
```

键盘的 VHDL 程序如下：

```
library IEEE;
use IEEE.STD_LOGIC_1164.ALL;
use IEEE.STD_LOGIC_ARITH.ALL;
use IEEE.STD_LOGIC_UNSIGNED.ALL;
entity Basys2_Keyboard is
  Port (ck:  in   std_logic;
        led: out std_logic_vector(7 downto 0);
        seg: out std_logic_vector(6 downto 0);
        dp:   out std_logic;
        an:   out std_logic_vector(3 downto 0);
        PS2C: in std_logic;          -- PS2 serial clock
        PS2D: in std_logic           -- PS2 serial data
          );
end Basys2_Keyboard;
architecture Behavioral of Basys2_Keyboard is
  signal cntDiv: std_logic_vector(16 downto 0);      -- general clock div/cnt
  alias clkDisp: std_logic is cntDiv(16);           -- divided clock
  -- 50 MHz/2^17=381 Hz
  alias ck1: std_logic is cntDiv(9);                -- divided clock
  -- 50 MHz/2^10=48828 Hz
  signal s_buf:std_logic_vector (9 downto 0);        -- buffer for PS2 receiver
  signal key_code:std_logic_vector (7 downto 0):= x"00";   -- scan code from keyboard
  signal par:std_logic; -- parity bit for PS2 receiver
  signal digit:std_logic_vector (3 downto 0);        -- curent displayed digit
```

```
    signal PS2Cold:std_logic;                              -- stored PS2C for edge d
begin
    led <= key_code;
    ckDivider: process(ck)
    begin
      if ck'event and ck='1' then
        cntDiv <= cntDiv + '1';
      end if;
    end process;
-- selecting the content of the seven segment display
    process(clkDisp,key_code)
    begin
        -- displaying the keyboard scan code on seven segment display last two digits
        dp <= '1';                              -- all decimal points OFF
        case clkDisp is
            when '0' =>
              digit <= key_code(3 downto 0); -- digit 0 (LSD)
            an      <= "1110";
            when others =>
              digit <= key_code(7 downto 4); -- digit 1
            an      <= "1101";
        end case;
    end process;
    process (PS2C,ck1)
    begin
      if ck1'event and ck1 = '1' then
        PS2Cold <= PS2C;                        -- storing old value of PS2C for edge detection
        if PS2Cold = '0' and PS2C = '1' then    -- rising egde of PS2C
          if s_buf(0)='0' then                  -- 11 bits received ("start bit" reached S_buf(0))
            if (par='1' and PS2D='1') then      -- correct byte: parity OK, stop bit OK.
              key_code<=s_buf(8 downto 1);-- the received byte is delivered
              s_buf<="1111111111";              -- a new reception is prepared
              par<='0';
            else                                -- incorrect byte
              s_buf<="1111111111";
              par<='0';
              key_code<="00000000";             -- no valid byte available
            end if;
```

```
            else                                    -- not yet 11 bits
               s_buf<=PS2D&s_buf(9 downto 1);   -- shift bits to right, adding the new received one
               par<=par xor PS2D;                   -- parity check. Includes the received parity bit.
            end if;
         end if;
      end if;
   end process;
   with digit SELect
    seg<= "1111001" when "0001",      --1
          "0100100" when "0010",      --2
          "0110000" when "0011",      --3
          "0011001" when "0100",      --4
          "0010010" when "0101",      --5
          "0000010" when "0110",      --6
          "1111000" when "0111",      --7
          "0000000" when "1000",      --8
          "0010000" when "1001",      --9
          "0001000" when "1010",      --A
          "0000011" when "1011",      --b
          "1000110" when "1100",      --C
          "0100001" when "1101",      --d
          "0000110" when "1110",      --E
          "0001110" when "1111",      --F
          "1000000" when others;      --0
end Behavioral;
```

约束文件同 Verilog 程序。

7.3　PS/2 鼠　标

鼠标最流行的接口类型是 PS/2 和 USB，本节介绍 PS/2 鼠标。

7.3.1　PS/2 鼠标及数据包

标准的 PS/2 鼠标支持：左右位移(X)、上下位移(Y)、左键、中键和右键。鼠标以一个固定的频率读取这些输入并更新不同的计数器，然后标记出位移和按键状态。也有的 PS/2 设备具有额外的输入，比如，Microsoft 的 Intellimouse 既支持标准输入也支持滚轮和两个附加的按键输入。

标准的鼠标有两个计数器跟踪鼠标位移：X 位移计数器和 Y 位移计数器。每个计数器可存放 9 位的二进制整数补码且都有相关的溢出标志，它们的内容连同三个鼠标按钮的状态一起以 3 帧数据包发送给主机，之后位移计数器被复位，当鼠标再次读取鼠标输入时，记录按键的当前状态，然后检查位移，如果发生位移就增加(正位移)或减少(负位移)X 和/或 Y 位移计数器的值。计数器的最高位作为符号位出现在位移数据包的第一个字节中，位移计数器可表示的值的范围是 −256～+255。如果超过了这个范围，就设置相应的溢出标志并且在复位前计数器的值不会增减。

当鼠标移动时送给主机的 3 个 11 位的数据格式如图 7-7 所示，图中鼠标状态字节中的 L 和 R 为 1 表示鼠标的左或右键按下；XS 和 YS 为符号位，1 表示负数，XS(左 1 右 0)，YS(上 0 下 1)；XY 和 YY 是两个计数器的溢出标志。第 2、3 字节分别表示鼠标移动的左右位置 X 和上下位置 Y。

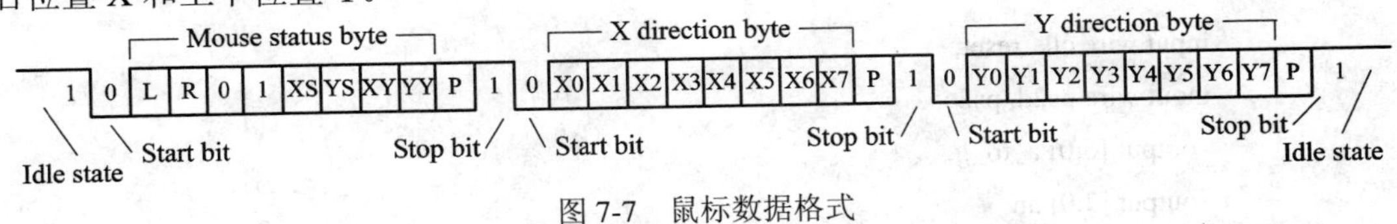

图 7-7　鼠标数据格式

决定位移计数器增减数量的参数叫分辨率，分辨率是选择一款鼠标的主要依据之一，单位是 DPI(Dots Per Inch)或者 CPI(Count Per Inch)，其意思是指鼠标移动中，每移动一英寸能准确定位的像素数或采样点数。显然鼠标在每英寸中能定位的像素数或采样点数越大，鼠标就越精确。对于以前使用滚球来定位的鼠标来说，一般用 DPI 来表示鼠标的定位能力。当光电鼠标出现后，发现用 DPI 描述鼠标精确度已经不太合适，因为 DPI 反映的是静态指标，用在打印机或扫描仪上更为合适。由于鼠标移动是个动态的过程，用 CPI 来表示鼠标的分辨率更为恰当。现在大多数鼠标采用 400CPI，少数高端鼠标采用 800CPI。400CPI 意味着鼠标可以观察到 0.0635 mm(1/400 英寸 = 1/400 × 25.4 mm)的微弱移动，而 800CPI 则可以观察到 0.031 75 mm 的移动。800CPI 和 400CPI 的鼠标只是在显示器分辨率高的情况下，性能差异才会表现出来。800CPI 的鼠标虽然定位比较精确，但是价格比较昂贵，除非是专业制图用户或游戏专业玩家，否则 400CPI 分辨率的光电鼠标已经足够用了。

鼠标有四种操作模式：① Reset——重启或自检模式，鼠标在上电或收到 0xFF 命令后进入 Reset 模式，进行自检并初始化，使采样速率为 100 采样点/秒，分辨率为 4 个计数值/毫米，缩放比例 1 : 1，数据包被禁止。然后向主机发送代码 0xAA(成功)或者 0xFC(错误)，如果主机收到的回应不是 0xAA，则重新给鼠标供电，使鼠标复位并重新执行初始化。之后鼠标发送它的设备 ID 0x00，ID 用于区别设备是键盘还是处于扩展模式中的鼠标。发送 ID 之后进入 Stream 模式。② Stream——流模式，这是缺省模式，在 Reset 执行完成后进入该模式，也是多数软件使用鼠标的模式。在 Stream 模式中，主机要发送 0xF4 指令使能鼠标数据包发送，一旦鼠标检测到位移或发现一个或多个鼠标键的状态改变，就发送位移数据包。③ Remote——远程模式，通过 0xF0 命令进入该模式，主机向鼠标发送 0xEB 命令，申请鼠标发送包含鼠标移动信息的三帧数据。④ Wrap——回绕模式，除了诊断鼠标和主机之间的连接外，还将主机发送来的数据回传给主机。主机发送 0xEE 命令给鼠标进入 Wrap 模式。主机发送 0xFF 命令使鼠标进入 Reset 模式，或者发送 0xEC 命令，使鼠标进入 Wrap 模式前的那个模式。

7.3.2　FPGA 实现鼠标控制器

鼠标与开发板的连接与上述键盘连接电路完全相同。Digilent 网站的 Basys2 开发板有鼠标以及鼠标和 VGA 显示的相关 VHDL 工程文件可以下载，每一个源文件开始部分都有详细说明。下面为一个 Verilog 鼠标例程，执行后将鼠标移动的 x、y 坐标显示在数码管上，最左和最右 LED 指示鼠标的左键或右键按下。程序在 Basys2 开发板上得到验证。

```
//鼠标控制 LED 的测试模块顶层文件
module mouse_led
    (
     input wire clk, reset,
     inout wire ps2d, ps2c,
       output [6:0] a_to_g,
       output [3:0] an,
     output reg [7:0] led
    );
 // signal declaration
    reg [9:0] px_reg;
    wire [9:0] px_next;
    wire [8:0] xm;
    reg [9:0] py_reg;
    wire [9:0] py_next;
    wire [8:0] ym;
    wire [2:0] btnm;
    wire m_done_tick;
// instantiation
    mouse mouse_unit
        (.clk(clk), .reset(reset), .ps2d(ps2d), .ps2c(ps2c),
         .xm(xm), .ym(ym), .btnm(btnm),
         .m_done_tick(m_done_tick));
     LEDs_disp LEDs_Disp_unit (
          .clk(clk),
          .LED0_num(px_reg[9:6]),
          .LED1_num(px_reg[5:2]),
          .LED2_num(py_reg[9:6]),
          .LED3_num(py_reg[5:2]),
          .a_to_g(a_to_g),
          .an(an)
          );
```

```
// counter
  always @(posedge clk)
     if (!reset)
            begin
               px_reg <= 0;
               py_reg <= 0;
            end
     else
            begin
               px_reg <= px_next;
               py_reg <= py_next;
            end
  assign px_next = (~m_done_tick) ? px_reg   :           // no activity
                    (btnm[0])       ? 10'b0   :           // left button
                    (btnm[1])       ? 10'h3ff :           // right button
                    px_reg + {xm[8], xm};                 // x movement

  assign py_next = (~m_done_tick) ? py_reg   :           // no activity
                    (btnm[0])       ? 10'b0   :           // left button
                    (btnm[1])       ? 10'h3ff :           // right button
                    py_reg + {ym[8], ym};                 // x movement
  always @*
     case (px_reg[9:7])
         3'b000: led = 8'b10000000;
         3'b001: led = 8'b01000000;
         3'b010: led = 8'b00100000;
         3'b011: led = 8'b00010000;
         3'b100: led = 8'b00001000;
         3'b101: led = 8'b00000100;
         3'b110: led = 8'b00000010;
         default: led = 8'b00000001;
     endcase
endmodule
//鼠标与 FPGA 接口电路模块
module mouse
   (
    input wire clk, reset,
    inout wire ps2d, ps2c,
```

```
        output wire [8:0] xm, ym,
        output wire [2:0] btnm,
        output reg    m_done_tick,
        output wire wps2
    );
// constant declaration
    localparam STRM=8'hf4; // stream command F4
// symbolic state declaration
    localparam [2:0]
        init1 = 3'b000,
        init2 = 3'b001,
        init3 = 3'b010,
        pack1 = 3'b011,
        pack2 = 3'b100,
        pack3 = 3'b101,
        done    = 3'b110;
// signal declaration
    reg [2:0] state_reg, state_next;
    wire [7:0] rx_data;
    reg wr_ps2;
    wire rx_done_tick, tx_done_tick;
    reg [8:0] x_reg, y_reg, x_next, y_next;
    reg [2:0] btn_reg, btn_next;
// body
// instantiation
    ps2_rxtx ps2_unit
        (.clk(clk), .reset(reset), .wr_ps2(wr_ps2),
         .din(STRM), .dout(rx_data), .ps2d(ps2d), .ps2c(ps2c),
         .rx_done_tick(rx_done_tick),
         .tx_done_tick(tx_done_tick));
// body
// FSMD state and data registers
    always @(posedge clk)
        if (!reset)
            begin
                state_reg <= init1;
                x_reg <= 0;
                y_reg <= 0;
```

```
            btn_reg <= 0;
         end
      else
         begin
            state_reg <= state_next;
            x_reg <= x_next;
            y_reg <= y_next;
            btn_reg <= btn_next;
         end
// FSMD next-state logic
   always @*
   begin
      state_next = state_reg;
      wr_ps2 = 1'b0;
      m_done_tick = 1'b0;
      x_next = x_reg;
      y_next = y_reg;
      btn_next = btn_reg;
      case (state_reg)
         init1:
            begin
               wr_ps2 = 1'b1;
               state_next = init2;
            end
         init2:                          // wait for send to complete
            if (tx_done_tick)
               state_next = init3;
         init3:                          // wait for acknowledge packet
            if (rx_done_tick)
               state_next = pack1;
         pack1:                          // wait for 1st data packet
            if (rx_done_tick)
               begin
                  state_next = pack2;
                  y_next[8] = rx_data[5];
                  x_next[8] = rx_data[4];
                  btn_next =   rx_data[2:0];
               end
```

```
            pack2:                              // wait for 2nd data packet
                if (rx_done_tick)
                    begin
                        state_next = pack3;
                        x_next[7:0] = rx_data;
                    end
            pack3:                              // wait for 3rd data packet
                if (rx_done_tick)
                    begin
                        state_next = done;
                        y_next[7:0] = rx_data;
                    end
            done:
                begin
                    m_done_tick = 1'b1;
                    state_next = pack1;
                end
        endcase
    end
// output
    assign xm = x_reg;
    assign ym = y_reg;
    assign btnm = btn_reg;
    assign wps2=wr_ps2;
endmodule
//FPGA 与鼠标双向通信模块
module ps2_rxtx
    (
     input wire clk, reset,
     input wire wr_ps2,
     inout wire ps2d, ps2c,
     input wire [7:0] din,
     output wire rx_done_tick, tx_done_tick,
     output wire [7:0] dout
    );
/ signal declaration
    wire tx_idle;
// body
```

```
// instantiate ps2 receiver
    ps2_rx ps2_rx_unit
        (.clk(clk), .reset(reset), .rx_en(tx_idle),
         .ps2d(ps2d), .ps2c(ps2c),
         .rx_done_tick(rx_done_tick), .dout(dout));
// instantiate ps2 transmitter
    ps2_tx ps2_tx_unit
        (.clk(clk), .reset(reset), .wr_ps2(wr_ps2),
         .din(din), .ps2d(ps2d), .ps2c(ps2c),
         .tx_idle(tx_idle), .tx_done_tick(tx_done_tick));
endmodule
//PS 2 接收模块（鼠标发送，FPGA 接收）
module ps2_rx
    (
     input wire clk, reset,
     input wire ps2d, //ps2 data
     input wire ps2c, //ps2 clk
     input wire rx_en,
     output reg rx_done_tick,
     output wire [7:0] dout
    );
// symbolic state declaration
    localparam [1:0]
        idle = 2'b00,
        dps   = 2'b01,
        load = 2'b10;
// signal declaration
    reg [1:0] state_reg, state_next;
    reg [7:0] filter_reg;
    wire [7:0] filter_next;
    reg f_ps2c_reg;
    wire f_ps2c_next;
    reg [3:0] n_reg, n_next;
    reg [10:0] b_reg, b_next;
    wire fall_edge;
//==================================================
// filter and falling-edge tick generation for ps2c
//==================================================
```

```
    always @(posedge clk)
    if (!reset)
        begin
            filter_reg <= 0;
            f_ps2c_reg <= 0;
        end
    else
        begin
            filter_reg <= filter_next;
            f_ps2c_reg <= f_ps2c_next;
        end
    assign filter_next = {ps2c, filter_reg[7:1]};
    assign f_ps2c_next = (filter_reg==8'b11111111) ? 1'b1 :
                         (filter_reg==8'b00000000) ? 1'b0 :
                         f_ps2c_reg;
    assign fall_edge = f_ps2c_reg & ~f_ps2c_next;
//=================================================
// FSMD state & data registers
//=================================================
    always @(posedge clk)
        if (!reset)
            begin
                state_reg <= idle;
                n_reg <= 0;
                b_reg <= 0;
            end
        else
            begin
                state_reg <= state_next;
                n_reg <= n_next;
                b_reg <= b_next;
            end
// FSMD next-state logic
    always @*
    begin
        state_next = state_reg;
        rx_done_tick = 1'b0;
        n_next = n_reg;
```

```
        b_next = b_reg;
        case (state_reg)
            idle:
                if (fall_edge & rx_en)
                    begin
                        // shift in start bit
                        b_next = {ps2d, b_reg[10:1]};
                        n_next = 4'b1001;
                        state_next = dps;
                    end
            dps:            // 8 data + 1 parity + 1 stop
                if (fall_edge)
                    begin
                        b_next = {ps2d, b_reg[10:1]};
                        if (n_reg==0)
                            state_next = load;
                        else
                            n_next = n_reg - 1;
                    end
            load:           // 1 extra clock to complete the last shift
                begin
                    state_next = idle;
                    rx_done_tick = 1'b1;
                end
        endcase
    end
// output
    assign dout = b_reg[8:1]; // data bits
endmodule
//发送模块（FPGA 发送，鼠标接收）
module ps2_tx
    (
     input wire clk, reset,
     input wire wr_ps2,
     input wire [7:0] din,
     inout wire ps2d, ps2c,
     output reg tx_idle, tx_done_tick
    );
```

```
// symbolic state declaration
    localparam [2:0]
        idle   = 3'b000,
        rts    = 3'b001,
        start = 3'b010,
        data   = 3'b011,
        stop   = 3'b100;
// signal declaration
    reg [2:0] state_reg, state_next;
    reg [7:0] filter_reg;
    wire [7:0] filter_next;
    reg f_ps2c_reg;
    wire f_ps2c_next;
    reg [3:0] n_reg, n_next;
    reg [8:0] b_reg, b_next;
    reg [12:0] c_reg, c_next;
    wire par, fall_edge;
    reg ps2c_out, ps2d_out;
    reg tri_c, tri_d;
//==================================================
// filter and falling-edge tick generation for ps2c
//==================================================
    always @(posedge clk)
    if (!reset)
        begin
            filter_reg <= 0;
            f_ps2c_reg <= 0;
        end
    else
        begin
            filter_reg <= filter_next;
            f_ps2c_reg <= f_ps2c_next;
        end
    assign filter_next = {ps2c, filter_reg[7:1]};
    assign f_ps2c_next = (filter_reg==8'b11111111) ? 1'b1 :
                                          (filter_reg==8'b00000000) ? 1'b0 :
                                           f_ps2c_reg;
    assign fall_edge = f_ps2c_reg & ~f_ps2c_next;
```

```
//==================================================
// FSMD state & data registers
//==================================================
   always @(posedge clk)
      if (!reset)
         begin
            state_reg <= idle;
            c_reg <= 0;
            n_reg <= 0;
            b_reg <= 0;
         end
      else
         begin
            state_reg <= state_next;
            c_reg <= c_next;
            n_reg <= n_next;
            b_reg <= b_next;
         end
// odd parity bit
   assign par = ~(^din);
// FSMD next-state logic
   always @*
   begin
      state_next = state_reg;
      c_next = c_reg;
      n_next = n_reg;
      b_next = b_reg;
      tx_done_tick = 1'b0;
      ps2c_out = 1'b1;
      ps2d_out = 1'b1;
      tri_c = 1'b0;
      tri_d = 1'b0;
      tx_idle = 1'b0;
      case (state_reg)
         idle:
            begin
               tx_idle = 1'b1;
               if (wr_ps2)
```

```
            begin
                b_next = {par, din};
                c_next = 13'h1fff;                  // 2^13-1 to delay 164 us
                state_next = rts;
            end
        end
    rts:                                            // request to send
        begin
            ps2c_out = 1'b0;
            tri_c = 1'b1;
            c_next = c_reg - 1;
            if (c_reg==0)                           //FPGA 拉低 PS2C 164μs
                state_next = start;
        end
    start:      // assert start bit PS2 clock line is disabled and the data line is set to 1
        begin //the mouse now take over and generates a clock signal over the PS2c line
            ps2d_out = 1'b0;
            tri_d = 1'b1;
            if (fall_edge)
                begin
                    n_next = 4'h8;
                    state_next = data;
                end
        end
    data:                                           // 8 data + 1 parity
        begin
            ps2d_out = b_reg[0];
            tri_d = 1'b1;
            if (fall_edge)
                begin
                    b_next = {1'b0, b_reg[8:1]};
                    if (n_reg == 0)
                        state_next = stop;
                    else
                        n_next = n_reg - 1;
                end
        end
    stop:                                           // assume floating high for ps2d
```

```
                if (fall_edge)
                    begin
                        state_next = idle;
                        tx_done_tick = 1'b1;
                    end
            endcase
        end
// tri-state buffers
    assign ps2c = (tri_c) ? ps2c_out : 1'bz;
    assign ps2d = (tri_d) ? ps2d_out : 1'bz;
endmodule
module LEDs_disp(
        input wire clk,
        input [3:0] LED0_num,
        input [3:0] LED1_num,
        input [3:0] LED2_num,
        input [3:0] LED3_num,
        output reg [6:0] a_to_g,
        output reg [3:0] an
        );
//中间变量定义
        reg [1:0] s;
        reg [3:0] digit;
        reg [16:0] clkdiv; //(1FFFF)*20ns=2.6ms
//动态数码管扫描显示
        always @ ( * )
            begin
                an = 4'b1111;                    //禁止所有数码管显示
                s <= clkdiv[16:15];              //间隔 2.6 ms 使能 An
                an[s] = 0;                       //根据 s 使能数码管其中之一
                case (s)                         //根据 s 取对应的数码管上要显示的数据
                    0: digit <= LED0_num[3:0];
                    1: digit <= LED1_num[3:0];
                    2: digit <= LED2_num[3:0];
                    3: digit <= LED3_num[3:0];
                    default: digit <= LED3_num[3:0];
                endcase
                case (digit)                     //七段译码表
```

```
                    0: a_to_g = 7'b0000001;
                    1: a_to_g = 7'b1001111;
                    2: a_to_g = 7'b0010010;
                    3: a_to_g = 7'b0000110;
                    4: a_to_g = 7'b1001100;
                    5: a_to_g = 7'b0100100;
                    6: a_to_g = 7'b0100000;
                    7: a_to_g = 7'b0001111;
                    8: a_to_g = 7'b0000000;
                    9: a_to_g = 7'b0000100;
                    'hA: a_to_g = 7'b0001000;
                    'hB: a_to_g = 7'b1100000;
                    'hC: a_to_g = 7'b0110001;
                    'hD: a_to_g = 7'b1000010;
                    'hE: a_to_g = 7'b0110000;
                    'hF: a_to_g = 7'b0111000;
                    default: a_to_g = 7'b0000001;    // 0
                endcase
            end
//主时钟计数: 50 MHz 时钟，周期 20 ns，计数到 1FFFFh 时长 2621420 ns，约 2.6 ms
    always @ (posedge clk)
    begin
        clkdiv <= clkdiv + 1;
    end
endmodule
```

约束文件如下：

```
# clock pin for Basys2 Board
NET "clk" LOC = "B8"; # Bank = 0, Signal name = ck
NET "clk" CLOCK_DEDICATED_ROUTE = FALSE;
# Pin assignment for LEDs
NET "Led<7>" LOC = "G1" ; # Bank = 3, Signal name = LD7
NET "Led<6>" LOC = "P4" ; # Bank = 2, Signal name = LD6
NET "Led<5>" LOC = "N4" ; # Bank = 2, Signal name = LD5
NET "Led<4>" LOC = "N5" ; # Bank = 2, Signal name = LD4
NET "Led<3>" LOC = "P6" ; # Bank = 2, Signal name = LD3
NET "Led<2>" LOC = "P7" ; # Bank = 3, Signal name = LD2
NET "Led<1>" LOC = "M11" ; # Bank = 2, Signal name = LD1
```

```
NET "Led<0>" LOC = "M5" ; # Bank = 2, Signal name = LD0

NET "a_to_g[0]" LOC = M12;
NET "a_to_g[1]" LOC = L13;
NET "a_to_g[2]" LOC = P12;
NET "a_to_g[3]" LOC = N11;
NET "a_to_g[4]" LOC = N14;
NET "a_to_g[5]" LOC = H12;
NET "a_to_g[6]" LOC = L14;
NET "an[3]" LOC = K14;
NET "an[2]" LOC = M13;
NET "an[1]" LOC = J12;
NET "an[0]" LOC = F12;
# Loop back/demo signals
# Pin assignment for PS2
NET "PS2C"    LOC = "B1" | DRIVE = 2 | PULLUP ; # Bank = 3, Signal name = PS2C
NET "PS2D"    LOC = "C3" | DRIVE = 2 | PULLUP ; # Bank = 3, Signal name = PS2D
NET "reset"    LOC = "P11";      //SW0
```

第 8 章　VGA 接口实验

VGA(Video Graphics Array)即视频图形阵列，是 IBM 在 1987 年随 PS/2 一起推出的一种视频传输标准，具有分辨率高、显示速率快和颜色丰富等优点，在彩色显示器领域得到了广泛的应用。本章介绍基于 FPGA 的嵌入式 VGA 控制器设计，可以在不使用 VGA 显示卡和计算机的情况下，实现 VGA 图像的显示和控制。该系统可广泛应用于超市、车站和飞机场等公共场所的广告宣传或以多媒体形式应用于日常生活。

8.1　VGA 显示器工作原理和时序

VGA 接口是显卡上应用最为广泛的接口类型，绝大多数的显卡都带有此种接口。普通的 VGA 显示器，其引出线共含 5 个信号，分别是水平同步信号(Horizontal Sync，HS，也叫行同步信号)，垂直同步信号(Vertical Sync，VS，也叫场同步信号)，还有三基色的红色(Red)，绿色(Green)和蓝色(Blue)，简写为 HS、VS、R、G 和 B，这些信号为模拟信号，电压范围为 0 V～0.7 V。CRT 显示器因为设计制造上的原因，只能接收模拟信号输入。目前大多数计算机与外部显示设备之间都是通过模拟 VGA 接口连接，计算机内部以数字方式生成的显示图像信息，被显卡中的数字/模拟转换器转变为 R、G、B 三原色信号和行、场同步信号，信号通过电缆传输到显示设备中。虽然 LCD 液晶显示器可以直接接收数字信号，但很多低端产品为了与 VGA 接口显卡相匹配，采用了 VGA 接口。对于模拟显示设备，如模拟 CRT 显示器，信号被直接送到相应的处理电路，驱动控制显像管生成图像。而对于 LCD、DLP 等数字显示设备来说需配置 ADC 将模拟信号转变为数字信号。在经过 D/A 和 A/D 转换后，不可避免地造成了一些图像细节的损失。因此，VGA 用于连接液晶之类的显示设备，显示效果会略有下降。

计算机业界指定了许多种显示接口协议，VGA 接口协议仍然为主要的一种，在 VGA 接口协议中，根据不同的分辨率和刷新频率，又分为不同的显示模式，如 VGA(640×480)、SVGA(800×600)、XGA(1024×768)、QVGA(1280×960)等。4∶3 是最常见的屏幕比例。在近代的宽屏幕兴起前，绝大部分的屏幕分辨率都是这个比例。VGA 的重要地位在于它是所有显卡都接受的基准分辨率，Windows 在加载显卡驱动程序之前(BIOS 之后)的画面就是在 VGA 分辨率下的画面。

计算机端的 VGA 接口是 15 引脚的 D-Sub 接口，如图 8-1 所示。计算机后端的 VGA 接口为孔型，显示器的 VGA 接口为针型。孔型和针型的 VGA 接口引脚都分成 3 排，每排 5 个，与信号对应。引脚信号的定义见后续的接口设计部分。

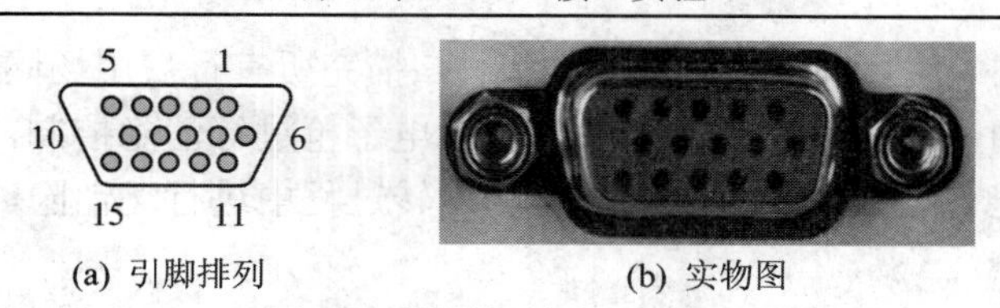

(a) 引脚排列　　(b) 实物图

图 8-1　计算机端 VGA 接口

8.1.1　基于 VGA 的显示器工作原理

基于 VGA 接口的显示器有 CRT(Cathode Ray Tube)和 LCD(Liquid Crystal Display)，两者有同样的信号时序，因此以下的讨论适合两个显示器的控制。

彩色的 CRT 显示器使用三个电子束(红色、蓝色和绿色)给予阴极射线管显示器内部的磷粉能量，通过荧光屏显示波形来观察周期性的或瞬态的可变电量。CRT 的结构示意图如图 8-2 所示，管内保持 10^{-5} Pa～5×10^{-6} Pa 的真空度。

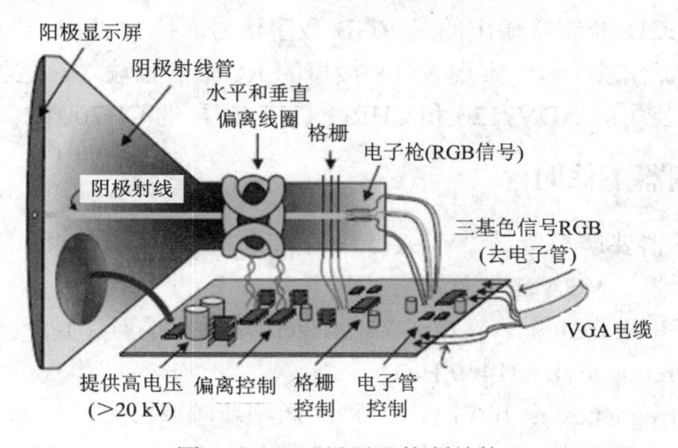

图 8-2　CRT 显示器控制结构

电子枪用来产生电子束，并对其进行控制和聚焦。电子枪由电子发射系统和聚集系统组成。电子枪从左至右，从上至下地进行扫描，就可在荧光屏上涂上受电子束激发而发光的荧光粉层，将电能转变为可见光，显示出被观察信号的光学图形，原理如图 8-3 所示。

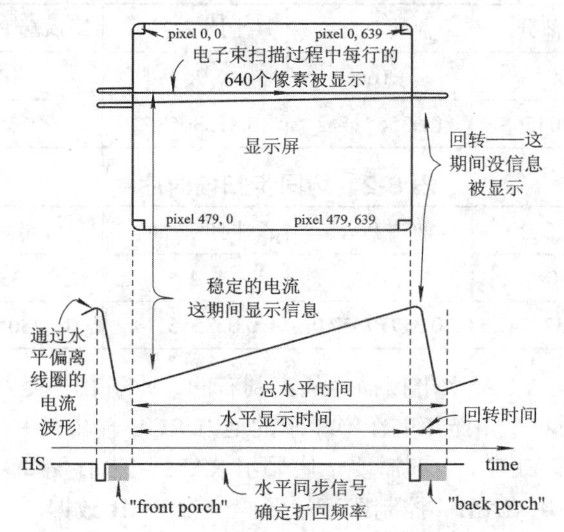

图 8-3　CRT 显示器扫描显示原理

每行扫描结束时，用行同步信号进行同步；扫描完所有行后用场同步信号进行场同步。因电子枪偏转需要时间，所以扫完回转中，要对电子枪进行消隐控制，在每行结束后的回转过程中进行行消隐，在最后一行到第一行的回转过程中进行场消隐，消隐过程中不发送电子束。

扫描式 LCD 接口的同步信号时序和 VGA 接口是一致的。原因是发明 LCD 后，尽管显示原理不同，但为了在时序上和 CRT 兼容，采用了相同的控制时序。

目前越来越多的嵌入式处理器上集成了 LCD 控制器。典型的如三星的 S3C2410A，Intel 的 Xscale 系列。这样可方便地外接大屏幕的 LCD，且分辨率也能达到 640 × 480，甚至 800 × 600，颜色能从 6.5 万色(16 位)到 26 万色(18 位)。但是大屏幕 LCD 的价格都比较昂贵。另一方面，普通计算机的 VGA 接口显示器，保有量巨大、技术成熟，如果能通过接口转换手段，让嵌入式处理器直接支持 VGA 显示器，将能很好地利用现有资源，节约系统成本。

S3C2410A 的 LCD 控制器输出的是 RGB 数字信号。因此若用一些 DAC 芯片把 RGB 数字信号转换为模拟信号，即可实现 VGA 接口的 RGB 信号输入，这类视频专用 DAC 芯片较多，例如 ADI 公司的 ADV7120 和 CHRONTEL 公司的 CH7004C。

8.1.2　VGA 控制器工作时序

使用 VGA 显示器要严格遵循“VGA 工业标准”，即 640 Hz × 480 Hz × 60 Hz 模式，否则会损坏 VGA 显示器。VGA 工业标准要求的频率如下：

(1) 时钟频率(Clock frequency)：25.175 MHz(像素输出的频率)；

(2) 行频(Line frequency)：31469 Hz；

(3) 场频(Field frequency)：60±1 Hz(每秒图像刷新频率)。

VGA 的行同步和场同步都为负极性，即同步头脉冲要求是负脉冲，如图 8-3 中的 HS 所示。行同步和场同步的时序如表 8-1 和表 8-2 所示。设计 VGA 控制器时，必须产生满足 VGA 时序要求的行同步和场同步信号。

表 8-1　行同步扫描时序

对应位置	可视部分	前端 Porch	同步脉冲	后端 Porch	每行总数
像素(Pixels)	640	16	96	48	800
时间(μs)	25.42204568	0.635551142	3.813306852	1.906653426	31.77755710

表 8-2　场同步扫描时序

对应位置	可视部分	前端 Porch	同步脉冲	后端 Porch	总帧数
行(Lines)	480	10	2	33	525
时间(ms)	15.2532274	0.317775571	0.063555114	1.048659384	16.68321748

颜色编码见表 8-3。VGA 水平扫描是从左到右的，垂直扫描是从上到下的，整个显示是从左上角开始扫描到右下角结束，在不显示的地方 RGB 输出全 0 即可。如果要用 FPGA 设计一个 VGA 控制器，FPGA 内部需要一块显示 RAM 用来存储要显示的数据，如果只是显示彩条的话，可以不用 RAM，控制器直接译码产生 RGB 数据。

表 8-3　颜色编码

颜色	黑	蓝	红	品	绿	青	黄	白
R	0	0	0	0	1	1	1	1
G	0	0	1	1	0	0	1	1
B	0	1	0	1	0	1	0	1

8.2　VGA 控制器设计

8.2.1　VGA 控制器原理图

Xilinx 的设计工具提供了 VGA 控制器的 IP(Intellectual Property)，在 FPGA 中可以完成 VGA 信号的产生。外围电路简单，只需要一些分压电阻与 VGA 设备的终端电阻就可以产生所需的信号。图 8-4 是 Nexys3 和 Basys2 的 VGA 接口电路，FPGA 输出的 VGA 信号为 8 位 RGB 颜色信号(红色和绿色有 8 个级别，蓝色有 4 个，人眼对蓝色不敏感)和 2 位同步信号(水平同步信号 HS 和垂直同步信号 VS)。因为 RGB 表示的位数有限，只能产生 256 色的视频图像。

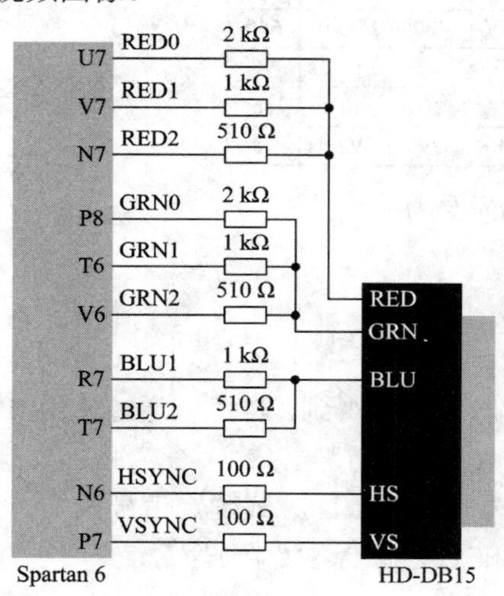

(a) Nexys3 VGA接口

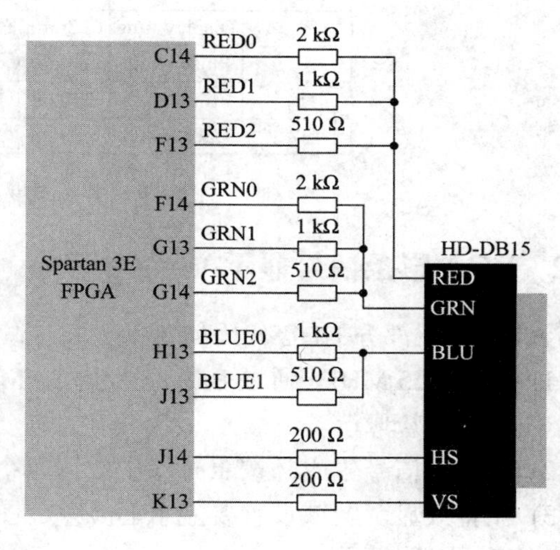

(b) Basys2 VGA接口

Pin 1：Red　　Pin 5：GND
Pin 2：Grn　　Pin 6：Red GND
Pin 3：Blue　　Pin 7：Grn GND
Pin 13：HS　　Pin 8：Blu GND
Pin 14：VS　　Pin 10：Sync GND

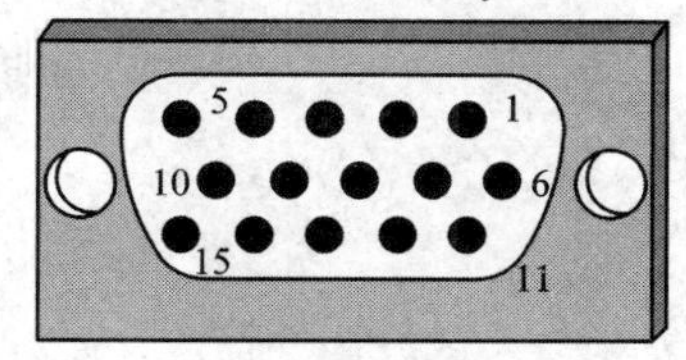

(c) HD-DB15信号定义

图 8-4　FPGA 与 VGA 接口信号连接

VGA 控制器电路原理如图 8-5 所示。通过两个计数器产生水平同步信号 HS 和垂直同步信号 VS。VGA 控制器 HS 和 VS 的时序如图 8-6 所示。

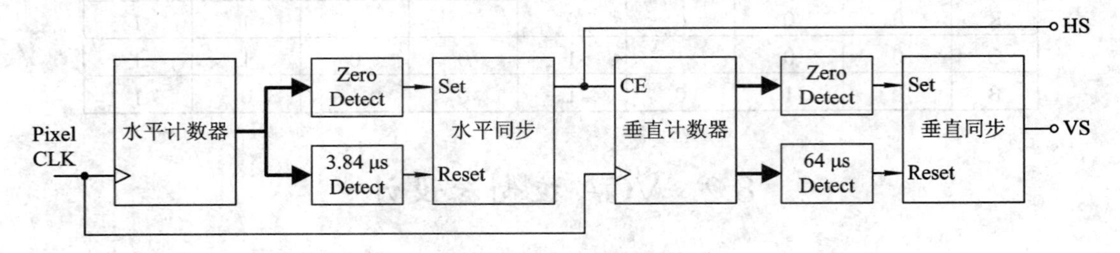

图 8-5　VGA 控制器原理图

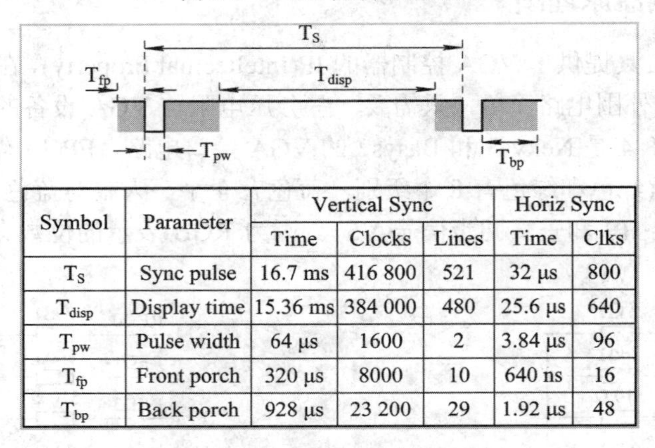

Symbol	Parameter	Vertical Sync			Horiz Sync	
		Time	Clocks	Lines	Time	Clks
T_S	Sync pulse	16.7 ms	416 800	521	32 μs	800
T_{disp}	Display time	15.36 ms	384 000	480	25.6 μs	640
T_{pw}	Pulse width	64 μs	1600	2	3.84 μs	96
T_{fp}	Front porch	320 μs	8000	10	640 ns	16
T_{bp}	Back porch	928 μs	23 200	29	1.92 μs	48

图 8-6　水平同步和场同步时序

8.2.2　VGA 彩条信号显示 Verilog 程序

控制器的三部分 HDL 代码如下：

(1) 时钟：25 MHz，通过 Basys2 板的 50 MHz 时钟分频得到，也可以通过使用 IP 里的 clock wizard 来实现。

(2) 行、场信号生成：按照时序生成这两个信号，以计数的方式确定信号电平。

(3) 在有效显示区域设置要显示的颜色、图案和文字(即像素点阵)等。

Verilog 程序如下：

```
module Basys2_VGA_ColorBar(
    input ck,                           //系统时钟 50 MHz
    output reg HS,                      //horizontal synchro reg
    output reg VS,                      //vertical synchro reg
    output reg [2:0] outRed,            //final color outputs
    output reg [2:0] outGreen,
    output reg [1:0] outBlue
    );
//parameters for Synchro module
    parameter PAL=640;                  //Pixels/Active Line (pixels)
```

```
    parameter LAF=480;          //Lines/Active Frame (lines)
    parameter PLD=800;          //Pixel/Line Divider
    parameter LFD=521;          //Line/Frame Divider
    parameter HPW=96;           //Horizontal synchro Pulse Width (pixels)
    parameter HFP=16;           //Horizontal synchro Front Porch (pixels)
    //parameter HBP=48;         //Horizontal synchro Back Porch (pixels)
    parameter VPW=2;            //Verical synchro Pulse Width (lines)
    parameter VFP=10;           //Verical synchro Front Porch (lines)
    //parameter VBP=29;         //Verical synchro Back Porch (lines)
//regs for VGA Demo
    reg [9:0] intHcnt;          //range 0 to 800-1=PLD-1 ---- horizontal counter
    reg [9:0] intVcnt;          //range 0 to 521-1=LFD-1 ---- verical counter
    reg ck25MHz;                //ck25MHz
//divide 50MHz clock to 25 MHz
    always @(posedge ck)
        begin
            ck25MHz<=~ck25MHz;
        end
//产生场行同步信号
    always @(posedge ck25MHz)
        begin
            if (intHcnt==PLD-1)
                begin
                    intHcnt<=0;
                    if (intVcnt==LFD-1) intVcnt<=0;
                    else intVcnt<=intVcnt+1;
                end
            else intHcnt<=intHcnt+1;
//Generates HS - active low
            if (intHcnt==PAL-1+HFP)
                HS<=1'b0;
            else if (intHcnt==PAL-1+HFP+HPW)
                HS<=1'b1;
//Generates VS - active low
            if (intVcnt==LAF-1+VFP)
                VS<=1'b0;
            else if (intVcnt==LAF-1+VFP+VPW)
                VS<=1'b1;
        end
```

```
always @(*)
begin   //(0)
    if (intHcnt<PAL && intVcnt<LAF)         //in the active screen
        begin   //(1)
            if (intVcnt[7:6]==2'b00)
                begin
                    outRed<=intVcnt[5:3];
                    outGreen<=3'b000;
                    outBlue<=2'b00;
                end
            else if (intVcnt[7:6]==2'b01)
                begin
                    outRed<=3'b000;
                    outGreen<=intVcnt[5:3];
                    outBlue<=2'b00;
                end
            else if (intVcnt[7:6]==2'b10)
                begin
                    outRed<=3'b000;
                    outGreen<=3'b000;
                    outBlue<=intVcnt[5:4];
                end
            else
                begin
                    outRed[2:0]<=intVcnt[5:3];
                    outGreen[2:0]<=intVcnt[5:3];
                    outBlue<=intVcnt[5:4];
                end
        end   //(1)
    else
        begin
            outRed<=3'b000;
            outGreen<=3'b000;
            outBlue<=2'b00;
        end
end   //(0)
endmodule
```

约束文件如下：

```
# clock pin for Basys2 Board
NET "ck" LOC = "B8"; # Bank = 0, Signal name = CK
NET "ck" CLOCK_DEDICATED_ROUTE = FALSE;

# Pin assignment for VGA
NET "HS" LOC = "J14" ; # | DRIVE = 2 | PULLUP ; # Bank = 1, Signal name = HS
NET "VS" LOC = "K13" ; # | DRIVE = 2 | PULLUP ; # Bank = 1, Signal name = VS

NET "OutRed<2>"   LOC = "F13"; #   | DRIVE = 2 | PULLUP ; # Bank = 1, Signal name = RED2
NET "OutRed<1>"   LOC = "D13"; #   | DRIVE = 2 | PULLUP ; # Bank = 1, Signal name = RED1
NET "OutRed<0>"   LOC = "C14"; #   | DRIVE = 2 | PULLUP ; # Bank = 1, Signal name = RED0
NET "OutGreen<2>"   LOC = "G14"; # | DRIVE = 2 | PULLUP ; # Bank = 1, Signal name = GRN2
NET "OutGreen<1>"   LOC = "G13"; # | DRIVE = 2 | PULLUP ; # Bank = 1, Signal name = GRN1
NET "OutGreen<0>"   LOC = "F14"; # | DRIVE = 2 | PULLUP ; # Bank = 1, Signal name = GRN0
NET "OutBlue<1>"   LOC = "J13"; # | DRIVE = 2 | PULLUP ; # Bank = 1, Signal name = BLU1
NET "OutBlue<0>"   LOC = "H13"; # | DRIVE = 2 | PULLUP ; # Bank = 1, Signal name = BLU0
```

8.2.3　VGA 彩条信号显示 VHDL 程序

VHDL 程序如下：

```
library IEEE;
use IEEE.STD_LOGIC_1164.ALL;
use IEEE.STD_LOGIC_ARITH.ALL;
use IEEE.STD_LOGIC_UNSIGNED.ALL;

entity Basys2_VGA_ColorBar is
  Port (ck: in std_logic;   -- 50 MHz
--          Hcnt: in std_logic_vector(9 downto 0);       -- horizontal counter
--          Vcnt: in std_logic_vector(9 downto 0);       -- verical counter
          HS: out std_logic;                             -- horizontal synchro signal
          VS: out std_logic;                             -- verical synchro signal
          outRed    : out std_logic_vector(2 downto 0);  -- final color
          outGreen: out std_logic_vector(2 downto 0);    -- outputs
          outBlue : out std_logic_vector(1 downto 0)
            );
end Basys2_VGA_ColorBar;

architecture Behavioral of Basys2_VGA_ColorBar is
-- constants for Synchro module
  constant PAL:integer:=640;            --Pixels/Active Line (pixels)
```

```
    constant LAF:integer:=480;            --Lines/Active Frame (lines)
    constant PLD: integer:=800;           --Pixel/Line Divider
    constant LFD: integer:=521;           --Line/Frame Divider
    constant HPW:integer:=96;             --Horizontal synchro Pulse Width (pixels)
    constant HFP:integer:=16;             --Horizontal synchro Front Porch (pixels)
--  constant HBP:integer:=48;             --Horizontal synchro Back Porch (pixels)
    constant VPW:integer:=2;              --Verical synchro Pulse Width (lines)
    constant VFP:integer:=10;             --Verical synchro Front Porch (lines)
--  constant VBP:integer:=29;             --Verical synchro Back Porch (lines)

-- signals for VGA Demo
    signal Hcnt: std_logic_vector(9 downto 0);        -- horizontal counter
    signal Vcnt: std_logic_vector(9 downto 0);        -- verical counter
    signal intHcnt: integer range 0 to 800-1;         --PLD-1 - horizontal counter
    signal intVcnt: integer range 0 to 521-1;         -- LFD-1 - verical counter
    signal ck25MHz: std_logic;                        -- ck 25MHz
begin
-- divide 50 MHz clock to 25 MHz
    div2: process(ck)
    begin
      if ck'event and ck = '1' then
          ck25MHz <= not ck25MHz;
      end if;
    end process;

    syncro: process (ck25MHz)
    begin
    if ck25MHz'event and ck25MHz='1' then
      if intHcnt=PLD-1 then
          intHcnt<=0;
        if intVcnt=LFD-1 then intVcnt<=0;
        else intVcnt<=intVcnt+1;
        end if;
      else intHcnt<=intHcnt+1;
      end if;
-- Generates HS - active low
      if intHcnt=PAL-1+HFP then
            HS<='0';
      elsif intHcnt=PAL-1+HFP+HPW then
```

```
            HS<='1';
        end if;
-- Generates VS - active low
        if intVcnt=LAF-1+VFP then
            VS<='0';
        elsif intVcnt=LAF-1+VFP+VPW then
            VS<='1';
        end if;
end if;
end process;
-- mapping itnernal integers to std_logic_vector ports
    Hcnt <= conv_std_logic_vector(intHcnt,10);
    Vcnt <= conv_std_logic_vector(intVcnt,10);
    mixer: process(ck25MHz,intHcnt, intVcnt)
    begin
        if intHcnt < PAL and intVcnt < LAF then        -- in the active screen
          if Vcnt(7 downto 6) = "00" then
              outRed <= Vcnt(5 downto 3);
              outGreen <= "000";
              outBlue <= "00";
          elsif Vcnt(7 downto 6) = "01" then
              outRed <= "000";
              outGreen <= Vcnt(5 downto 3);
              outBlue <= "00";
          elsif Vcnt(7 downto 6) = "10" then
              outRed <= "000";
              outGreen <= "000";
              outBlue <= Vcnt(5 downto 4);
          else
              outRed(2 downto 1) <= Vcnt(5 downto 4);
              outGreen(2 downto 1) <= Vcnt(5 downto 4);
              outBlue <= Vcnt(5 downto 4);
          end if;
        else
              outRed <= (others => '0');
              outGreen <= (others => '0');
              outBlue <= (others => '0');
        end if;
    end process;
```

```
end Behavioral;
```

约束文件同对应的 Verilog 程序。

8.2.4　VGA 汉字显示 Verilog 程序

VGA 显示“西安交通大学”的 Verilog HDL 程序如下：

```
module vga_dis
 (
      input CLOCK_50,
      input rst_n,
      output VGA_HS,
      output VGA_VS,
      output   [2:0] VGA_R,
      output   [2:0] VGA_G,
      output   [1:0] VGA_B
 );
//25MHz//
 reg q;
 always@(posedge CLOCK_50)
    q<=~q;
  assign clk=q;
//=====================================================================
// PARAMETER declarations    640*480
//=====================================================================
//      Horizontal      Parameter
 parameter      H_FRONT=16;
 parameter      H_SYNC=96;
 parameter      H_BACK=48;
 parameter      H_ACT=640;
 parameter      H_VALID=H_FRONT+H_SYNC;                         //=112
 parameter      H_TOTAL=H_FRONT+H_SYNC+H_BACK+H_ACT;            //=800
//      Vertical Parameter
 parameter      V_FRONT=10;
 parameter      V_SYNC=2;
 parameter      V_BACK=29;
 parameter      V_ACT=480;
 parameter      V_VALID=V_FRONT+V_SYNC;
 parameter      V_TOTAL=V_FRONT+V_SYNC+V_BACK+V_ACT;            //=521
//=========================================================================
 reg[10:0] x_cnt;                    //行坐标
```

```
 reg[10:0] y_cnt;                //列坐标
always @ (posedge clk or negedge rst_n)
       if(!rst_n) x_cnt <= 11'd0;
       else if(x_cnt == H_TOTAL-1) x_cnt <= 11'd0;
       else x_cnt <= x_cnt+1'b1;
 always @ (posedge clk or negedge rst_n)
       if(!rst_n) y_cnt <= 10'd0;
       else if(y_cnt == V_TOTAL-1) y_cnt <= 10'd0;
       else if(x_cnt == H_TOTAL-1) y_cnt <= y_cnt+1'b1;
 //------------------------------------------------
 wire valid;                     //有效显示区标志
 assign valid = (x_cnt >= H_VALID) && (x_cnt <= H_VALID+H_ACT)
              && (y_cnt >= V_VALID) && (y_cnt <= V_VALID+V_ACT);
wire[10:0] xpos,ypos;            //有效显示区坐标
 assign xpos = x_cnt-H_VALID;
 assign ypos = y_cnt-V_VALID;
//-------------------------------------------------
 reg hsync_r,vsync_r;            //同步信号产生
 always @ (posedge clk or negedge rst_n)
       if(!rst_n) hsync_r <= 1'b1;
       else if(x_cnt ==11'd0) hsync_r <= 1'b0;              //产生 hsync 信号
       else if(x_cnt == H_FRONT-1) hsync_r <= 1'b1;
 always @ (posedge clk or negedge rst_n)
       if(!rst_n) vsync_r <= 1'b1;
//     else if(y_cnt == V_FRONT-1) vsync_r <= 1'b0;          //产生 vsync 信号
//     else if(y_cnt == V_FRONT+V_SYNC-1) vsync_r <= 1'b1;
       else if(y_cnt ==11'd0) vsync_r <= 1'b0;              //产生 vsync 信号
       else if(y_cnt == V_FRONT-1) vsync_r <= 1'b1;
 assign VGA_HS = hsync_r;
 assign VGA_VS = vsync_r;
//==============================================================
// VGA 色彩信号产生
/*
 RGB = 000   黑色     RGB = 100   红色
     = 001   蓝色         = 101   紫色
     = 010   绿色         = 110   黄色
     = 011   青色         = 111   白色
 */
//显示“西安交通大学”    西   安   交   通    大    学
```

```
parameter      char_line0 = 96'h000002000200400001000108 ,
               char_line1 = 96'hFFFE0100010027F80100108C ,
               char_line2 = 96'h04403FFE0180209001000CC8 ,
               char_line3 = 96'h044020047FFE006001000890 ,
               char_line4 = 96'h7FFC4408082007F801007FFE ,
               char_line5 = 96'h444406000C180448FFFE4004 ,
               char_line6 = 96'h44440400100CE7F801008FE8 ,
               char_line7 = 96'h4444FFFE2020244802800040 ,
               char_line8 = 96'h444408200830244802800080 ,
               char_line9 = 96'h483C0820046027F802407FFE ,
               char_linea = 96'h5004084002C0244804400080 ,
               char_lineb = 96'h600406800180246804200080 ,
               char_linec = 96'h400401000340245008100080 ,
               char_lined = 96'h7FFC06C00430500010180080 ,
               char_linee = 96'h40041838181C8FFE200E0280 ,
               char_linef = 96'h0000E010600800004004O100 ;
reg[7:0] char_bit;                                      //显示位计算
always @(posedge clk or negedge rst_n)
    if(!rst_n) char_bit <= 5'h1f;                       //1F=11111
    else if(xpos == 9'd410) char_bit <= 7'd95;          //95=1011111   显示最高位数据
    else if(xpos > 9'd410 && xpos < 9'd506) char_bit <= char_bit-1'b1;   //依次显示后面的数据
reg[7:0] vga_rgb;                                       // VGA 色彩显示寄存器
always @ (posedge clk)
    if(!valid) vga_rgb <= 8'b00000000;
    else if(xpos > 10'd410 && xpos < 10'd506) begin
        case(ypos)
            11'd231: if(char_line0[char_bit]) vga_rgb <= 8'b111_000_00;      //红色
                     else vga_rgb <= 8'b000_11100;      //绿色
            11'd232: if(char_line1[char_bit]) vga_rgb <= 8'b111_000_00;      //红色
                     else vga_rgb <= 8'b000_111_00;     //绿色
            11'd233: if(char_line2[char_bit]) vga_rgb <= 8'b111_000_00;      //红色
                     else vga_rgb <= 8'b000_111_00;     //绿色
            11'd234: if(char_line3[char_bit]) vga_rgb <= 8'b111_000_00;      //红色
                     else vga_rgb <= 8'b000_111_00;     //绿色
            11'd235: if(char_line4[char_bit]) vga_rgb <= 8'b111_000_00;      //红色
                     else vga_rgb <= 8'b000_111_00;     //绿色
            11'd236: if(char_line5[char_bit]) vga_rgb <= 8'b111_000_00;      //红色
                     else vga_rgb <= 8'b000_111_00;     //绿色
```

```
        11'd237: if(char_line6[char_bit]) vga_rgb <= 8'b111_000_00;     //红色
                 else vga_rgb <= 8'b000_111_00;      //绿色
        11'd238: if(char_line7[char_bit]) vga_rgb <= 8'b111_000_00;     //红色
                 else vga_rgb <= 8'b000_111_00;      //绿色
        11'd239: if(char_line8[char_bit]) vga_rgb <= 8'b111_000_00;     //红色
                 else vga_rgb <= 8'b000_111_00;      //绿色
        11'd240: if(char_line9[char_bit]) vga_rgb <= 8'b111_000_00;     //红色
                 else vga_rgb <= 8'b000_111_00;      //绿色
        11'd241: if(char_linea[char_bit]) vga_rgb <= 8'b111_000_00;     //红色
                 else vga_rgb <= 8'b000_111_00;      //绿色
        11'd242: if(char_lineb[char_bit]) vga_rgb <= 8'b111_000_00;     //红色
                 else vga_rgb <= 8'b000_111_00;      //绿色
        11'd243: if(char_linec[char_bit]) vga_rgb <= 8'b111_000_00;     //红色
                 else vga_rgb <= 8'b000_111_00;      //绿色
        11'd244: if(char_lined[char_bit]) vga_rgb <= 8'b111_000_00;     //红色
                 else vga_rgb <= 8'b000_111_00;      //绿色
        11'd245: if(char_linee[char_bit]) vga_rgb <= 8'b111_000_00;     //红色
                 else vga_rgb <= 8'b000_111_00;      //绿色
        11'd246: if(char_linef[char_bit]) vga_rgb <= 8'b111_000_00;     //红色
                 else vga_rgb <= 8'b000_111_00;      //绿色
      default: vga_rgb <= 8'h00;
      endcase
    end
    else vga_rgb <= 8'h00;
//r,g,b 控制液晶屏颜色显示
  assign {VGA_R[2:0],VGA_G[2:0],VGA_B[1:0]} = {vga_rgb[7:5],vga_rgb[4:2],vga_rgb[1:0]} ;
endmodule
```

约束文件如下：

```
NET "CLOCK_50"   LOC = "B8"   ;        //50 MHz 系统时钟
NET "VGA_R[0]"   LOC = "C14"  ;        //Red
NET "VGA_R[1]"   LOC = "D13"  ;
NET "VGA_R[2]"   LOC = "F13"  ;
NET "VGA_G[0]"   LOC = "F14"  ;        //Green
NET "VGA_G[1]"   LOC = "G13"  ;
NET "VGA_G[2]"   LOC = "G14"  ;
NET "VGA_B[0]"   LOC = "H13"  ;        //Blue
NET "VGA_B[1]"   LOC = "J13"  ;
NET "VGA_HS"     LOC = "J14"  ;        //水平信号
```

```
NET "VGA_VS"   LOC = "K13"   ;          //垂直信号
NET "rst_n"    LOC = "N3"    ;          //SW7 复位控制
```

8.2.5 VGA 显示 VHDL 程序

VGA 显示“西安交通大学”的 VHDL 程序如下：

```
library IEEE;
use IEEE.STD_LOGIC_1164.ALL;
use IEEE.STD_LOGIC_UNSIGNED.ALL;
use IEEE.STD_LOGIC_ARITH.ALL;

entity vga_dis2 is
    Port ( clk : in   STD_LOGIC;
           vga_hs : out  STD_LOGIC;
           vga_vs : out  STD_LOGIC;
           vga_r : out  STD_LOGIC_VECTOR (2 downto 0);
           vga_g : out  STD_LOGIC_VECTOR (2 downto 0);
           vga_b : out  STD_LOGIC_VECTOR (2 downto 1));
end vga_dis2;

architecture Behavioral of vga_dis2 is
    constant PAL:integer:=640;          --Pixels/Active Line (pixels)
    constant HFP:integer:=16;           --Horizontal synchro Front Porch (pixels)
    constant HPW:integer:=96;           --Horizontal synchro Pulse Width (pixels)
    constant PLD:integer:=800;          --Pixel/Line Divider
    constant LAF:integer:=480;          --Lines/Active Frame (lines)
    constant VFP:integer:=10;           --Verical synchro Front Porch (lines)
    constant VPW:integer:=2;            --Verical synchro Pulse Width (lines)
    constant LFD:integer:=525;          --Line/Frame Divider

--VGA 色彩信号产生
--RGB = 000   黑色     RGB = 100   红色
--      = 001   蓝色         = 101   紫色
--      = 010   绿色         = 110   黄色
--      = 011   青色         = 111   白色
--显示"西安交通大学"                                          西  安  交  通  大  学
    constant  char_line0:std_logic_vector(95 downto 0) := X"000002000200400001000108";
    constant  char_line1:std_logic_vector(95 downto 0) := X"FFFE0100010027F80100108C";
    constant  char_line2:std_logic_vector(95 downto 0) := X"04403FFE0180209001000CC8";
    constant  char_line3:std_logic_vector(95 downto 0) := X"044020047FFE006001000890";
```

```
constant     char_line4:std_logic_vector(95 downto 0) := X"7FFC4408082007F801007FFE";
constant     char_line5:std_logic_vector(95 downto 0) := X"444406000C180448FFFE4004";
constant     char_line6:std_logic_vector(95 downto 0) := X"44440400100CE7F801008FE8";
constant     char_line7:std_logic_vector(95 downto 0) := X"4444FFFE2020244802800040";
constant     char_line8:std_logic_vector(95 downto 0) := X"444408200830244802800080";
constant     char_line9:std_logic_vector(95 downto 0) := X"483C0820046027F802407FFE";
constant     char_linea:std_logic_vector(95 downto 0) := X"5004084002C0244804400080";
constant     char_lineb:std_logic_vector(95 downto 0) := X"600406800180246804200080";
constant     char_linec:std_logic_vector(95 downto 0) := X"400401000340245008100080";
constant     char_lined:std_logic_vector(95 downto 0) := X"7FFC06C00430500010180080";
constant     char_linee:std_logic_vector(95 downto 0) := X"40041838181C8FFE200E0280";
constant     char_linef:std_logic_vector(95 downto 0) := X"0000E0106008000040040100";

 signal intHcnt: integer range 0 to 800-1;                  -- PLD-1 - horizontal counter
signal intVcnt: integer range 0 to 525-1;                   -- LFD-1 - verical counter
signal ck25MHz: std_logic;                                 -- ck 25MHz
signal char_bit: integer range 0 to 95;
 signal vga_rgb: std_logic_vector(7 downto 0);
 signal valid: std_logic;

begin
    -- divide 50MHz clock to 25MHz
    div2: process(clk)
    begin
        if(clk'event and clk = '1')then
                ck25MHz <= not ck25MHz;
        end if;
    end process;

    syncro: process (ck25MHz)
    begin
        if(ck25MHz'event and ck25MHz='1')then
            if(intHcnt=PLD-1)then
                intHcnt<=0;
                if(intVcnt=LFD-1)then
                            intVcnt<=0;
                else intVcnt<=intVcnt+1;
                end if;
            else intHcnt<=intHcnt+1;
```

```
        end if;

        -- Generates HS - active high
        if intHcnt=PAL-1+HFP then                    --在 655-751 区间，hs=0，其他 hs=1
            vga_hs<='0';
        elsif intHcnt=PAL-1+HFP+HPW then
            vga_hs<='1';
        end if;

        -- Generates VS - active low
        if intVcnt=LAF-1+VFP then                    --在 489-491 区间，vs=0，其他 vs=1
            vga_vs<='0';
        elsif intVcnt=LAF-1+VFP+VPW then
            vga_vs<='1';
        end if;
    end if;
end process;

process(ck25MHz,intHcnt)
begin
    if(ck25MHz'event and ck25MHz='1')then
        if(intHcnt=410)then
            char_bit<=95;
        elsif(intHcnt>410 and intHcnt<=505)then
            char_bit<=char_bit-1;
        else
            char_bit<=0;
        end if;
    end if;
end process;

process(intHcnt,intVcnt)
begin
    if(intHcnt>=410 and intHcnt<=505 and intVcnt>=231 and intVcnt<=246)then
        valid<='1';
    else
        valid<='0';
    end if;
end process;
```

```
    process(ck25MHz,intHcnt,intVcnt,char_bit,valid)
  begin
      if(ck25MHz'event and ck25MHz='1')then
          if(valid='0')then
              vga_rgb<="00000000";
          elsif(intHcnt>=410 and intHcnt<=505)then
           case intVcnt is
              when 231 => if(char_line0(char_bit)='1')then vga_rgb <= "11100000";
                          else vga_rgb <= "00011100";
                              end if;
             when 232 => if(char_line1(char_bit)='1')then vga_rgb <=   "11100000";
                          else vga_rgb <= "00011100";
                          end if;
             when 233 => if(char_line2(char_bit)='1')then vga_rgb <=   "11100000";
                          else vga_rgb <= "00011100";
                          end if;
             when 234 => if(char_line3(char_bit)='1')then vga_rgb <=   "11100000";
                          else vga_rgb <= "00011100";
                          end if;
             when 235 => if(char_line4(char_bit)='1')then vga_rgb <=   "11100000";
                          else vga_rgb <= "00011100";
                          end if;
             when 236 => if(char_line5(char_bit)='1')then vga_rgb <=   "11100000";
                          else vga_rgb <= "00011100";
                          end if;
             when 237 => if(char_line6(char_bit)='1')then vga_rgb <=   "11100000";
                          else vga_rgb <= "00011100";
                          end if;
             when 238 => if(char_line7(char_bit)='1')then vga_rgb <=   "11100000";
                          else vga_rgb <= "00011100";
                          end if;
             when 239 => if(char_line8(char_bit)='1')then vga_rgb <=   "11100000";
                          else vga_rgb <= "00011100";
                          end if;
             when 240 => if(char_line9(char_bit)='1')then vga_rgb <=   "11100000";
                          else vga_rgb <= "00011100";
                          end if;
             when 241 => if(char_linea(char_bit)='1')then vga_rgb <=   "11100000";
```

```
                                else vga_rgb <= "00011100";
                                end if;
                        when 242 => if(char_lineb(char_bit)='1')then vga_rgb <=  "11100000";
                                else vga_rgb <= "00011100";
                                end if;
                        when 243 => if(char_linec(char_bit)='1')then vga_rgb <=  "11100000";
                                else vga_rgb <= "00011100";
                                end if;
                        when 244 => if(char_lined(char_bit)='1')then vga_rgb <=  "11100000";
                                else vga_rgb <= "00011100";
                                end if;
                        when 245 => if(char_linee(char_bit)='1')then vga_rgb <=  "11100000";
                                else vga_rgb <= "00011100";
                                end if;
                        when 246 => if(char_linef(char_bit)='1')then vga_rgb <=  "11100000";
                                else vga_rgb <= "00011100";
                                end if;
                          when others   => vga_rgb <= "00000000";
                          end case;
                    end if;
                end if;
            end process;
              vga_r<=vga_rgb(7 downto 5);
              vga_g<=vga_rgb(4 downto 2);
              vga_b<=vga_rgb(1 downto 0);
        end Behavioral;
```

Basys2 板的约束文件如下：

```
NET "clk"    LOC = "B8" ;              //50MHz 系统时钟
NET "vga_r[0]"   LOC = "C14" ;         //Red
NET "vga_r[1]"   LOC = "D13" ;
NET "vga_r[2]"   LOC = "F13" ;
NET "vga_g[0]"   LOC = "F14" ;         //Green
NET "vga_g[1]"   LOC = "G13" ;
NET "vga_g[2]"   LOC = "G14" ;
NET "vga_b[1]"   LOC = "H13" ;         //Blue
NET "vga_b[2]"   LOC = "J13" ;
NET "vga_hs"   LOC = "J14" ;           //水平信号
NET "vga_vs"   LOC = "K13";            //垂直信号
```

附录A FPGA实验预习报告模板

附录A以设计一个边沿D触发器为例，介绍如何写预习报告。

边沿D触发器实验

1. 设计要求

在Xilinx FPGA上实现带有置位和清零端的边沿D触发器。

2. 设计硬件原理图

1) 画原理图

D触发器逻辑符号如图1所示：

由图可见D触发器需要外接三个逻辑开关作为set、D、clr，需要时钟信号clk，还需要一个LED作为输出指示。在Xilinx FPGA上实现D触发器的硬件原理图是采用Altium Designer Winter 09设计的。这里可以采用任何一种原理图设计方法来画原理图。原理图的设计可参考Basys2_rm.pdf和Basys2_sch.pdf。

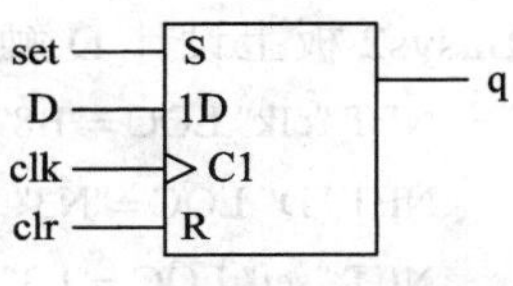

图1 D触发器逻辑符号

2) 确定信号与FPGA引脚关系

根据硬件原理图确立D触发器输入输出信号与FPGA引脚的对应关系。

clk→B8 //时钟

D→N3 //SW7

set→L3 //SW1

clr→P11 //SW0

q→G1 //LD7

3. 实验方法和步骤

(1) 建立工程文件。

File→New Project→输入工程文件名：D_Flip_Flop→选择Family：Spartan 3E；Device：XC3S100E；Package：CP132；Preferred Language：Verilog→Finish。

(2) 输入HDL(VHDL或Verilog)程序。

Project→New Source→选Verilog Module→输入文件名：D_Flip_Flop→点击Next按钮→确定输入输出引脚如下→点击Next按钮→点击Finish按钮→进入程序输入页面→在module

D_Flip_Flop 中编写 D 触发器的 Verilog 程序。边沿 DFF 程序如下：

```
module D_Flip_Flop(
        input clk,
      input set,
        input D,
        input clr,
        output reg q         //注意：always 模块中的输出必须是寄存器型变量
        );
        always @(posedge clk or posedge clr or posedge set)
            begin
                if(clr) q<=0;
                else if(set) q<=1;
                else q<=D;
            end
endmodule
```

(3) 编写约束文件。

Project→New Source→选 Implantation Constraints File→输入文件名：D_Flip_Flop→点击 Next 按钮→点击 Finish 按钮→输入 ucf 文件如下：

#Basys2 板上设计 D 触发器的约束文件：

```
NET "clk" LOC ="B8";      //时钟
NET "D" LOC ="N3";        //SW7
NET "set" LOC ="L3";      //SW1
NET "clr" LOC ="P11";     //SW0
NET "q" LOC ="G1";        //LD7
```

有关约束文件的写法请参考：Constraints Guide.pdf 和 Timing Constraints User Guide.pdf

(4) 综合、实现及生成编程文件。

点击快捷菜单上的 Implement 按钮▶→完成综合和实现，正确完成综合和实现后 Synthesize-XST 和 Implement Design 前显示✔→双击 Generate Programming File 生成编程文件 d_flip_Flop.bit。正确生成编程文件后 Generate Programming File 前显示✔。

(5) 基于 ISim 的行为仿真。

在配置 FPGA 之前，也可以对设计内容进行仿真。但 ISE13 软件不支持使用波形生成仿真向量的方法，测试向量的生成必须使用 HDL 语言进行仿真向量行为的描述，具体方法如下：

① 从 Implementation 切换到 Simulation。

② Project→New Source→选 Verilog Test Fixture(如果是 VHDL 语言则选 VHDL Test Bench)→输入文件名：test_D_Flip_Flop→点 Next→点 Next→点 Finish→显示测试向量模板文件→在测试向量模板中添加测试向量代码。DFF 测试向量如下：

```
module test_D_Flip_Flop;
        // Inputs
```

```
        reg clk;
        reg set;
        reg D;
        reg clr;
// Outputs
        wire q;
// Instantiate the Unit Under Test (UUT)
        D_Flip_Flop uut (
            .clk(clk),
            .set(set),
            .D(D),
            .clr(clr),
            .q(q)
            );

        initial begin            // Initialize Inputs
            clk = 0;
            set = 1;
        D = 0;
            clr = 0;
            #10;             // Wait 10 ns for global reset to finish
// Add stimulus here
        end
        always #10 clk=~clk;
        always #20 D=~D;
        always #300 clr=~clr;
        always #400 set=~set;
endmodule
```

测试所用的激励代码是根据 D 触发器的功能添加的，所设计的 D 触发器的功能如表 1 所示。

表 1　D 触发器功能表

clr	set	clk	D	q
1	×	×	×	0
×	1	×	×	1
0	0	↑	1	1
0	0	↑	0	0

代码添加完后开始行为仿真：在主窗口左侧的 Design 窗口中选择 Simulation→下拉栏中选行为级 Behavioral→双击 Behavioral Check Syntax 开始行为级语法检查，排查语法错误

→双击 Simulate Behavior Model 启动行为级仿真→弹出 ISim 仿真窗口→在 ISim 窗口中选 View→Zoom→To Full View(或直接按 F6 键)→在 ISim 窗口中点▶(Run All)→F6。

ISim 窗口中与运行有关的按钮如下：

- (Restart)：重新开始；
- ▶(Run All)：全速运行；
- (Run for the time specified on the toolbar)：再运行一个仿真期；
- 1.00us：仿真期设置；
- (Step)：单步运行；
- ‖(Break)：暂停；
- Re-launch：重新编译测试向量文件，并运行。

得到 DFF 仿真结果如图 2 所示。

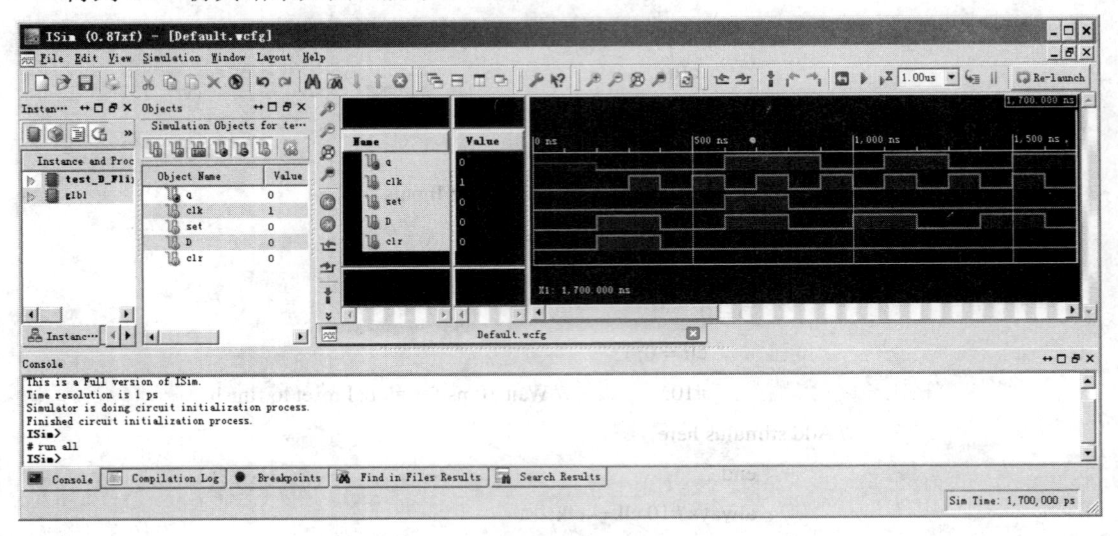

图 2　仿真结果

测试向量文件的写法可参考 xapp199_Writing Efficient Testbenches.pdf 文件。

ISim 软件的使用方法请参考 plugin_ISim User Guide.pdf 文件。

(6) 思考在实验室需要记录哪些实测结果。

(7) 预习设计下载方法(实验室进行下载)。

将 Basys2 板连接至计算机→Tools→iMPACT→出现 No iMPACT Project File Exists 提示页，点 OK→出现 ISE iMPACT 页面→双击 Boundary Scan→在 Right click to Add Device or Initialize JTAT chain 上点鼠标右键→选 Cable Setup→选 Digilent USB JTAG cable→点 OK→双击 iMPACT Flows 菜单中的→Create PROM File→点➡→选 xcf02s→点 Add Storage Device→点➡→输入文件名：D_FliP_Flop(这是生成下载到 xcf02s 的文件名：d_flip_flop.mcs)→点 OK→点 OK→点打开→选择要打开的文件：D_Flip_Flop.bit→点 No→点 OK→双击 Generate File 生成 d_flip_flop.mcs 文件→选 Boundary Scan 显示区→在空白区域点鼠标右键→选 Initialize Chain→选 Yes→选择 d_flip_flop.bit，点 Open→选 No→选择 D_Flip_Flop.mcs，点 Open→点 OK，显示建立的下载链路(如图 3 所示)。

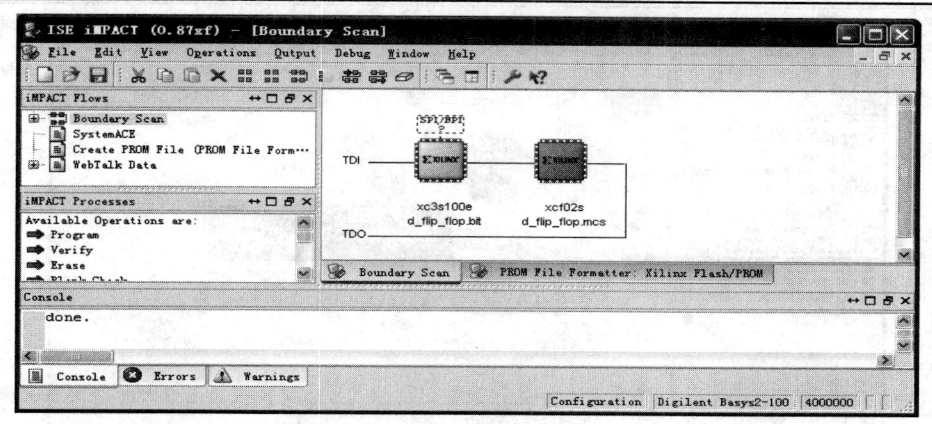

图 3　显示的下载链路

(1) 直接下载到 FPGA，选择 d_flip_flop.bit 文件(如图 4 所示)。

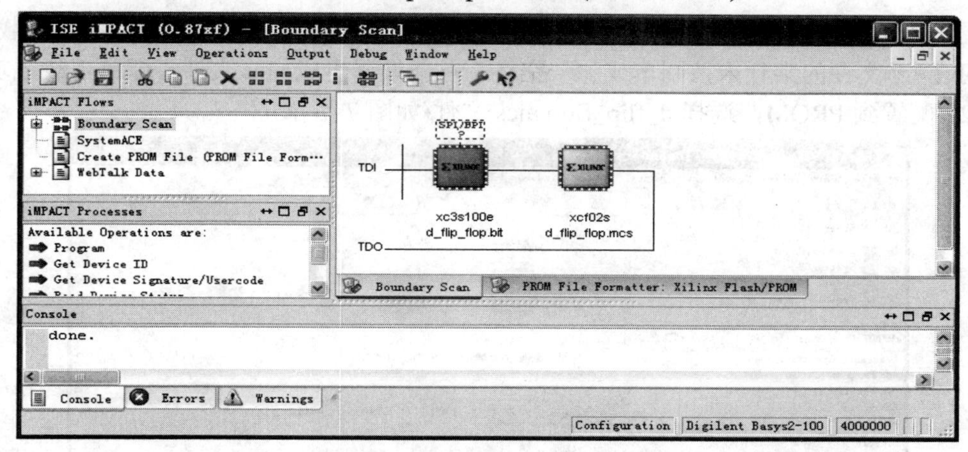

图 4　选择 d_flip_flop 文件

双击 Program，显示编程进度条(如图 5 所示)，同时开发板上的下载指示灯闪烁。

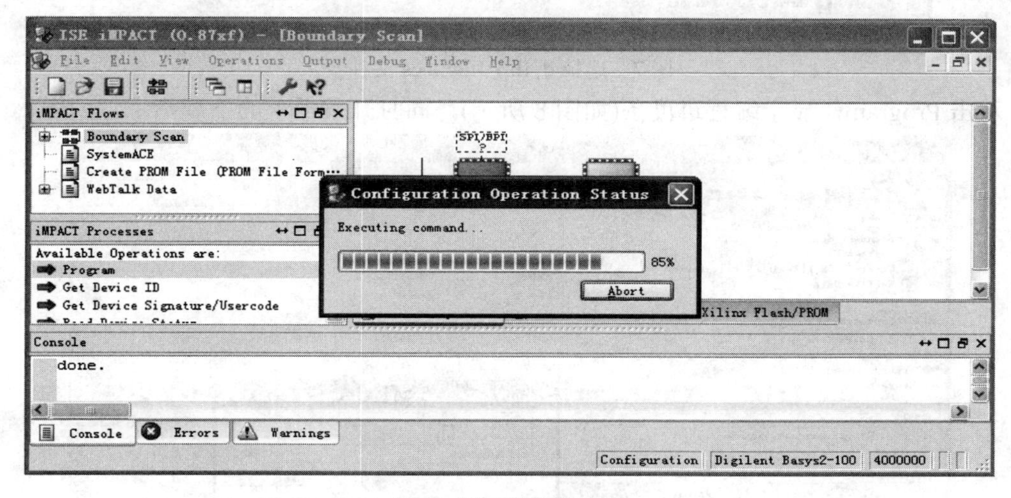

图 5　显示编程进度条

下载成功后显示如图 6 所示。

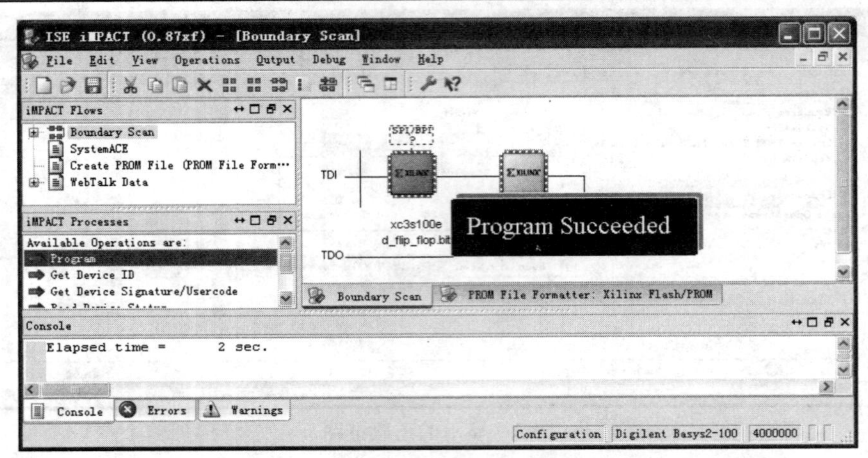

图 6　下载成功后显示图

配置到 FPGA 的信息，断电后将丢失。若第一次下载后板子没有任何反应或下载不正确，可在*.v 文件的某行末按回车或加一空格，重新编译生成*.bit 文件，即可下载成功。

(2) 配置到 PROM，选择 d_flip_flop.mcs 文件(如图 7 所示)。

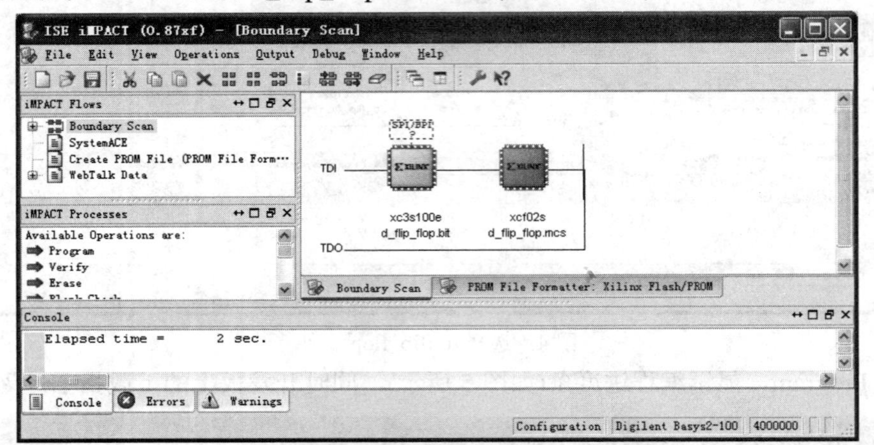

图 7　选择 d_flip_flop.mcs 文件

双击 Program，显示编程进度条(如图 8 所示)，同时开发板上的下载指示灯闪烁。

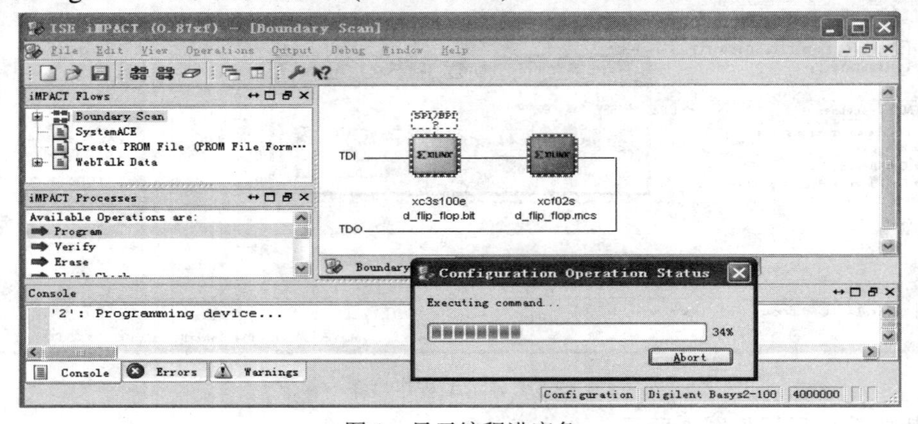

图 8　显示编程进度条

此下载过程很慢，因为要写非易失的 FLASH，一般采用 SPI 接口。下载成功后显示如图 9 所示。

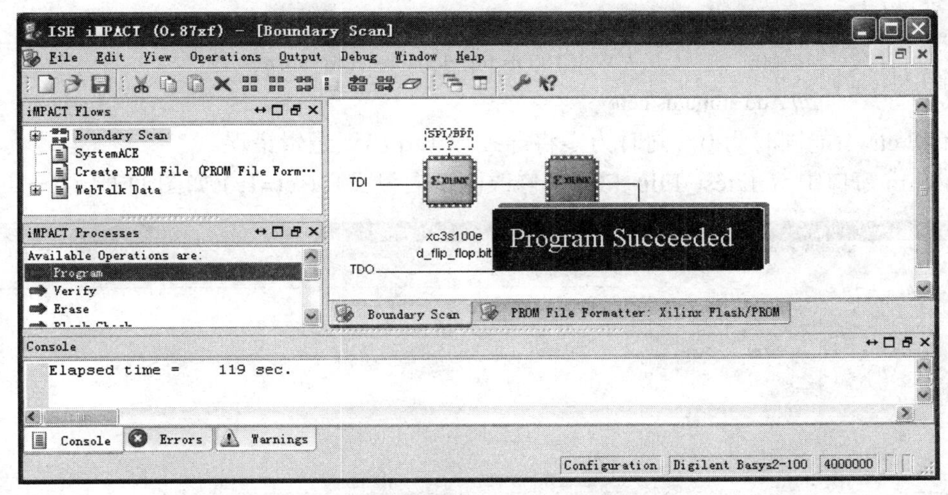

图 9　下载成功后显示图

配置完成后，可以测试所下载的逻辑功能。断电后程序不会丢失，再次上电程序仍然可以运行。对于单独写 PROM 这种方式，如果下载完就看结果是不合适的，必须下载完后断一会电，然后重新上电就可以看到所下载程序的运行结果了。

4. 讨论和分析(实验报告中)

(1) 回答实验预习内容中提出的问题。

(2) 总结调试过程中出现的警告和错误，以及解决办法。

在行为仿真时，发现前 100 ns 输出 q 为红色，而且幅度也不对，可见激励信号可能有问题。

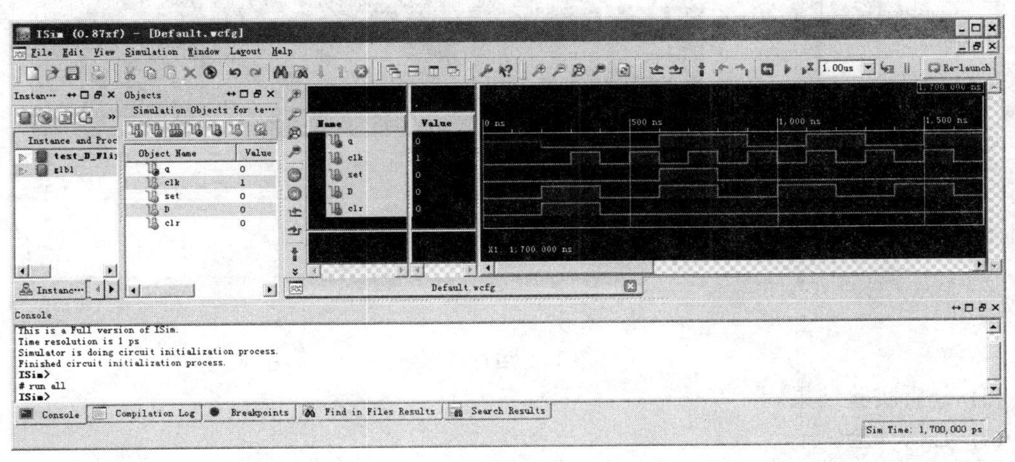

图 10　调试过程

模板给出的激励初始化：

```
initial begin          // Initialize Inputs
        clk = 0;
```

```
set = 0;
D = 0;
clr = 0;
#100;              // Wait 100 ns for global reset to finish
// Add stimulus here
```

set 和 clr 不能同时为 0，同时为零将导致输出 q 出现逻辑错误。

在 ISim 窗口中双击 test_Flip_Flop→修改测试向量文件(set=1;)(如图 11 所示)→点保存。

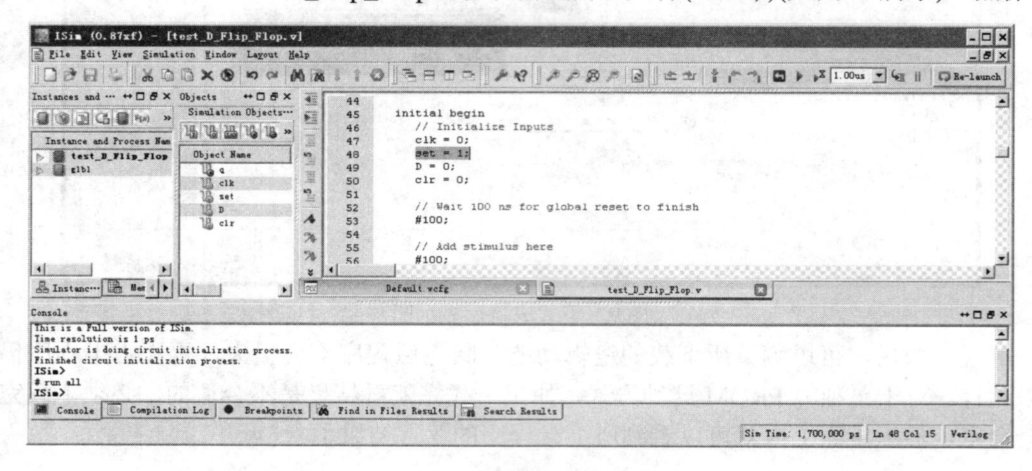

图 11　修改测试向量

点 Re-launch 按钮→切换到 D_Flip_Flop.wcfg→点 ▶(Run All)→F6(如图 12 所示)。

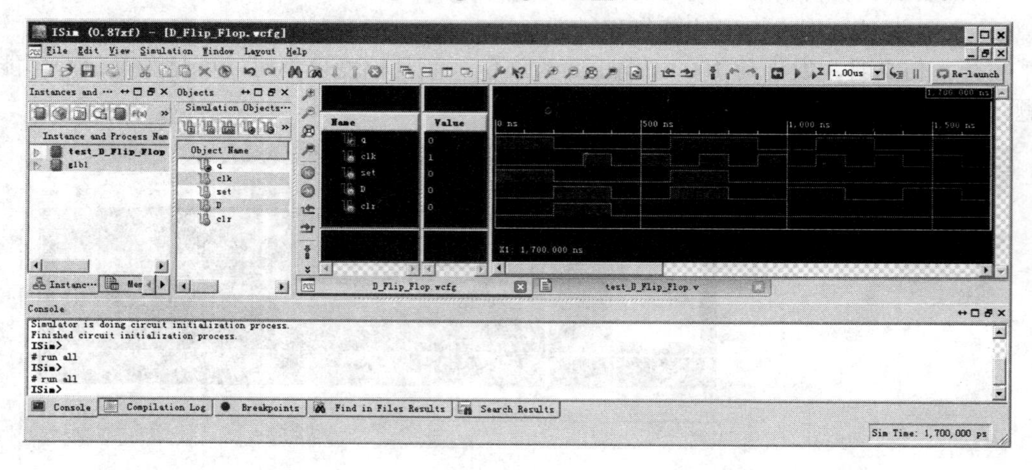

图 12　运行过程

(3) 分析实验结果。

(4) 心得体会。

此预习报告为了大家能够快速上手，实验步骤写的比较详细，大家根据自己的设计情况可以简化、加强或添加相应的实验步骤。

附录 B　Basys2 板电路原理图

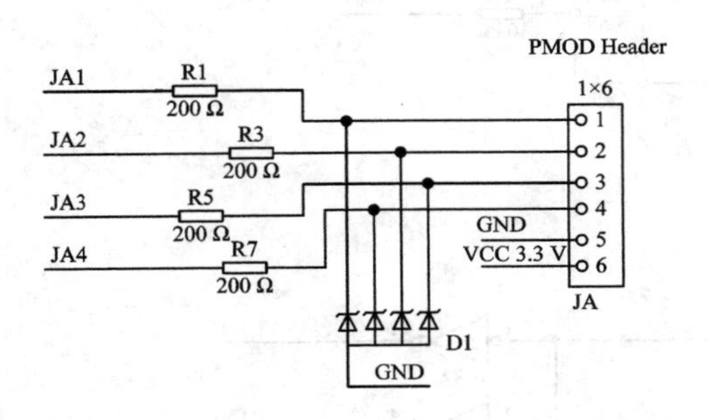

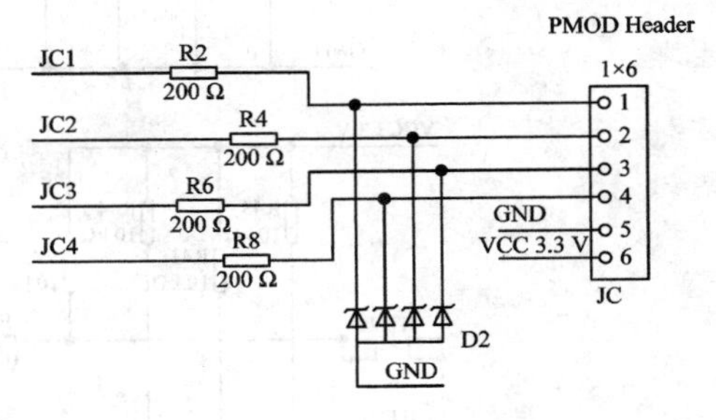

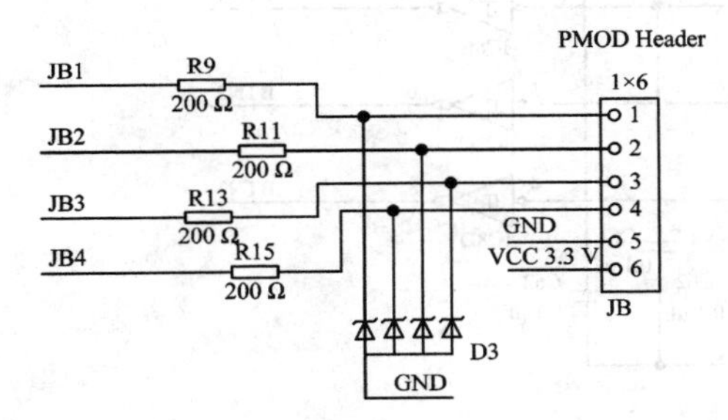

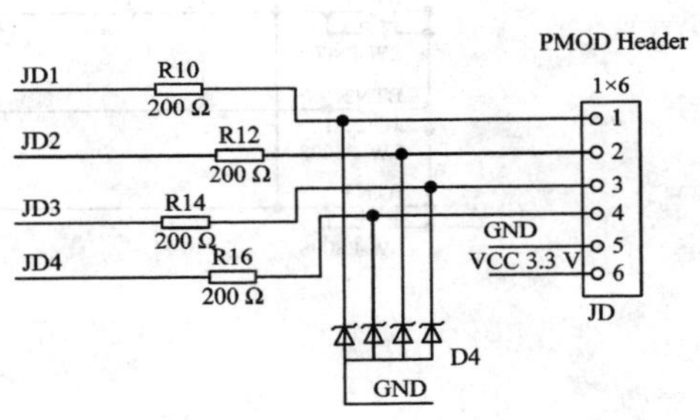

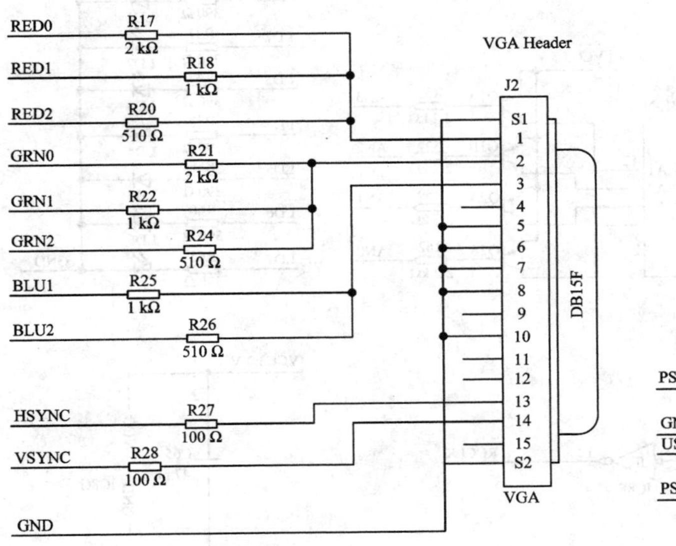

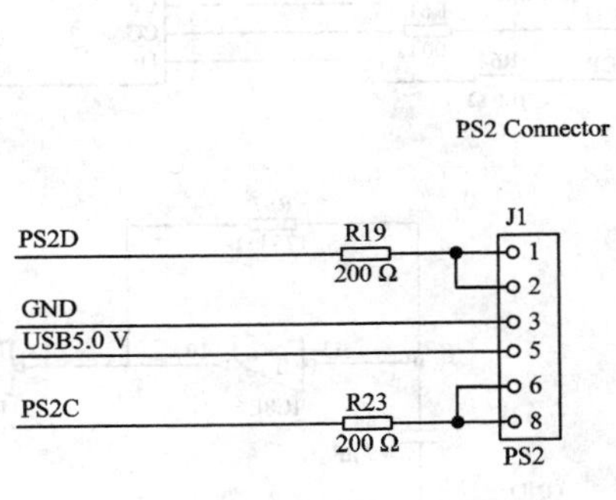

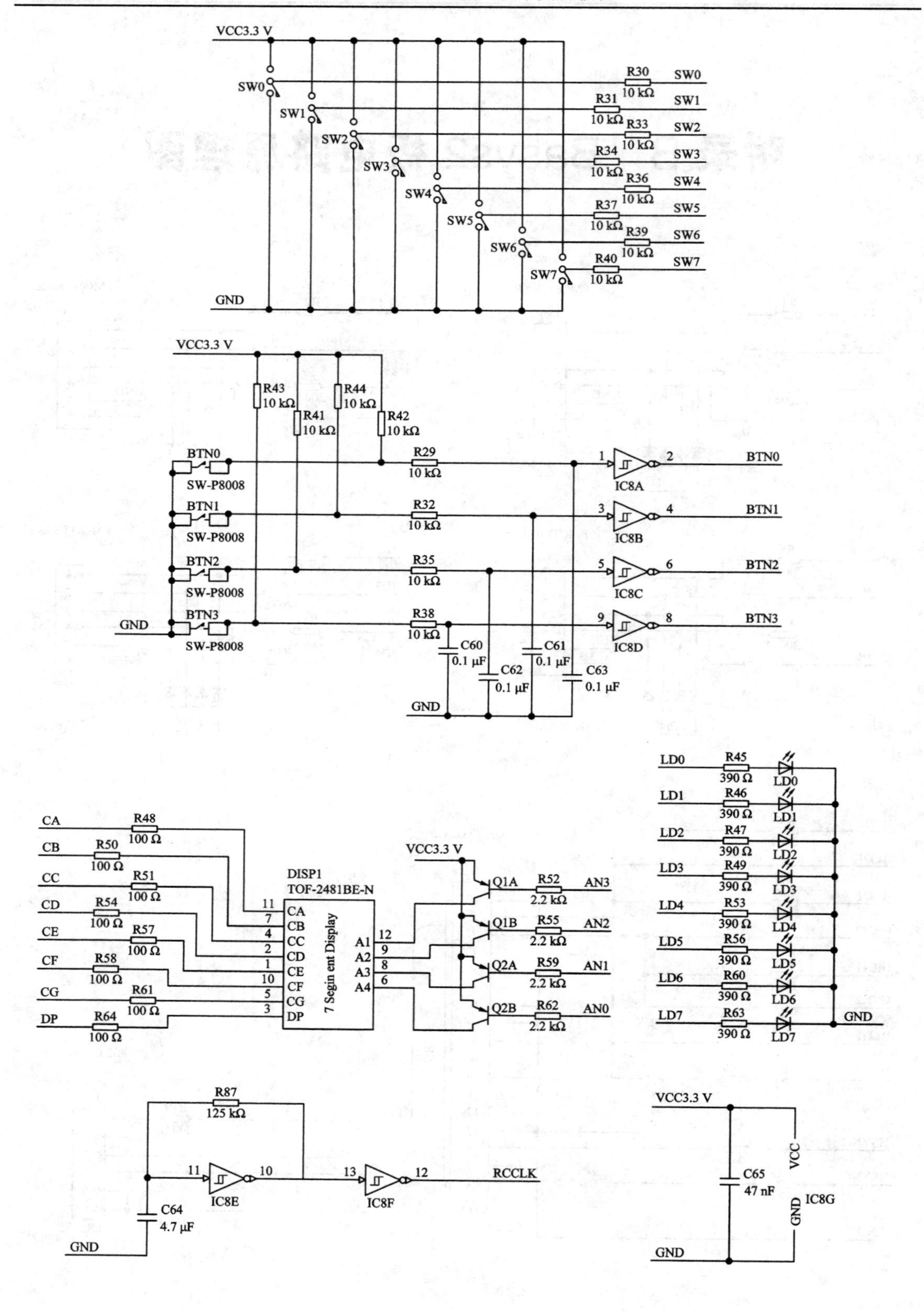

VCC3.3 V
SW0
SW1
SW2
SW3
SW4
SW5
SW6
SW7
R30 10 kΩ
R31 10 kΩ
R33 10 kΩ
R34 10 kΩ
R36 10 kΩ
R37 10 kΩ
R39 10 kΩ
R40 10 kΩ
GND
R43 10 kΩ
R41 10 kΩ
R44 10 kΩ
R42 10 kΩ
BTN0
BTN1
BTN2
BTN3
SW-P8008
R29 10 kΩ
R32 10 kΩ
R35 10 kΩ
R38 10 kΩ
IC8A
IC8B
IC8C
IC8D
C60 0.1 μF
C61 0.1 μF
C62 0.1 μF
C63 0.1 μF
LD0
LD1
LD2
LD3
LD4
LD5
LD6
LD7
R45 390 Ω
R46 390 Ω
R47 390 Ω
R49 390 Ω
R53 390 Ω
R56 390 Ω
R60 390 Ω
R63 390 Ω
CA
CB
CC
CD
CE
CF
CG
DP
R48 100 Ω
R50 100 Ω
R51 100 Ω
R54 100 Ω
R57 100 Ω
R58 100 Ω
R61 100 Ω
R64 100 Ω
DISP1
TOF-2481BE-N
7 Segin ent Display
A1
A2
A3
A4
Q1A
Q1B
Q2A
Q2B
R52 2.2 kΩ
R55 2.2 kΩ
R59 2.2 kΩ
R62 2.2 kΩ
AN3
AN2
AN1
AN0
R87 125 kΩ
IC8E
IC8F
RCCLK
C64 4.7 μF
C65 47 nF
VCC
IC8G

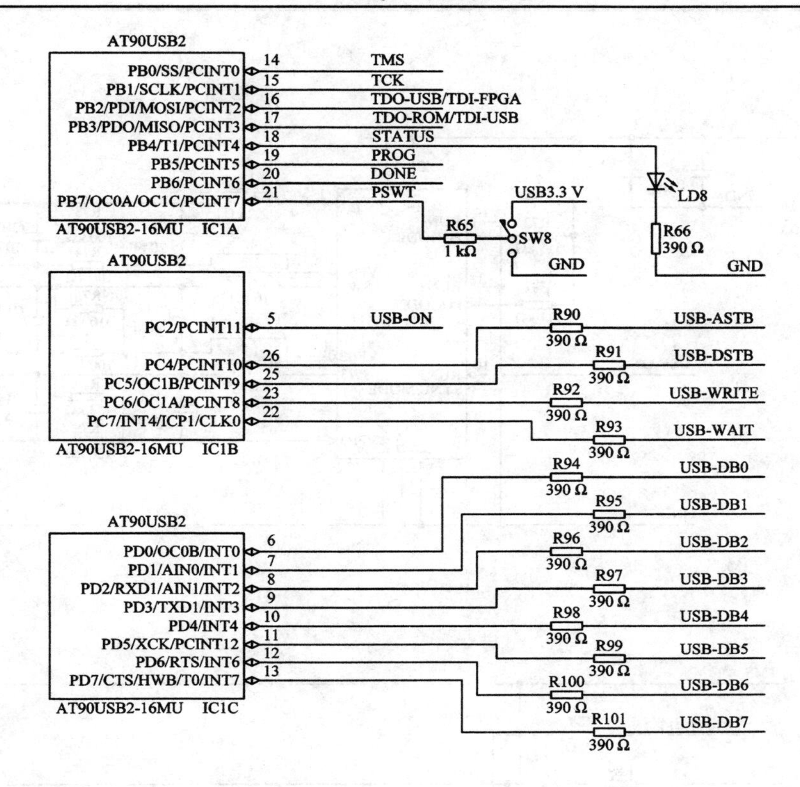
AT90USB2
PB0/SS/PCINT0
PB1/SCLK/PCINT1
PB2/PDI/MOSI/PCINT2
PB3/PDO/MISO/PCINT3
PB4/T1/PCINT4
PB5/PCINT5
PB6/PCINT6
PB7/OC0A/OC1C/PCINT7
TMS
TCK
TDO-USB/TDI-FPGA
TDO-ROM/TDI-USB
STATUS
PROG
DONE
PSWT
USB3.3 V
LD8
R65
1 kΩ
SW8
R66
390 Ω
GND
AT90USB2-16MU IC1A
PC2/PCINT11
PC4/PCINT10
PC5/OC1B/PCINT9
PC6/OC1A/PCINT8
PC7/INT4/ICP1/CLK0
USB-ON
USB-ASTB
USB-DSTB
USB-WRITE
USB-WAIT
AT90USB2-16MU IC1B
PD0/OC0B/INT0
PD1/AIN0/INT1
PD2/RXD1/AIN1/INT2
PD3/TXD1/INT3
PD4/INT4
PD5/XCK/PCINT12
PD6/RTS/INT6
PD7/CTS/HWB/T0/INT7
USB-DB0
USB-DB1
USB-DB2
USB-DB3
USB-DB4
USB-DB5
USB-DB6
USB-DB7
AT90USB2-16MU IC1C

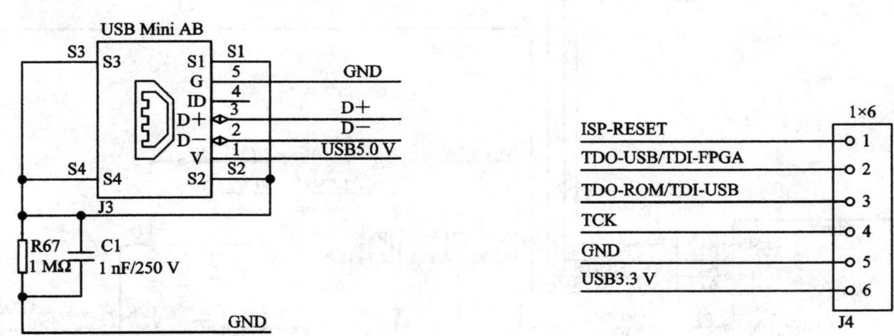
USB Mini AB
S3
S1
G
ID
D+
D−
V
S4
S2
J3
GND
USB5.0 V
R67
1 MΩ
C1
1 nF/250 V
1×6
ISP-RESET
TDO-USB/TDI-FPGA
TDO-ROM/TDI-USB
TCK
GND
USB3.3 V
J4

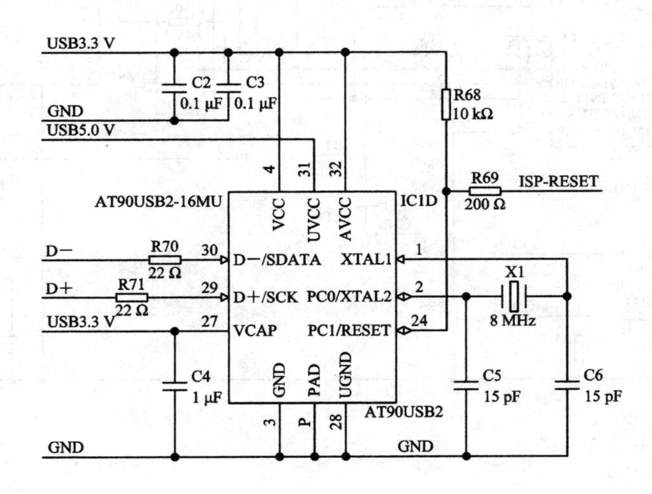
USB3.3 V
GND
USB5.0 V
C2
0.1 μF
C3
0.1 μF
R68
10 kΩ
R69
200 Ω
ISP-RESET
AT90USB2-16MU
IC1D
VCC
UVCC
AVCC
D−
R70
22 Ω
D−/SDATA
XTAL1
D+
R71
22 Ω
D+/SCK
PC0/XTAL2
X1
8 MHz
VCAP
PC1/RESET
C4
1 μF
GND
PAD
UGND
AT90USB2
C5
15 pF
C6
15 pF

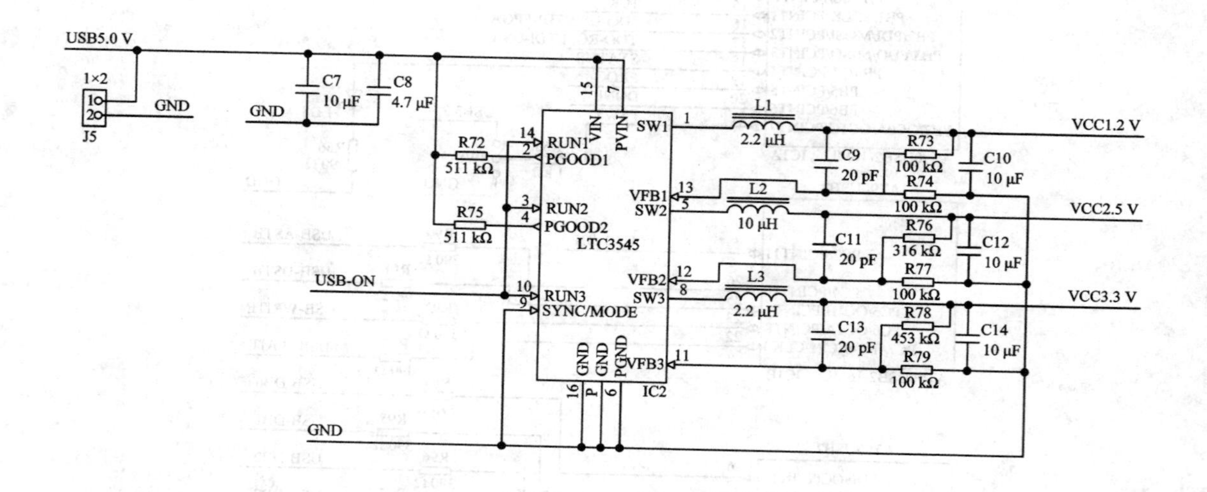
USB5.0 V
1×2
J5
GND
C7
10 μF
C8
4.7 μF
R72
511 kΩ
R75
511 kΩ
USB-ON
RUN1
PGOOD1
RUN2
PGOOD2
LTC3545
RUN3
SYNC/MODE
VIN
PVIN
SW1
VFB1
SW2
VFB2
SW3
VFB3
IC2
L1
2.2 μH
L2
10 μH
L3
2.2 μH
C9
20 pF
C11
20 pF
C13
20 pF
R73
100 kΩ
R74
100 kΩ
R76
316 kΩ
R77
100 kΩ
R78
453 kΩ
R79
100 kΩ
C10
10 μF
C12
10 μF
C14
10 μF
VCC1.2 V
VCC2.5 V
VCC3.3 V

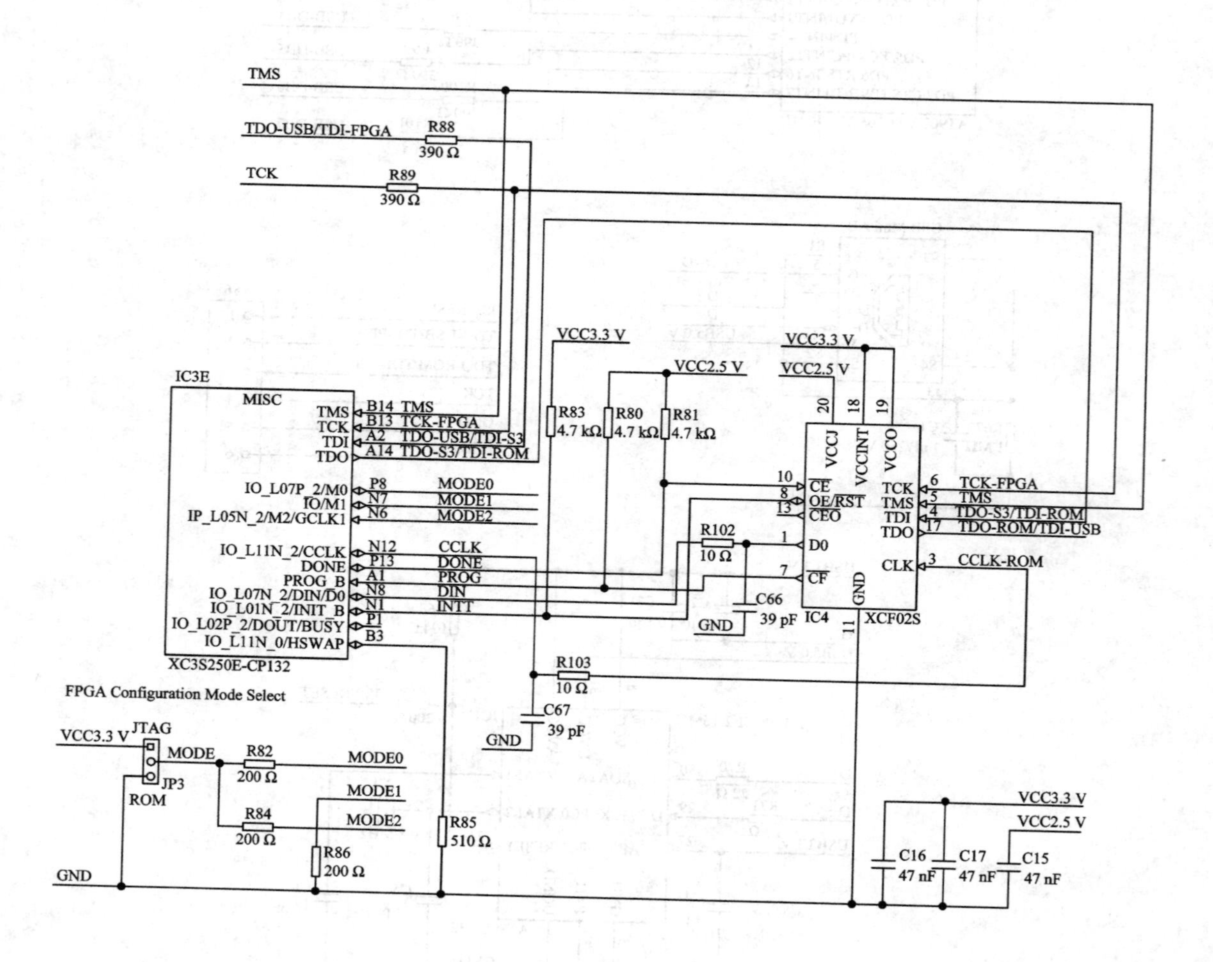
TMS
TDO-USB/TDI-FPGA
R88
390 Ω
TCK
R89
390 Ω
IC3E
MISC
TMS
TCK
TDI
TDO
B14 TMS
B13 TCK-FPGA
A2 TDO-USB/TDI-S3
A14 TDO-S3/TDI-ROM
IO_L07P_2/M0
IO/M1
IP_L05N_2/M2/GCLK1
P8 MODE0
N7 MODE1
N6 MODE2
IO_L11N_2/CCLK
DONE
PROG_B
IO_L07N_2/DIN/D0
IO_L01N_2/INIT_B
IO_L02P_2/DOUT/BUSY
IO_L11N_0/HSWAP
N12 CCLK
P13 DONE
A1 PROG
N8 DIN
N1 INTT
P1
B3
XC3S250E-CP132
VCC3.3 V
R83
4.7 kΩ
VCC2.5 V
R80
4.7 kΩ
R81
4.7 kΩ
R102
10 Ω
C66
39 pF
R103
10 Ω
C67
39 pF
VCC3.3 V
VCC2.5 V
VCCJ
VCCINT
VCCO
CE
OE/RST
CEO
D0
CF
TCK
TMS
TDI
TDO
CLK
GND
IC4
XCF02S
TCK-FPGA
TMS
TDO-S3/TDI-ROM
TDO-ROM/TDI-USB
CCLK-ROM
FPGA Configuration Mode Select
VCC3.3 V
JTAG
MODE
JP3
ROM
R82
200 Ω
MODE0
MODE1
R84
200 Ω
MODE2
R86
200 Ω
R85
510 Ω
GND
C16
47 nF
C17
47 nF
C15
47 nF

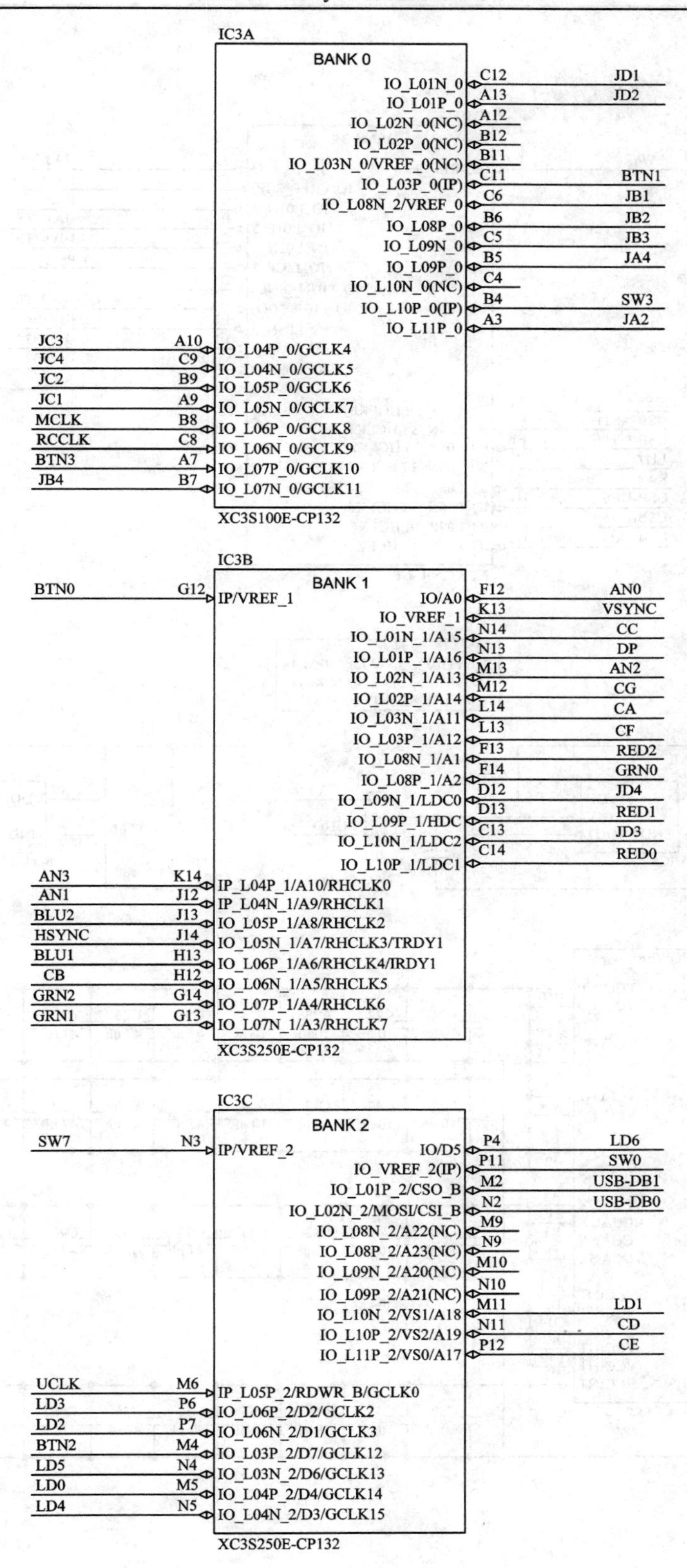
IC3A
BANK 0
IO_L01N_0 C12 JD1
IO_L01P_0 A13 JD2
IO_L02N_0(NC) A12
IO_L02P_0(NC) B12
IO_L03N_0/VREF_0(NC) B11
IO_L03P_0(IP) C11 BTN1
IO_L08N_2/VREF_0 C6 JB1
IO_L08P_0 B6 JB2
IO_L09N_0 C5 JB3
IO_L09P_0 B5 JA4
IO_L10N_0(NC) C4
IO_L10P_0(IP) B4 SW3
IO_L11P_0 A3 JA2
JC3 A10 IO_L04P_0/GCLK4
JC4 C9 IO_L04N_0/GCLK5
JC2 B9 IO_L05P_0/GCLK6
JC1 A9 IO_L05N_0/GCLK7
MCLK B8 IO_L06P_0/GCLK8
RCCLK C8 IO_L06N_0/GCLK9
BTN3 A7 IO_L07P_0/GCLK10
JB4 B7 IO_L07N_0/GCLK11
XC3S100E-CP132
IC3B
BANK 1
BTN0 G12 IP/VREF_1
IO/A0 F12 AN0
IO_VREF_1 K13 VSYNC
IO_L01N_1/A15 N14 CC
IO_L01P_1/A16 N13 DP
IO_L02N_1/A13 M13 AN2
IO_L02P_1/A14 M12 CG
IO_L03N_1/A11 L14 CA
IO_L03P_1/A12 L13 CF
IO_L08N_1/A1 F13 RED2
IO_L08P_1/A2 F14 GRN0
IO_L09N_1/LDC0 D12 JD4
IO_L09P_1/HDC D13 RED1
IO_L10N_1/LDC2 C13 JD3
IO_L10P_1/LDC1 C14 RED0
AN3 K14 IP_L04P_1/A10/RHCLK0
AN1 J12 IP_L04N_1/A9/RHCLK1
BLU2 J13 IO_L05P_1/A8/RHCLK2
HSYNC J14 IO_L05N_1/A7/RHCLK3/TRDY1
BLU1 H13 IO_L06P_1/A6/RHCLK4/IRDY1
CB H12 IO_L06N_1/A5/RHCLK5
GRN2 G14 IO_L07P_1/A4/RHCLK6
GRN1 G13 IO_L07N_1/A3/RHCLK7
XC3S250E-CP132
IC3C
BANK 2
SW7 N3 IP/VREF_2
IO/D5 P4 LD6
IO_VREF_2(IP) P11 SW0
IO_L01P_2/CSO_B M2 USB-DB1
IO_L02N_2/MOSI/CSI_B N2 USB-DB0
IO_L08N_2/A22(NC) M9
IO_L08P_2/A23(NC) N9
IO_L09N_2/A20(NC) M10
IO_L09P_2/A21(NC) N10
IO_L10N_2/VS1/A18 M11 LD1
IO_L10P_2/VS2/A19 N11 CD
IO_L11P_2/VS0/A17 P12 CE
UCLK M6 IP_L05P_2/RDWR_B/GCLK0
LD3 P6 IO_L06P_2/D2/GCLK2
LD2 P7 IO_L06N_2/D1/GCLK3
BTN2 M4 IO_L03P_2/D7/GCLK12
LD5 N4 IO_L03N_2/D6/GCLK13
LD0 M5 IO_L04P_2/D4/GCLK14
LD4 N5 IO_L04N_2/D3/GCLK15
XC3S250E-CP132

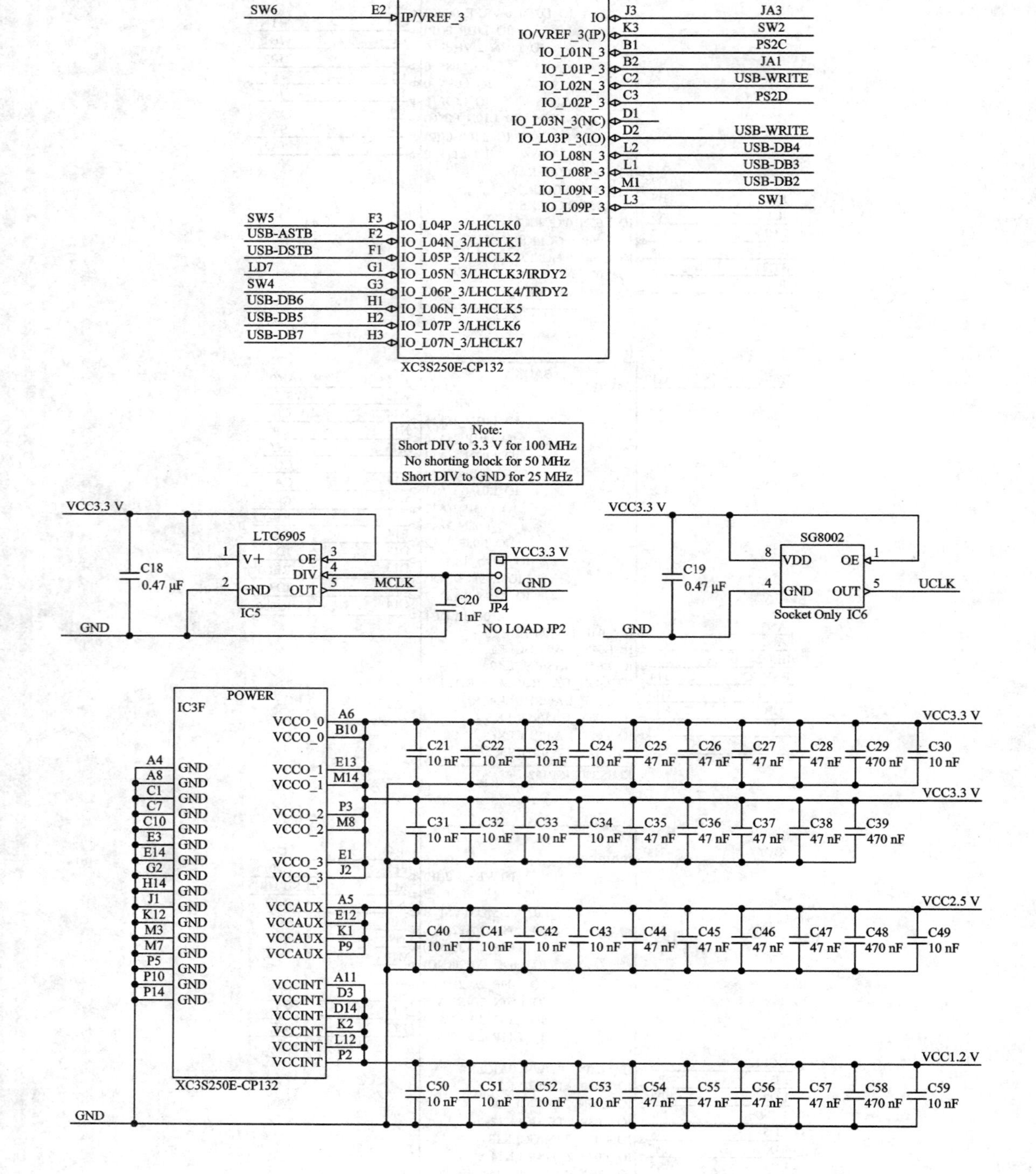
IC3D
BANK 3
SW6
E2
IP/VREF_3
IO
IO/VREF_3(IP)
IO_L01N_3
IO_L01P_3
IO_L02N_3
IO_L02P_3
IO_L03N_3(NC)
IO_L03P_3(IO)
IO_L08N_3
IO_L08P_3
IO_L09N_3
IO_L09P_3
J3
K3
B1
B2
C2
C3
D1
D2
L2
L1
M1
L3
JA3
SW2
PS2C
JA1
USB-WRITE
PS2D
USB-WRITE
USB-DB4
USB-DB3
USB-DB2
SW1
SW5
USB-ASTB
USB-DSTB
LD7
SW4
USB-DB6
USB-DB5
USB-DB7
F3
F2
F1
G1
G3
H1
H2
H3
IO_L04P_3/LHCLK0
IO_L04N_3/LHCLK1
IO_L05P_3/LHCLK2
IO_L05N_3/LHCLK3/IRDY2
IO_L06P_3/LHCLK4/TRDY2
IO_L06N_3/LHCLK5
IO_L07P_3/LHCLK6
IO_L07N_3/LHCLK7
XC3S250E-CP132
Note:
Short DIV to 3.3 V for 100 MHz
No shorting block for 50 MHz
Short DIV to GND for 25 MHz
VCC3.3 V
LTC6905
C18
0.47 μF
V+
GND
OE
DIV
OUT
IC5
MCLK
C20
1 nF
VCC3.3 V
GND
JP4
NO LOAD JP2
GND
VCC3.3 V
C19
0.47 μF
SG8002
VDD
GND
OE
OUT
UCLK
Socket Only IC6
GND
IC3F
POWER
A4
A8
C1
C7
C10
E3
E14
G2
H14
J1
K12
M3
M7
P5
P10
P14
GND
VCCO_0
VCCO_0
VCCO_1
VCCO_1
VCCO_2
VCCO_2
VCCO_3
VCCO_3
VCCAUX
VCCAUX
VCCAUX
VCCAUX
VCCINT
VCCINT
VCCINT
VCCINT
VCCINT
VCCINT
A6
B10
E13
M14
P3
M8
E1
J2
A5
E12
K1
P9
A11
D3
D14
K2
L12
P2
XC3S250E-CP132
GND
VCC3.3 V
C21 10 nF
C22 10 nF
C23 10 nF
C24 10 nF
C25 47 nF
C26 47 nF
C27 47 nF
C28 47 nF
C29 470 nF
C30 10 nF
VCC3.3 V
C31 10 nF
C32 10 nF
C33 10 nF
C34 10 nF
C35 47 nF
C36 47 nF
C37 47 nF
C38 47 nF
C39 470 nF
VCC2.5 V
C40 10 nF
C41 10 nF
C42 10 nF
C43 10 nF
C44 47 nF
C45 47 nF
C46 47 nF
C47 47 nF
C48 470 nF
C49 10 nF
VCC1.2 V
C50 10 nF
C51 10 nF
C52 10 nF
C53 10 nF
C54 47 nF
C55 47 nF
C56 47 nF
C57 47 nF
C58 470 nF
C59 10 nF